Was bewirkt Psychologie in Arbeit und Gesellschaft?

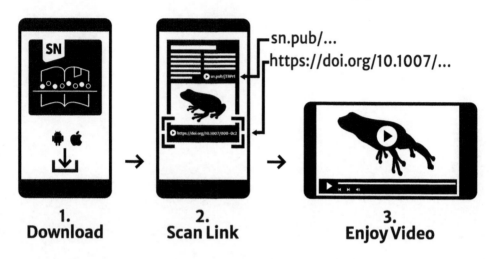

Christoph Negri • Maja Goedertier
Hrsg.

Was bewirkt Psychologie in Arbeit und Gesellschaft?

Hrsg.
Christoph Negri
IAP Institut für Angewandte Psychologie
ZHAW Zürcher Hochschule für Angewandte Wissenschaften
Zürich, Schweiz

Maja Goedertier
IAP Institut für Angewandte Psychologie
ZHAW Zürcher Hochschule für Angewandte Wissenschaften
Zürich, Schweiz

Die Online-Version des Buches enthält digitales Zusatzmaterial, das durch ein Play-Symbol gekennzeichnet ist. Die Dateien können von Lesern des gedruckten Buches mittels der kostenlosen Springer Nature „More Media" App angesehen werden. Die App ist in den relevanten App-Stores erhältlich und ermöglicht es, das entsprechend gekennzeichnete Zusatzmaterial mit einem mobilen Endgerät zu öffnen.

ISBN 978-3-662-66218-2   ISBN 978-3-662-66420-9 (eBook)
https://doi.org/10.1007/978-3-662-66420-9

Die Deutsche Nationalbibliothek verzeichnet diese Publikation in der Deutschen Nationalbibliografie; detaillierte bibliografische Daten sind im Internet über http://dnb.d-nb.de abrufbar.

© Der/die Herausgeber bzw. der/die Autor(en), exklusiv lizenziert an Springer-Verlag GmbH, DE, ein Teil von Springer Nature 2023

Das Werk einschließlich aller seiner Teile ist urheberrechtlich geschützt. Jede Verwertung, die nicht ausdrücklich vom Urheberrechtsgesetz zugelassen ist, bedarf der vorherigen Zustimmung des Verlags. Das gilt insbesondere für Vervielfältigungen, Bearbeitungen, Übersetzungen, Mikroverfilmungen und die Einspeicherung und Verarbeitung in elektronischen Systemen.

Die Wiedergabe von allgemein beschreibenden Bezeichnungen, Marken, Unternehmensnamen etc. in diesem Werk bedeutet nicht, dass diese frei durch jedermann benutzt werden dürfen. Die Berechtigung zur Benutzung unterliegt, auch ohne gesonderten Hinweis hierzu, den Regeln des Markenrechts. Die Rechte des jeweiligen Zeicheninhabers sind zu beachten.

Der Verlag, die Autoren und die Herausgeber gehen davon aus, dass die Angaben und Informationen in diesem Werk zum Zeitpunkt der Veröffentlichung vollständig und korrekt sind. Weder der Verlag noch die Autoren der die Herausgeber übernehmen, ausdrücklich oder implizit, Gewähr für den Inhalt des Werkes, etwaige Fehler oder Äußerungen. Der Verlag bleibt im Hinblick auf geografische Zuordnungen und Gebietsbezeichnungen in veröffentlichten Karten und Institutionsadressen neutral.

Planung/Lektorat: Marion Krämer

Springer ist ein Imprint der eingetragenen Gesellschaft Springer-Verlag GmbH, DE und ist ein Teil von Springer Nature.
Die Anschrift der Gesellschaft ist: Heidelberger Platz 3, 14197 Berlin, Germany

Dank

Wir bedanken uns ganz herzlich bei all den mitwirkenden Autorinnen und Autoren sowie Interviewpartnerinnen und Interviewpartnern, unserem Videoproduzenten und allen weiteren Beteiligten, die zum Gelingen dieses Buchprojekts beigetragen haben. Sie haben sich mit uns auf eine fachlich fundierte, praxisbezogene und engagierte Reise begeben und dieses Buchprojekt in kurzer Zeit möglich gemacht. Ein besonderer Dank gilt auch Prof. Dr. Jean-Marc Piveteau, dem Rektor der ZHAW, für seine wertvollen Worte zum Buch und Prof. Dr. Christoph Steinebach, dem Direktor des Departements Angewandte Psychologie der ZHAW, für sein aktives Mitwirken als Autor und Berater. Ein großer Dank für die unterstützende Begleitung und die konstruktiven Anregungen gebührt ebenso Marion Krämer, Janina Tschech und Jenny Beer als Verantwortliche und Projektleitende sowie Anette Villnow für das Korrektorat und Lektorat seitens des Springer Verlags. Nicht zuletzt geht unser Dank auch an alle Kundinnen und Kunden sowie an die Mitarbeitenden des Instituts für Angewandte Psychologie in Zürich. Durch die enge und wertvolle Zusammenarbeit und ihr Zutun, teils über mehrere Jahrzehnte, wurden vielfältige Projekte und wichtige Entwicklungen möglich, welche die heute zur Verfügung stehenden Kompetenzen, Weiterbildungen und Dienstleistungen des IAP tragen. Sie alle haben einflussreich und wahrnehmbar zum bestehenden Erfahrungsschatz am IAP beigetragen und diesen ständig mit vergrößert. Wir fühlen uns von dieser Unterstützung getragen und werden gemeinsam mit ihnen auch in Zukunft zur Transformation der Arbeitswelt und der Gesellschaft beitragen können und diese gerne weiter aktiv mitgestalten.

Maja Goedertier und Christoph Negri
Zürich
Dezember 2022

Vorwort

Das hundertjährige Jubiläum des Instituts für Angewandte Psychologie IAP gibt uns die Gelegenheit zurückzublicken, was das Institut seit der Gründung 1923 erreicht hat. Und es ist eindrücklich! Als Rektor der ZHAW, einer Hochschule für Angewandte Wissenschaften, liegt es mir besonders am Herzen, drei der wichtigsten Stärken des IAP im Laufe seiner hundertjährigen Geschichte hervorzuheben.

Zuerst die Verankerung des Instituts in der Praxis: Das IAP ist ein Institut für *Angewandte* Psychologie. Seit seiner Gründung bietet es Dienstleistungen im Bereich der Arbeitspsychologie an, die dem Institut eine landesweite Ausstrahlung verschafft haben. Das Angebot hat sich im Laufe der Zeit vervielfältigt und erheblich erweitert. Heute nimmt das IAP eine bedeutende Position in einem Markt ein, der sehr wettbewerbsintensiv geworden ist.

Zweitens das Bekenntnis zu seinem Bildungsauftrag: Der Aufbau eines Weiterbildungsangebots vor fast 80 Jahren, von Hans Biäsch initiiert, war ein wichtiger Schritt in der Entwicklung des Instituts. Auch hier hat sich das IAP zu einer führenden Ausbildungsstätte von Psycholog:innen entwickelt, bei stetig wachsender Nachfrage nach psychologischen Dienstleistungen, besonders in Wandelzeiten.

Das dritte Merkmal ist die stets enge Verbindung zur wissenschaftlichen Forschung: Davon zeugen die verschiedensten Innovationsfelder des IAP. Für die Etablierung der Angewandten Psychologie in der Schweiz wurde somit ein entscheidender Beitrag geleistet. In den ersten Jahren blieb das IAP institutionell gesehen am Rande der universitären Landschaft. Seine Eingliederung in den Hochschulbereich mit der Gründung der Fachhochschulen war ein logischer Schritt. Die Integration in eine sich sehr dynamisch entwickelnde, multidisziplinäre Hochschule wie die ZHAW ermöglichte dem IAP, sich weiter zu entfalten und zu wachsen, ohne seine Identität zu verlieren.

Die Entscheidung, dieses hundertjährige Jubiläum zu feiern und im Zeitalter der digitalen Transformation mit einer Veröffentlichung in Buchform zu würdigen, zeugt von der Verankerung des Instituts in einer wissenschaftlichen Tradition, die kein einengendes Korsett darstellt, sondern einen fruchtbaren Nährboden bildet, auf dem heute das IAP von morgen aufgebaut wird.

Jean-Marc Piveteau
August 2022

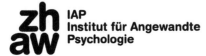

Inhaltsverzeichnis

1	**Einleitung: Eine Reflexion zur hundertjährigen Erfahrung am IAP** .... *Maja Goedertier*	1
2	**Angewandte Psychologie als Wissenschaft und Profession. Selbstverständnis, Auftrag und Perspektiven in unsicheren Zeiten** .... *Christoph Steinebach, Christoph Negri*	9
3	**Beratung in einer sich wandelnden Gesellschaft** .... *Imke Knafla*	21
4	**Psychologische Diagnostik – ein wichtiger Eckpfeiler in der Psychologie** *Simon Carl Hardegger*	31
5	**Über die Führung von Menschen**... *Andres Pfister*	45
6	**Lernen in Organisationen** .... *Urs Blum, Jürg Gabathuler, Sandra Bajus*	57
7	**Coaching als Instrument zur Selbstverwirklichung – ein Ansatz der Humanistischen Psychologie**... *Volker Kiel*	71
8	**Laufbahngestaltung im Wandel der Zeit**...................................... *Anita Glenck*	91
9	**Organisationsberatung – Erklärungsmodelle der Organisationsberatung am IAP – gestern und heute**... *Claudia Beutter*	105
10	**Die Gestaltung von Transformation durch die Angewandte Psychologie**... *Christoph Negri, Maja Goedertier*	121
	Serviceteil .... Sachwortverzeichnis	137 138

Über die Autoren

Bajus, Sandra
Am Institut für Angewandte Psychologie IAP der Zürcher Hochschule für Angewandte Wissenschaften ZHAW als Dozentin und Beraterin im Bereich betriebliche Bildung tätig. Davor Tätigkeiten als Personal- & Organisationsentwicklerin an einer Hochschule, als Learning & Development Specialist in einem globalen Finanzdienstleistungsunternehmen und als Sportlehrerin an verschiedenen Kantonsschulen. Studium der Arbeits- und Organisationspsychologie an der Universität Zürich sowie Abschluss des eidg. dipl. Turn- und Sportlehrerdiploms II an der ETH Zürich.

Beutter, Claudia
Psychologin (lic. phil.) mit Schwerpunkt Methoden und Angewandte Psychologie. Organisationsberaterin, Supervisorin und Coach BSO. Internationale Weiterbildungen in Coaching, Organisations- und Change-Beratung. Langjährige Führungs- und Managementerfahrung in mehrsprachigen Unternehmen der Wirtschaft. Start-up- und Pionierfunktionen in Aufbau-, Veränderungs- und Restrukturierungsphasen. Am IAP arbeitet sie als Co-Studienleiterin und Dozentin im Bereich systemische Organisationsberatung, Change und Coaching. Ihre Schwerpunkte in der Unternehmensberatung sind Organisationsdynamik und Veränderung.

Blum, Urs
Arbeit an der Schnittstelle Mensch und Organisation als Pflegefachmann in interdisziplinären Teams im Gesundheitswesen. Berufsbegleitendes Studium in Arbeits- und Organisationspsychologie an der Universität Zürich. Operative Tätigkeit als HR Business Partner in der Industrie. Langjährige Erfahrung als Unternehmensberater im Themenfeld Arbeit und Gesundheit, mit Fokus auf die Umsetzung von Initiativen der betrieblichen Gesundheit. Am Institut für Angewandte Psychologie IAP der Zürcher Hochschule für Angewandte Wissenschaften ZHAW als Dozent und Berater im Bereich Ausbildungsmanagement, New Work und Selbst-Management tätig. Co-Leiter des Zentrums für Human Resources & Corporate Learning.

Gabathuler, Jürg
Am Institut für Angewandte Psychologie IAP der Zürcher Hochschule für Angewandte Wissenschaften ZHAW Studienleiter für das MAS Ausbildungsmanagement, Dozent und Berater im Bereich Human Resources & Corporate Learning.
Studium der Psychologie, Psychopathologie und Betriebswirtschaftslehre an der Universität Zürich.
Langjährige Erfahrung als Leiter Personalentwicklung im Bereich Finanzdienstleistungen, stellvertretender Leiter HR und Leiter Personalentwicklung in der Telekommunikationsbranche.
Zertifizierter Trainer für das Process Communication Model (PCM) in München und Wien, diverse Weiterbildungen im Bereich Assessment und Development.
Interessenschwerpunkte: Lernen und Verhaltensveränderung, Wirksamkeit und Transfer in der betrieblichen Bildung sowie agile Personalentwicklung und Führung in der Zukunft.

Glenck, Anita
Anita Glenck hat 2008 an der Universität Zürich das Studium in Wirtschaftspsychologie abgeschlossen und im Anschluss daran den MAS in Career Counseling and Human Resources Management absolviert. Sie arbeitet seit 13 Jahren als Berufs-, Studien- und Laufbahnberaterin, wobei sie seit 2013 am IAP Institut für Angewandte Psychologie der ZHAW Zürcher Hochschule für Angewandte Wissenschaften als Beraterin und Dozentin tätig ist. Im Speziellen leitet sie dort den CAS „Diagnostik und Beratung in der Arbeitswelt" und ist zudem seit 2019 Co-Leiterin des Zentrums für Berufs-, Studien- und Laufbahnberatung am IAP.

Goedertier, Maja
Maja Goedertier (Dipl.-Psych. FH, SBAP) ist Beraterin am IAP Institut für Angewandte Psychologie der ZHAW. Die diplomierte Psychologin mit Schwerpunkt Arbeits- und Organisationspsychologie bringt langjährige Erfahrung als selbstständige Psychologin für Unternehmen in den Bereichen Assessment, Potenzialabklärung, Standortbestimmung, Neuorientierung und Coaching von Personen in Veränderungsprozessen mit. Ihr Arbeitsschwerpunkt am IAP ist die psychologische Eignungsdiagnostik von Führungspersonen (Managementdiagnostik) sowie Personen in sicherheitssensiblen beruflichen Kontexten (Risikodiagnostik).

Über die Autoren

Hardegger, Simon Carl
Simon Carl Hardegger, MSc UZH, studierte an der Universität Zürich Psychologie, Pädagogik und Kriminologie und absolvierte verschiedene Weiterbildungen in den Feldern Wirtschaft, Recht, Human Resources Management, Mediation und Krisenkommunikation. Er ist seit über 20 Jahren als psychologischer Diagnostiker tätig und leitet am IAP Institut für Angewandte Psychologie der Zürcher Hochschule für Angewandte Wissenschaften ZHAW das Zentrum Diagnostik, Verkehrs- & Sicherheitspsychologie. Seine Arbeitsschwerpunkte liegen in den Bereichen Psychologische Diagnostik in den Anwendungsgebieten Führung, Sicherheit und Verkehr, mit dem Spezialthema der psychologischen Risikodiagnostik im Berufskontext.

Kiel, Volker
Prof. Dr. Volker Kiel ist Lehrsupervisor, Berater und Dozent am Institut für Angewandte Psychologie (IAP) der Zürcher Hochschule für Angewandte Wissenschaften (ZHAW). Seit über 20 Jahren ist er als Coach, Teamentwickler und Organisationsberater tätig. Zu diesen Themen leitet er verschiedene Aus- und Weiterbildungen. Er ist Mitglied im Berufsverband für Beratung, Pädagogik & Psychotherapie (BVPPT) in Deutschland und im Berufsverband für Coaching, Supervision und Organisationsberatung (BSO) in der Schweiz.

Knafla, Imke
Prof. Dr. phil. Imke Knafla, Studium der Psychologie an der Universität Trier, Dissertation an der Universität in Zürich. Weiterbildung an der Universität Bern zur eidgenössisch anerkannten Psychotherapeutin. Langjährige Erfahrung als Psychotherapeutin, Supervisorin, Coach und Dozentin an diversen Aus- und Weiterbildungsinstituten.
Am IAP Institut für Angewandte Psychologie der ZHAW Zürcher Hochschule für Angewandte Wissenschaften Professorin für Klinische Psychologie, Psychotherapie und Beratung. Sie leitet als Co-Leiterin das Zentrum für Klinische Psychologie & Psychotherapie und ist Studiengangsleiterin des MAS Systemische Beratung. Zudem leitet sie die Psychologische Beratungsstelle für Mitarbeitende und Studierende der ZHAW.

Negri, Christoph
Prof. Dr. phil. I Christoph Negri ist Arbeits- & Organisationspsychologe und Fachpsychologe für Sportpsychologie, SBAP. Er hat langjährige Erfahrung als Leiter in der Aus- und Weiterbildung in Schweizer Detailhandelsunternehmen und leitet das IAP Institut für Angewandte Psychologie. Er arbeitet als Dozent, hat Beratungsmandate für verschiedene Profit- und Non-Profit-Organisationen inne und berät diverse Schweizer Spitzensportlerinnen und Spitzensportler. Seit 2015 führt er am IAP

verstärkt neue Entwicklungen im Bereich Lernen und Lehren ein und treibt den digitalen Wandel im Institut und in der Weiterbildung und Dienstleistung voran.

Beim Springer-Verlag sind von ihm bereits erschienen:
- Angewandte Psychologie für die Personalentwicklung (2010)
- Psychologie des Unternehmertums (2018)
- Führen in der Arbeitswelt 4.0 (2019)
- Angewandte Psychologie – Beiträge zu einer menschenwürdigen Gesellschaft (2019), Hrsg. zusammen mit Daniel Süss
- Angewandte Psychologie in der Arbeitswelt (2020), Hrsg. zusammen mit Daniela Eberhardt

Pfister, Andres

Prof. Dr. Andres Pfister, Co-Zentrumsleitung Leadership, Coaching und Change Management, Studium der Psychologie mit Vertiefung Sozial- und Wirtschaftspsychologie (Universität Basel), Dissertation in der Psychologie mit Fokus Führung (Universität Zürich), wissenschaftlicher Assistent und Dozent an der Militärakademie an der ETH Zürich (MILAK), am IAP als Professor für Leadership tätig, Forschungs-, Lehr- und Publikationstätigkeit in den Bereichen konstruktive und destruktive Führungsverhalten, Agilität und Führung, klassische Führungsherausforderungen und Führung in Architektur und Bauwesen.

Steinebach, Christoph

Prof. Dr. Christoph Steinebach arbeitete einige Jahre in der Diagnostik und Beratung mit Kindern und Familien, bevor er die Leitung einer Beratungsstelle übernahm. 1995 wurde er auf eine Professur für Rehabilitationspädagogik an der Katholischen Hochschule, Freiburg i. Br., berufen. Dort war er später als Prorektor Leiter des Instituts für Forschung und Entwicklung und Rektor. Seit 2007 ist er Professor an der ZHAW Zürcher Hochschule für Angewandte Wissenschaften, Direktor des Departementes Angewandte Psychologie und des IAP Institut für Angewandte Psychologie, Zürich (Schweiz). Seit 2013 ist er zudem Adjunct Professor an der Toronto Metropolitan University, Toronto (CA). Christoph Steinebach ist Mitglied in verschiedenen nationalen und internationalen Verbänden. Derzeit ist er u. a. Präsident der European Federation of Psychologists' Associations (EFPA), Präsident der Fachkonferenz Angewandte Psychologie, SwissUniversities, und Mitglied des Vorstands der Schweizerischen Gesellschaft für Psychologie, SPS. Als Entwicklungspsychologe forscht er zu den Themen Resilienz, Peer-Support über die Lebensspanne und zu der Kompetenzentwicklung im lebenslangen Lernen.

Einleitung: Eine Reflexion zur hundertjährigen Erfahrung am IAP

Maja Goedertier

Ergänzende Information
Die elektronische Version dieses Kapitels enthält Zusatzmaterial, auf das über folgenden Link zugegriffen werden kann https://doi.org/10.1007/978-3-662-66420-9_1. Die Videos lassen sich durch Anklicken des DOI Links in der Legende einer entsprechenden Abbildung abspielen, oder indem Sie diesen Link mit der SN More Media App scannen.

© Der/die Herausgeber bzw. der/die Autor(en), exklusiv lizenziert
durch Springer-Verlag GmbH, DE, ein Teil von Springer Nature 2023
C. Negri, M. Goedertier (Hrsg.), *Was bewirkt Psychologie in Arbeit und Gesellschaft?*,
https://doi.org/10.1007/978-3-662-66420-9_1

Die Psychologie ist per se eine interdisziplinäre Wissenschaft, denn sie verknüpft Aspekte aus Natur-, Sozial-, Kultur- und Geisteswissenschaften. Dies macht psychologische Themen zu gesuchten Kategorien für Personen in der Arbeitswelt und der Gesellschaft. In den letzten 100 Jahren sind in der Psychologie zahlreiche Brücken zwischen der Empirie und der Praxis geschlagen worden. Darauf basierend ist am Institut für Angewandte Psychologie (IAP), Zürich, ein großer und wertvoller Erfahrungsschatz in verschiedenen Feldern der Angewandten Psychologie entstanden.

Bei psychologischen Themen geht es immer um Menschen, menschliches Denken, Handeln, Verhalten und um Emotionen. Die Persönlichkeit eines Menschen und dessen Interaktionen haben unzählige Facetten. Diese sind von Grund auf vielfältig und unterliegen dem ständigen Wandel, gegeben durch die Menschen und deren Umfelder. Um die aus dem Wandel entstehenden Herausforderungen zu bewältigen, müssen sich Menschen immer wieder neue Kompetenzen aneignen. Die Komplexität dieser Anforderungen spiegelt sich in der Fülle der Beratungs-, Forschungs- und Weiterbildungsaktivitäten von Psychologinnen und Psychologen in den verschiedenen Tätigkeitsfeldern auch am IAP wider.

Seit der Gründung des Instituts ist die Vermittlung praktisch verwertbaren psychologischen Wissens an Psychologinnen und Nichtpsychologen ein zentrales Anliegen des IAP. Daraus entstehen immer wieder neue Bereicherungen und Angebote für die Arbeitswelt und die Gesellschaft. Neben der Forschung, der Aus- und Weiterbildung von Fachpersonen und dem klinischen Bereich, wurden im Laufe der Zeit der angewandte Bereich der Psychologie sowie deren interdisziplinäres Zusammenspiel in der Arbeitswelt und der Gesellschaft immer bedeutungsvoller. Während der letzten 100 Jahre sind zahlreiche Erfahrungen gemacht und Methoden entwickelt worden, woraus Konsequenzen für die Anwendung auf Testverfahren, Beratungen, Informationsverarbeitung und das Lernen abgeleitet worden sind. Gleichzeitig konnte beobachtet werden, dass das Stigma mentaler Gesundheit in der Gesellschaft stetig abnimmt und die Arbeitswelt sowie auch die Gesellschaft offener auch für diese Angebote geworden sind. Die Angewandte Psychologie durfte somit im Laufe der Zeit immer wichtigere und mehr sichtbare Rollen, beispielsweise in der Wirtschaft, Verwaltung, Politik und den Medien sowie auch im Sport, übernehmen.

Wird die Veränderung der Arbeitswelt und der Gesellschaft in den letzten 100 Jahren betrachtet, wird schnell offenbar, wie immer wieder neue Entwicklungen und psychologische Strömungen herangewachsen sind. Die ersten Jahre des IAP waren geprägt durch den sich etablierenden Taylorismus in der Arbeitswelt – ein Prinzip, in dem die Arbeitsprozesse auf die Produktivität menschlicher Arbeit ausgerichtet und die Motivation stark auf monetäre Anreize abgestützt wurden. In der Betrachtung unter psychologischer Perspektive wurde dazumal davon ausgegangen, dass geregelte Arbeitsprozesse Menschen grundsätzlich zufriedenstellen. Später, in der Zeit zwischen den Weltkriegen, stießen auch Frauen zunehmend in den Arbeitsmarkt vor, wobei in den Untersuchungen der Arbeitsprozesse noch wenig auf das individuelle oder gar geschlechterbezogene Erleben geachtet wurde. Mit der Kritik an dieser bestehenden Sicht auf die Gegebenheiten ging die Diskussion der Humanisierung der Arbeitswelt los. Themen wie die Monotonie von Tätigkeiten, einseitige physische und psychische Belastungen und die Fremdbestimmtheit beim Arbeiten oder ein minimaler Arbeitsinhalt brachten Aspekte der Unterforderung von menschlichen Fähigkeiten oder von individuellem Können auf den Plan. Durch neue Gedankengänge wurden andauernde und errungene Prinzipien alsdann aufgehoben, neu definiert und auf aktuelle Notwendigkeiten ausgerichtet.

Die Arbeitswelt sowie auch die Gesellschaft der zweiten Hälfte des 20. Jahrhunderts waren durch die Kriegsfolgen und deren politischen Rahmen geprägt. Der Fokus der Betrachtungsweise lag demnach mehr auf möglichem Wachstum, der Exportwirtschaft und dem unkritischen Glauben daran, dass sich viele Probleme durch Technik lösen lassen. Darauf basierend wurde eine geltende Arbeitsgesetzgebung erstellt und der entstandene Aufschwung brachte bald auch kritische Überlegungen bezüglich der Leistungs- und Industriegesellschaft mit sich. In der Psychologie wurden durch diese Diskussionen vermehrt auch gesellschaftliche Themen und individuelles Erleben in den Fokus gerückt. Gegen Ende des 20. Jahrhunderts wurde dann die Vorstellung der Arbeitswelt und der Gesellschaft grundsätzlich ökologischer, feministischer und familienpolitischer. Die einseitige Wertschätzung von Erwerbsarbeit stand der Arbeit im sozialen Bereich und der Familienarbeit gegenüber und wurde durch neue Werte beurteilt. In dieser Herangehensweise an Themen wurden zu Beginn Umweltrisiken noch mehrheitlich ausgeblendet.

Nachdem mit dem Ende des 20. Jahrhunderts der Personal Computer Einzug in die Arbeitswelt ebenso wie auch in den privaten Alltag der Gesellschaft hielt, setzte mit dem 21. Jahrhundert die vierte industrielle Revolution ein. Die Realität der Arbeitswelt und folglich auch die der Menschen und deren Gesellschaftsleben wurde durch die aufkommende Digitalisierung in allen Bereichen stark verändert. Die Vernetzung von Maschinen und die Abstimmung von Arbeitsprozessen darauf wurden neu auch in den klassischen Bereichen wie dem Handwerk umgesetzt. Mit Industrie 4.0 wurde die umfassende Digitalisierung der industriellen Produktion in Angriff genommen und eine zunehmende Vernetzung aller Lebensbereiche stellte sich ein. In dieser Zeit veränderte sich auch die Wichtigkeit der Wissensarbeit, welche seitdem vermehrt über die der Produktionsarbeit gestellt wird. Damit einhergehend entfaltete sich auch ein gewisser Innovationsdruck, der sich zunehmend auf alle Bereiche der Arbeitswelt ebenso wie auch der Gesellschaft ausbreitet. Seitdem haben sich Bereiche wie Multimedia- und Biotechnologie, Mobilität und der Energiesektor als leitende Themengebiete etabliert. Sie sind bedeutende Gebiete in Forschung und Entwicklung geworden und deren Konsequenzen und Auswirkungen relevant für die Dienstleistungen der Angewandten Psychologie. Heute befassen sich bereits einige Bereiche mit den Themen der künstlichen Intelligenz, was die Bewältigung der Folgen auch dieser technologischen Entwicklung auf den Menschen an Relevanz gewinnen lässt. Der vorangehende Wandel in der Energieversorgung fordert nachhaltige Alternativen für die Hightech-Gesellschaft von heute ein. Technische und ökologische Veränderungen, die Digitalisierung und Automatisierung sowie auch die Globalisierung haben alle grundsätzlich zur Expansion des Dienstleistungssektors beigetragen und stellen Fragen in den Raum, die es für uns alle zu bewältigen gilt. Die moderne Gesellschaft ist durch die Arbeitswelt und deren Entwicklungen gleichzeitig geprägt und gefordert. Dies bedeutet für eine Institution wie die des IAP einen umfangreichen Auftrag, nämlich diesen: sich der Auswirkungen auf und der Folgen für die Menschen in der Arbeitswelt und der Gesellschaft anzunehmen. Denn die Menschen sind gefordert, einen angemessenen Umgang mit den damit zusammenhängenden Herausforderungen zu finden und optimale Bewältigungsstrategien anzuwenden, um im andauernden Fortschritt bestehen zu können.

Die Herausforderungen der zukünftigen Arbeitswelt und Gesellschaft werden durch den ständigen Wandel sowie die verschiedenen Entwicklungen darin befeuert. Sie werden heute in sogenannten Trends und Megatrends beschrieben und dargelegt. Darin werden fünf relevante Unternehmenstrends aufgeführt, welche unumkehrbar ganze Branchen verändern und verschiedene Lebensbereiche mit langjähriger Wirkdauer durchdringen. Davon sind alle Menschen in irgendeiner Form betroffen. Ob Individualisierung, Silver Society, Konnektivität, Neo-Ökologie oder Wissenskultur, jeder dieser Trends ist prägend für die Zukunft der Gesellschaft als Ganzes. In ihrer vielfältigen Spezialisierung kann die Angewandte Psychologie und somit auch das IAP einen wertvollen Beitrag leisten. Die genannten Herausforderungen und insbesondere die für den Umgang damit geforderte Entwicklung von Individuen und deren Umfeldern können vom Institut für Angewandte Psychologie aktiv mitgestaltet und unterstützt werden.

Die vorliegende Reflexion greift einerseits die Historie des Instituts für Angewandte Psychologie auf und legt andererseits dar, wie sich die Profession der Psychologie im Angewandten Bereich sowie auch wichtige psychologische Themen am IAP etabliert und entwickelt haben. Dazu wird jeweils ein Versuch der Einordnung auf historischer Ebene unternommen, die aktuelle Bedeutung des Themas dargelegt und dessen Wirkmächtigkeit unter trendbedingten Gegebenheiten betrachtet. Daneben wird auch aufgezeigt, welche Unterstützung von der Disziplin der Angewandten Psychologie erwartet werden kann und wie diese am IAP umgesetzt wird. Vorliegend in diesem Buch ist eine Vielfalt an Beiträgen, welche unter individueller Betrachtung der Autorinnen und Autoren die mannigfaltige Palette der verschiedenen Tätigkeiten am IAP widerspiegelt.

In ▸ Kap. 2 beschreiben Christoph Steinebach und Christoph Negri die Historie und das Werden des heutigen IAP. Sie legen dar, wofür das IAP steht und wie Psychologie verstanden sowie genutzt werden kann. Daneben erläutern sie die Psychologie als Profession sowie deren Verbindung mit der Wissenschaft und der Praxis. Sie schreiben über erste Akteure sowie darüber, in welchen Gebieten das spezifische Wissen des IAP fundiert ist. Desgleichen wird gezeigt, worauf der Name des IAP basiert, wofür er steht und welche verschiedenen Aufträge mit der Gründung des Seminars sowie des ersten Berufsverbandes in der Schweiz erfüllt worden sind. Auch erläutern sie, wie stark Hans Biäsch als Brückenbauer, Impulsgeber und Förderer für das IAP und die Angewandte Psychologie gewirkt hat. Es werden der vierfache Leistungsauftrag des IAP, die relevanten Standards und Maßstäbe benannt sowie tragende Kriterien, die das ursprüngliche Psychotechnische Institut heute zu einem Hochschulinstitut haben werden lassen. Zum Schluss des Kapitels werden aktuelle Anforderungen an die Angewandte Psychologie benannt und die heutige Positionierung des IAP dargelegt. Zusätzlich wird aufgezeigt, zwischen welchen Wissenschaften und Spannungsfeldern die Angewandte Psychologie oszilliert und welcher Nutzen auch zukünftig daraus folgen kann.

In ▸ Kap. 3 verdeutlicht Imke Knafla den Zusammenhang zwischen dem Wandel der Gesellschaft und der damit einhergehenden Entwicklung der psychologischen Beratungstätigkeit. Sie erläutert den Begriff der Beratung und dessen Veränderung in der Zeit. Aus ihrer Sicht wird Beratung am IAP als Prozessberatung verstanden, die der Unterstützung von Individuen bei der Lebensführung in unterschiedlichen Kontexten dient. Sie macht auf die Veränderungen in der Gesellschaft und Arbeitswelt sowie den Wertewandel von Generationen aufmerksam und legt deren Bedeutung für die Beratungstätigkeit dar. Dabei geht sie davon aus, dass für die Bewältigung dieser Veränderungen die Bedeutung psychologischer Beratung gewachsen ist und noch wachsen wird. Individuen und Organisation müssen lernen, mit größeren, auch psychischen, Belastungen umzugehen, und können durch die Inanspruchnahme von Beratung auf professionelle und qualitative Unterstützung zurückgreifen. Insbesondere wird darauf hingewiesen, dass psychische Belastungen, ob organisationaler oder privater Natur, Einfluss auf die Leistung und Motivation von Personen haben und deren Auswirkungen weitgreifend sein können. Abgeschlossen wird mit einem interessanten Gedanken dazu, dass Beratung auch als Reflexionsraum und Möglichkeit der Weiterentwicklung genutzt werden kann, was in den neuen Kontexten vor Überforderung schützen kann.

In ▶ Kap. 4 erläutert Simon Carl Hardegger differenziert die Entwicklung und Wurzeln der psychologischen Diagnostik und legt deren Bedeutung aufschlussreich in verschiedenen Bereichen dar. Daraus wird rasch offenbar, dass die psychologische Diagnostik ein wichtiger Eckpfeiler in der Tätigkeit des IAP war, ist und auch in Zukunft sein wird. Er verweist auf ursprüngliche Prinzipien in den psychologischen Testverfahren, welche bis heute ihre Gültigkeit haben. Ebenso legt er dar, dass dazumal genauso wie heute in verschiedenen Bereichen und Situationen durch die psychologische Diagnostik nach fundierten Entscheidungsgrundlagen gesucht wird. Nachvollziehbar beschreibt er auch, wie psychologische Diagnostik definiert werden kann, worin ihr Nutzen besteht, welche Wesensmerkmale sie begleiten und wie wichtig der Qualitätsanspruch in der diagnostischen Tätigkeit ist. Dabei wird deutlich erkennbar, worauf im Rahmen eines diagnostischen Prozesses am IAP bei dessen Gestaltung geachtet wird. Im letzten Teil greift er zwei relevante Herausforderungen auf, denen sich die psychologische Diagnostik wird stellen müssen. Dazu erläutert er die Themen Integration der Technologie in die psychologische Diagnostik und das wachsende Gebiet der Risikodiagnostik und schließt mit zwei anschaulichen Fallbeispielen ab.

In ▶ Kap. 5 widmet sich Andres Pfister dem umfassenden Thema der Führung. Er taucht ein, indem er zu Beginn einen wissenschaftlichen Überblick darüber gibt, was aus Sicht der Führungsforschung heute bezüglich des Themas als gesichert gilt. Dazu legt er das Ziel und die Wirkung von Führung dar, indem er fundierte Erkenntnisse mit Praxisbeispielen ergänzt und sich an eine Definition von Führung wagt. Er zeigt relevante Ansätze der Betrachtung von Führung auf und schafft damit einen prägnanten Einblick in die Historie der unterschiedlichen Sichtweisen. Mit einem kurzen ersten Fazit aus der Führungsforschung leitet er über in eine generelle Übersicht davon, welche Führungsverhalten wirksam und welche destruktiv sind. In einem zweiten Fazit legt er eine interessante Zusammenführung der beiden dar und zieht bedeutsame Schlussfolgerungen daraus. In der Folge greift er die Veränderung von Führungsrollen und deren Entwicklungen in Organisationen auf und wirft alsdann einen Blick auf die Zukunft der Führung von Menschen. Mit der Schlussfolgerung, dass Menschen ein zentrales Element einer wirkungsvollen und anpassungsfähigen Organisation und Gesellschaft sind, verweist er auf die Wichtigkeit der Führungsausbildung und des Erlernens beziehungsweise Vermittelns von Führungskompetenzen.

In ▶ Kap. 6 beschreiben Urs Blum, Jürg Gabathuler und Sandra Bajus, wie sich das Lernen in Organisationen über die Jahre verändert hat, welche Herausforderungen aktuell und zukünftig aus ihrer Sicht bestehen und welche Trends genutzt werden können, um Lernprozesse zu fördern. Eingestiegen wird mit einer Betrachtung der Beziehung von Mensch und Arbeit und wie sich diese über die Jahre verändert hat. Im Speziellen hervorgehoben werden die Themen soziale Beziehungen, die wachsende Komplexität und die Veränderung als Konstante. Dabei wird festgehalten, dass ein wesentliches Element in Veränderungsprozessen der Wechsel von Einstellungen und Verhalten durch Entwicklungsmaßnahmen auf verschiedenen Ebenen ist. Es wird aufgezeigt, dass die Megatrends als Wegweiser für die Zukunft des Lernens genutzt werden können, und anschaulich Meta-Kompetenzen für das Lernen in Organisationen abgeleitet. Daneben gehen sie auf das Lernen im Arbeitsprozess ein und zeigen auf, wie sich die Rolle der Personalentwicklung dadurch verändert. Dabei wird beschrieben, wie Lernprozesse gestaltet werden müssen, um einen möglichst hohen Lernerfolg erzielen zu können. Zum Schluss werden konkrete Kompetenzen genannt, welche für die Bewältigung der zukünftigen Anforderungen erlernt werden sollten.

In ▸ Kap. 7 schöpft Volker Kiel aus den Quellen der Humanistischen Psychologie, der Gestaltpsychologie sowie auch der Gestalttherapie und leitet über zum gestaltorientierten Coaching von heute, um dieses zu erläutern. Einleuchtend kombiniert er ‚althergebrachte' Überlegungen mit seiner aktuellen Tätigkeit am IAP und zeigt anhand von vielen praktischen Beispielen lebendig auf, was Coaching für ihn bedeutet. Er legt seinen Fokus darauf, was es heißt, Menschen in der Entfaltung ihrer Möglichkeiten zu ermutigen, zu unterstützen und deren Eigenverantwortung zu stärken. Dazu beschreibt er, wie sich Selbstverwirklichung im Alltagskontext wahrnehmen lässt, und zeigt Verbindungen zum Zukunftstrend der Individualisierung auf. Daneben verweist er darauf, wie die Grenzen zwischen der Arbeits- und Privatwelt je länger, desto mehr verschwinden und welche Gefahren sich dabei für Personen einschleichen können. Er schlägt die Brücke zwischen dem Arbeitskontext und dem Megatrend der ‚New Work', greift das Wertethema auf und schlägt den Bogen dazu, was eine sinn- und identitätsstiftende Organisationskultur ist. In seinen weiteren Ausführungen zeigt er verschiedene Verständnisse von Selbstverwirklichung auf, führt aus, welche Grundannahmen ihnen zugrunde liegen und welche Bedeutung sie haben. Zum Schluss benennt er das Menschenbild im gestaltorientierten Coaching und zeigt die Wichtigkeit des Bewusstwerdens der eigenen Bedürfnisse sowie auch jener der Stärkung der Selbstverantwortung auf.

In ▸ Kap. 8 widmet sich Anita Glenck der beruflichen Entwicklung und Neuorientierung, die sich an der Schnittstelle zwischen Mensch und Arbeitswelt bewegt. Sie beschreibt die Berufs-, Studien- und Laufbahnberatung (BSLB) als eine vielfältige Disziplin, welche einen zentralen Beitrag zur Orientierung in einer dynamischen Arbeitswelt innehat. Dafür legt sie die BSLB im Zeitgeist der Psychologie dar und zeigt drei relevante Paradigmen auf, welche der Haltung und den Beratungsmethoden zugrunde liegen. Dabei hält sie fest, dass sich über die Zeit die reine Information über Möglichkeiten von der eigentlichen Beratung getrennt und sich die Prozessberatung als Unterstützung für die persönliche Entwicklung etabliert hat. Im Weiteren geht sie davon aus, dass in der Prozessberatung psychologisches Fachwissen zunehmend eine tragende Rolle einnehmen wird. Daneben werden vier relevante Karriere-Ressourcen benannt, welche sich in der Laufbahnentwicklung gegenseitig beeinflussen und verändern können. Eine bestehende und bleibende Herausforderung dürfte ihrer Ansicht nach die Entwicklung der Arbeitsmarktfähigkeit niedrig qualifizierter Personen sein. Zum Schluss wird anhand des Career Construction Interviews aufgezeigt, wie die eigene Laufbahn gestaltet werden kann und wie eine planvolle Offenheit sowie auch Zufälle in der BSLB genutzt werden können.

In ▸ Kap. 9 beschreibt Claudia Beutter konkret und mit Beispielen bestückt die systemische Organisationberatung, wie sie am IAP gelebt wird. Dazu ordnet sie die Organisationsberatung geschichtlich ein und zeigt die ersten Schritte der Beratungstätigkeit am IAP auf. Sie erläutert die Bedeutung der Sichtweise auf Organisationen für die Bratung und zeigt auf, wie unterschiedliche Erklärungsmodelle diese steuern können. Fokussiert auf die Merkmale der systemischen

Betrachtung von Organisationen, zeigt sie relevante Aspekte und Schlussfolgerungen für eine professionelle Organisationberatung auf. Differenziert und mit Beispielen angereichert wird ebenso aufgezeigt, über welche Fähigkeiten und Kompetenzen Beratungspersonen von Organisationen verfügen müssen und womit sie bei der Organisationsentwicklung konfrontiert sein können. Dabei erläutert sie, wie dynamisch der Kontext von Organisationen sein kann und wie dieser Einfluss auf die Beratung nimmt. Zum Schluss werden interessante Konsequenzen für Beratungspersonen und Organisationen gezogen und es werden interessante Kompetenzfelder aufgezeigt, über welche Beratungspersonen für die Entwicklung der Organisationen verfügen sollten.

In ▶ Kap. 10 zeigen Christoph Negri und Maja Goedertier auf, welchen Beitrag die Angewandte Psychologie und das IAP zur Transformation in der Arbeitswelt und der Gesellschaft leisten können. Sie beschreiben zuerst den Wandel der Zeit und greifen dafür auf relevante Trends aus der Zukunftsforschung als dessen Treiber zurück. Einige der sogenannten Megatrends werden von ihnen anschaulich und detailliert beschrieben. Im Speziellen ausgeführt sind die wichtigen Megatrends für Unternehmen. Dabei wird erläutert, welche Spannungsfelder diese Trends für die Menschen mit sich bringen können. Dargelegt werden die Trends Individualisierung, Silver Society, Konnektivität, Neo-Ökologie und Wissenskultur und in Relation zur Angewandten Psychologie und zur Tätigkeit am IAP gesetzt. Sie zeigen auf, wie die Herausforderungen dieser Trends mit den Möglichkeiten der Angewandten Psychologie verbunden werden können und in welcher Form vom IAP Unterstützung dafür geleistet werden kann. Die Ausführungen sind bereichert mit den umfangreichen Beiträgen, die das IAP heute schon leistet und mit Themenbereichen, in denen die Psychologie sowie auch die Angewandte Psychologie in Zukunft noch mehr beitragen können (Hierzu eine Stimme aus der Praxis: ◘ Abb. 1.1).

◘ **Abb. 1.1 Video 1.1** Christoph Negri, Zürich, Schweiz (https://doi.org/10.1007/000-88v)

Maja Goedertier, Christoph Negri
Zürich, Schweiz
August 2022

Weiterführende Literatur

Kälin, K. (2011). *Hans Biäsch (1901-1975) Ein Pionier der angewandten Psychologie*. Zürich: Chronos.

Lippmann, E., Pfister, A., & Jörg, U. (2018). *Handbuch Angewandte Psychologie für Führungskräfte* (5. Aufl.). Berlin: Springer.

Münsterberg, H. (1918). *Grundzüge der Psychologie*. Leipzig: J.A. Barth.

Negri, C. (2019). *Führen in der Arbeitswelt 4.0*. Berlin: Springer.

Rüegsegger, R. (1986). *Die Geschichte der Angewandten Psychologie 1900 – 1940*. Bern: Huber.

Zukunftsinstitut (2022). https://www.zukunftsinstitut.de/dossier/megatrends/. Zugegriffen: 15. Aug. 2022.

Angewandte Psychologie als Wissenschaft und Profession. Selbstverständnis, Auftrag und Perspektiven in unsicheren Zeiten

Christoph Steinebach, Christoph Negri

Ergänzende Information
Die elektronische Version dieses Kapitels enthält Zusatzmaterial, auf das über folgenden Link zugegriffen werden kann https://doi.org/10.1007/978-3-662-66420-9_2. Die Videos lassen sich durch Anklicken des DOI Links in der Legende einer entsprechenden Abbildung abspielen, oder indem Sie diesen Link mit der SN More Media App scannen.

© Der/die Herausgeber bzw. der/die Autor(en), exklusiv lizenziert
durch Springer-Verlag GmbH, DE, ein Teil von Springer Nature 2023
C. Negri, M. Goedertier (Hrsg.), *Was bewirkt Psychologie in Arbeit und Gesellschaft?*,
https://doi.org/10.1007/978-3-662-66420-9_2

2.1 Einleitung

Die Wurzeln des IAP Institut für Angewandte Psychologie reichen zurück in die Anfänge der Psychotechnik. Damals wie heute wurde Angewandte Psychologie als evidenzbasierte Praxis verstanden. Sie steht damit in einer engen Wechselwirkung von Forschung und Theorie. Dabei leistet sie einen Beitrag zu einem selbstbestimmten Leben in sozialer Verantwortung. Schon früh hatte das Psychotechnische Institut Zürich seine Angebote differenziert und ausgeweitet. Zugleich gingen von ihm wichtige Impulse für die Angewandte Psychologie in der ganzen Schweiz aus. So wurde nicht nur für eine qualifizierte Diagnostik und Beratung und für fachlich kompetente Weiterbildung Verantwortung übernommen, sondern auch für die grundständige Ausbildung in Angewandter Psychologie. Die Einrichtung von Diplomstudiengängen bildet einen wichtigen Meilenstein zur späteren Anerkennung des Seminars bzw. der HAP Hochschule für Angewandte Psychologie, Zürich, als Hochschule im Kanon der kantonalen Hochschulen. Der Einzug des IAP Institut für Angewandte Psychologie und der damaligen HAP Hochschule für Angewandte Psychologie als Departement unter das Dach der ZHAW Zürcher Hochschule für Angewandte Wissenschaften sicherte die Angebote nachhaltig. Die Offenheit der Angewandten Psychologie für die vielen Themen und Aufgaben, für die Zusammenarbeit mit anderen Wissenschaften und Professionen und ihre Bereitschaft, gesellschaftliche Verantwortung zu übernehmen, beruhen auf ihrem Anliegen, für alle Menschen ein Leben in Würde und Selbstbestimmung zu ermöglichen.

2.2 Psychologie als Angewandte Wissenschaft und Profession

Die Geschichte der Angewandten Psychologie ist eine Erfolgsgeschichte. In ihren ersten Anfängen war dies kaum vorherzusehen. Für die Angewandte Psychologie in der Schweiz war die Gründung des Psychotechnischen Instituts Zürich sicher ein wichtiger Impuls. Inzwischen ist das IAP Institut für Angewandte Psychologie als Teil des Departements Angewandte Psychologie ein wichtiger Bestandteil der ZHAW Zürcher Hochschule für Angewandte Wissenschaften, einer der größten Mehrsparten-Fachhochschulen der Schweiz. An acht Fachdepartments sind an die 15.000 Studierende in den Bachelor- und konsekutiven Masterstudiengängen eingeschrieben. An die 10.000 Personen besuchen Jahr für Jahr Weiterbildungen. Und viele nehmen Jahr für Jahr die Dienstleistungen einzelner Fachdepartements in Anspruch.

Im vierfachen Leistungsauftrag von Studium, Weiterbildung, Forschung und Dienstleistungen steht das IAP seit nunmehr 100 Jahren für den Transfer psychologischen Wissens in Weiterbildung und Dienstleistung. Wenn wir Psychologie einzig verstehen als Wissenschaft vom Verhalten und Erleben des Menschen, dann greift das zu kurz. Sie ist eben auch eine Profession und mehr noch, sie ist auch eine Perspektive auf das Leben mit seinen besonderen Herausforderungen. Psychologische Kompetenzen helfen, den eigenen Alltag besser zu verstehen und im Sinne einer positiven Entwicklung besser zu gestalten (Cranney & Dunn 2011; Steinebach 2022).

Mit „angewandte" wird dann direkt auch schon eine ganze Palette von Merkmalen bezeichnet: die Handlungsorientierung, die Ausrichtung auf soziale Innovation, die Forschung im Dienst an der evidenzbasierten Praxis, der Transfer und die gewissenhafte Prüfung einer intellektuellen Idee in die Praxis. Angewandte Psychologie ist also nichts anderes als die wissenschaftlich fundierte Anwendung der Psychologie und die Prüfung ihrer Wirksamkeit Wirksamkeit (vgl. etwa Reinert, 1976).

Was aber macht ein solches Unternehmen zu Profession? Professionen zeichnen sich durch besondere Standards in Ausbildung, Weiterbildung und Praxis aus. Eine besondere Rolle spielen berufsethische

Grundsätze und berufsrechtliche Regelungen (vgl. Beiträge in dem von Mulder 2017 herausgegebenen Band). All dies spiegelt sich in einer berufsbezogenen tragfähigen Identität wider. Internationale Standards in Studium, Kompetenzmodelle, an denen sich Ausbildung und Praxis ausrichten, Regelungen der beruflichen Selbstkontrolle und besondere Rechte in der Finanzierung zeichnen heute die Angewandte Psychologie der Schweiz aus.

Über die Jahre hat sich ein systemisch konstruktivistisches Verständnis von angewandter Psychologie als Profession herausgebildet (siehe dazu Smedslund 1972): Angewandte Psychologie ist, was Psychologinnen und Psychologen in ihrer Rolle als Psychologinnen und Psychologen tun. In dem Fall ist ihr Handeln Ausdruck eines Wechselspiels von Theorie und Praxis. Dieses Handeln kann sich auf alle Situationen und Lebenslagen beziehen. Psychologie als Wissenschaft und Profession ist reflexiv, sie hinterfragt sich selbst und kann sich selbst zum Gegenstand eigener Untersuchungen machen. Und schließlich: „Psychologische Theorien können genau jene Realitäten hervorbringen, die zur Überprüfung der Theorien dienen" (Smedslund 1972, S. 15 ff.).

All dies macht die Psychologie zu einem sehr komplexen, aber sicher auch spannenden Feld. Und dieses Feld ist weder statisch noch klar begrenzt. Der gesellschaftliche Wandel stellt die Psychologie immer wieder vor neue große Herausforderungen. Psychologie hat eine besondere Verantwortung für Menschen, die besonderen Risiken ausgesetzt sind. Um welche Risiken es gehen kann, zeigt die „Global Risks Interconnections Map" des WEF World Economic Forums sehr eindrücklich (World Economic Forum 2020).

Die große und heute selbstverständliche gesellschaftliche Verantwortung der Angewandten Psychologie wurde bereits in der frühen Praxis der Psychotechnik deutlich. Es wurden aber auch Grenzen gezogen: Die frühe Psychotechnik fokussierte auf Psychodiagnostik in Abgrenzung zu Psychoanalyse oder Psychotherapie. Dabei ging es um einen Transfer des experimentellen Ansatzes in die Praxis (siehe den folgenden Abschnitt).

Angewandte Psychologie stellt sich den gesellschaftlichen Herausforderungen. Und diese scheinen kaum begrenzt. Oder sie gewinnen aufgrund aktueller Entwicklungen dramatisch an Bedeutung. Die aktuelle Pandemie und der Krieg in der Ukraine zeigen dies eindrücklich.

Aufgrund dieser gesellschaftlichen Verantwortung formulierte Hans Biäsch (1950, zitiert in Süss & Negri 2019, S. XX) einen Leitspruch, der bis heute nichts an seiner Kraft verloren hat: „Die Idee der Angewandten Psychologie ist uralt, aber ewig neu zu erkämpfen. Hilfe zur Selbsthilfe aus Ehrfurcht vor der Menschenwürde und aus Willen zur Bejahung der Selbstbestimmung und Selbstverantwortung des Menschen."

2.3 Das Psychotechnische Institut Zürich. Von Pionieren und Werkzeugen

Wo liegen die Anfänge der Angewandten Psychologie? Analysen legen nahe, zwischen einer Präliminarphase, Initialphase und einer Etablierungs- und Spezialisierungsphase zu unterscheiden. Die erste Phase führt uns zurück in die Zeit der Antike, des Mittelalters und in das Zeitalter der Aufklärung. In dieser ersten Phase stehen philosophische und anthropologische Betrachtungen im Vordergrund. In der zweiten Phase kommen erste empirische Arbeiten hinzu. Den Beginn der Etablierungsphase setzt mit dem Jahr 1879 die Gründung des ersten psychologischen Laboratoriums an der Universität Leipzig durch Wilhelm Wundt. Einer seiner Doktoranden war Hugo Münsterberg. Er promovierte 1885 bei Wilhelm Wundt. Sein Weg führte von Heidelberg, Freiburg i. Br. nach Harvard. Seine Forschung und Publikationen beschäftigten sich mit verschiedenen Themen der Angewandten Psychologie. Ihm

● Abb. 2.1 IAP Meilensteine

ging es darum, psychologisches Wissen für die Praxis nutzbar zu machen. Dies wurde auch in seinem 1914 veröffentlichten Standardwerk „Grundzüge der Psychotechnik" deutlich.

Es überrascht nicht, dass der Schweizer Schuhfabrikant Ivan Bally von den frühen Arbeiten Hugo Münsterbergs fasziniert war. Münsterberg beschrieb Methoden, die Ivan Bally gerne in seiner Fabrik einführen wollte (vgl. Kälin 2011). In dieser Zeit war Dr. Jules Suter (1882–1959) als Privatdozent an der Universität Zürich tätig. Dem Wunsch Ballys entsprechend, führte er die ersten arbeitspsychologischen Reihenuntersuchungen in der Schuhfabrik Bally in Schönenwerd durch (Kälin 2011). Später wurde mit ähnlichem Auftrag die Psychotechnische Prüfstelle beim kantonalen Jugendamt gegründet. 1923 wurde die Prüfstelle privatisiert und in das Psychotechnische Institut Zürich überführt.

Die Gründung des Psychotechnischen Instituts Zürich fällt in eine Zeit, in der auch an anderen Orten der Schweiz vergleichbare Institute gegründet wurden. Bereits 1920 schlossen sich diese Institute zur „Association International de Psychotechnique" zusammen. Sie wurde 1955 in „International Association of Applied Psychology" (IAAP) umbenannt, dem Weltverband für Angewandte Psychologie. Damit hat die IAAP als ältester internationaler Fachverband für Psychologie seine Wurzeln auch in Zürich (s. ● Abb. 2.1).

Die Frage, welche Bedeutung heute Techniken und Tools für die Psychologie haben, ist sicher nicht trivial. Jede Profession zeichnet sich durch spezifisches Wissen aus, durch ein eigenes Kompetenzprofil und Fähigkeiten (Steinebach 2022). Carpintero (2004) bezeichnet als „early landmarks of applied research" Klinische Psychologie, Erziehungspsychologie und Arbeits- und

Organisationspsycholgie, die Entwicklung von diagnostischen Verfahren und den Austausch über die verschiedenen Schwerpunkte hinweg. Im Rückblick zeigt sich, dass das auch für die frühe angewandte Forschung am Psychotechnischen Institut Zürich gilt.

Nicht wenige Professionen verfügen auch über Werkzeuge, die nur die Angehörigen der Profession einsetzen dürfen. Im Werkzeug selbst spiegeln sich Theorie, Forschung und Anwendungswissen. Wann ist welches Werkzeug wie einzusetzen? Unter welchen Bedingungen ist eine Methode sinnvoll und zulässig? Zur Reflexion braucht es Theorie und Forschung genauso wie berufliche Erfahrung. Es ist also naheliegend, dass die Psychotechnik auch zur Entwicklung von Theorie, zum Aufbau psychologischer Forschung, zu neuen Angeboten in Studium und Weiterbildung geführt hat. Dies ist naheliegend, aber auch überraschend, wenn man bedenkt, dass die ersten Akteure der Psychotechnik gar nicht über psychologische Studienabschlüsse verfügten. Viele von ihnen waren Ingenieurinnen und Ingenieure, Lehrerinnen und Lehrer, Ärztinnen und Ärzte. Ihnen allen war es aber ein Anliegen, die Angewandte Psychologie in den Dienst der Menschen zu stellen.

Auch Jules Suter verknüpfte Forschung mit Praxis. Für viele Aufgaben mussten erst Daten als Grundlage diagnostischer Verfahren erhoben und ausgewertet werden. Umfang und Dynamik der Aufgaben waren aber allein nicht zu meistern (siehe dazu auch Spreng, 1935). Die ersten Mitarbeiter des Psychotechnischen Instituts waren Alfred Carrad, Hannes Spreng, Albert Ackermann, Paul Silberer und Hans Biäsch (siehe dazu auch Spreng, 1935). Unter dem Patronat des Bundesrats und unter Aufsicht des Präsidenten des Schweizerischen Schulrates der ETH wurde 1927 die Schweizerische Stiftung für Psychotechnik gegründet, „die aus jener in den 20er Jahren von Prof. J. Suter begründeten ‚Zürcherschule' hervorgegangen sind" (Carrard 1946, S. 9; Hervorhebung im Original). Die Gründung der Stiftung führte demnach zu weiteren anerkannten Instituten als Neugründungen oft ehemaliger Mitarbeitender des Zürcher Instituts. Gründungen in Biel (Spreng) und Lausanne (Carrard, Billon) folgten jenen in Luzern (Koch), Bern (Spreng), Basel (Silberer) und Genf (Billon). 1931 wurde bereits eine Prüfungskommission für die Diplomausbildung für die Verleihung eines von der Stiftung anerkannten Diploms für Psychotechnik eingesetzt.

2.4 Angewandte Psychologie als professionelle Identität

Dass die Schweiz zu einem Vorreiter der Psychotechnik in Europa geworden war, schrieb Jules Suter selbst dem Zufall zu (Suter 1935). Heutzutage verlangt die Gründung eines Unternehmens als Spin-off einer Hochschule vielfältige Vorarbeiten, einen guten Plan und umfangreiche Ressourcen. Anders beim Psychotechnischen Institut Zürich vor 100 Jahren. Aus ersten Aufträgen heraus hat sich das Institut differenziert und stabilisiert. Bereits früh gliederte es sich in unterschiedliche Abteilungen für Eignungsprüfungen und Graphologie, Textilindustrie, Reklamepsychologie, Maschinenindustrie und Verpackungsfragen. Damit richtete sich das Institut früh auf das Arbeits- und Berufsleben aus. Die Aufträge kamen von Sulzer in Winterthur, von den SBB-Werkstätten oder von der Stadtpolizei Zürich. Neben den Angeboten für die Praxis wurden vielfältige Forschungsprojekte realisiert, Daten projektbegleitend erhoben und Testverfahren entwickelt. Über die Jahre bildete sich so zum Beispiel ein verkehrspsychologischer Forschungsschwerpunkt. Mit der Intensivierung von Forschung und Praxis wuchs auch der Raumbedarf. In den Anfängen verfügte das Institut über zwei Zimmer in Schanzenberg, jedoch bereits 1927 über zehn Zimmer im Hirschengraben, Zürich.

Forschung und Praxis wurden begleitet von intensiven Diskussionen um das Selbstverständnis der Angewandten Psychologie und den Begriff der Psychotechnik. Über die Jahre verfestigte sich der Eindruck, dass der Begriff Psychotechnik den besonderen ethischen Ansprüchen und dem anthropologischen Verständnis der Angewandten Psychologie kaum gerecht wird. Folgerichtig erhielt das Psychotechnische Institut 1935 einen neuen Namen und wurde zum IAP Institut für Angewandte Psychologie, Zürich. Als Rechtsform wurde eine einfache Gesellschaft gegründet, deren Teilhaber bzw. Besitzer die Herren Carrard, Ackermann, Biäsch und Silberer waren. Carrard wurde zum Direktor des IAP Institut für Angewandte Psychologie ernannt. 1946 übernahm die neu gegründete „Genossenschaft Institut für Angewandte Psychologie, Zürich" mithilfe von Darlehen der Stadt und des Kantons Zürich das Institut. 1964 folgte die Gründung der „Stiftung Institut für Angewandte Psychologie", wiederum mit Beteiligung von Stadt und Kanton Zürich. Diese Stiftung wurde eingerichtet, um das Institut und das seit einigen Jahren bestehende Seminar für Angewandte Psychologie abzusichern.

2.5 Differenzierung und Vernetzung der Angewandten Psychologie

Mit den Jahren kamen neue Aufgaben hinzu. Das Interesse an einer Ausbildung in Psychotechnik bzw. später in Angewandter Psychologie wuchs. 1937 hatte Hans Biäsch das Seminar für Angewandte Psychologie als eine Abteilung des IAP gegründet. Die Absolventinnen und Absolventen des späteren Diplomstudiengangs organisierten sich im Schweizerischen Berufsverband für Angewandte Psychologie, der 1952 von Hans Biäsch gegründet wurde. Hans Biäsch blieb bis 1962 sein erster Präsident. Ziel war es, den Berufsstand der diplomierten Psychologinnen und Psychologen zu vertreten und eine Plattform für berufspolitische Anliegen zu schaffen.

Hans Biäsch (1901–1975) war 1928 dem Psychotechnischen Institut Zürich beigetreten. 1946 übernahm er das Amt des Direktors. 1953 wurde er zum Professor für Angewandte Psychologie an der ETH Zürich, 1955 zum Honorarprofessor an der Universität Freiburg i. Br. und 1958 zum Professor für Angewandte Psychologie an der Universität Zürich ernannt. Mit seinem Engagement hat er wesentlich zur Erfolgsgeschichte der Angewandten Psychologie in der Schweiz und in Europa beigetragen (Kälin 2011). Ein besonderes Anliegen war ihm die praxisbezogene Ausbildung für Fachleute in Diagnostik und Beratung. Hier sollte die naturwissenschaftlich experimentell ausgerichtete Psychologie zur Anwendung kommen. Dies in Abgrenzung zu der aus seiner Sicht sehr philosophisch ausgerichteten Forschung und Lehre an den Universitäten. Seine Sorge galt wissenschaftlich ausgebildeten und gleichzeitig berufspraktisch kompetenten Psychologinnen und Psychologen. Der Bedarf war groß. Noch 1931 verfügten von 13 Mitarbeitenden des Instituts nur zwei über eine Ausbildung in der Psychologie. Im Vorfeld der Gründung des Seminars suchte Hans Biäsch die Unterstützung von Persönlichkeiten aus Politik, Industrie, Medizin und Psychiatrie, Pädagogik und Heilpädagogik und Berufsberatung. Die Frage, wie sich die neue Berufsgruppe in das Gesamt der Professionen einfügen würde, wurde kontrovers diskutiert. Ermutigt wurde Hans Biäsch durch den Zuspruch von Carl Gustav Jung.

Bei all dem war Hans Biäsch Brückenbauer und Impulsgeber, in vielem auch gemeinsam mit seiner Frau Suzanne. Dies wird auch deutlich in der Gründung der Stiftung Suzanne und Hans Biäsch zur Förderung der Angewandten Psychologie. Suzanne und Hans Biäsch gründeten bereits 1972 gemeinsam ihre Stiftung zur Förderung der Angewandten Psychologie. Im Kern ging es und geht es auch heute noch um die Förderung der Forschung in Angewandter Psychologie. Neben Forschungsprojekten förderte und fördert die Stiftung aber auch Promotionsvorhaben, Tagungen und Publikationen. Die geförderten Personen und Projekte kamen und kommen aus der ganzen Schweiz. Die Arbeit im Stiftungsrat wird auch heute noch von Vertreterinnen und Vertretern des Psychologischen Instituts der Universität Zürich, der Psychologie der ETH Zürich, des IAP und von Delegierten aus der Praxis geleistet. Ein weiteres Mitglied des Stiftungsrats zeichnete und zeichnet auch heute noch für die Finanzen verantwortlich und betreut die Liegenschaften der Stiftung. Die Schweizerische Stiftung für Angewandte Psychologie wurde 1996 aufgelöst. Ihr Kapital floss der Stiftung Susanne und Hans Biäsch zu. Die Stiftung Susanne und Hans Biäsch zur Förderung der Angewandten Psychologie ist heute die größte Stiftung für Psychologie in der Schweiz.

2.6 Angewandte Psychologie im vierfachen Leistungsauftrag der Hochschule

Von Anfang an verbindet sich die Frage nach dem guten Einsatz von Techniken mit Fragen nach den Grundlagen, nach der Entwicklung von Wissen und nach der Ausbildung von Kompetenzen. Was macht eine Technik oder ein Tool zu einer psychologischen Technik oder zu einem psychologischen Werkzeug? „The answer seems simple enough: Any scientific instrument used in or resulting from psychological research, demonstrations and teaching purposes, or in psychological practice. Alternatively, we could define the domain of the concept psychological instrument as the set of all scientific instruments used in or resulting from psychological research, demonstration and teaching, or practice" (Gundlach 2007, S. 198). Objektivität, Reliabilität und Validität galten schon früh als Standards und Maßstab für die Entwicklung und die Umsetzung psychologischer Verfahren. Heute würden wir gerade für die zugrunde liegende Forschung noch Verantwortlichkeit für den Forschungsprozess, die Transparenz bezüglich des Entwicklungsprozesses und die freie Verfügbarkeit der Forschungsergebnisse als weitere wichtige Kriterien ergänzen. In der aktuellen Diskussion haben ethische Fragen, die Überprüfbarkeit des Forschungsprozesses und der offene Zugang zu den Ergebnissen besondere Aufmerksamkeit. Dessen ungeachtet ist aber bereits sehr früh die Frage nach der Verbindung von Berufspraxis, Ausbildung, Weiterbildung, Forschung und Dienstleistungen gestellt worden (s. auch Steinebach 1997). Die Fachhochschulen der Schweiz (von Matt 2022) als Hochschulen angewandter Wissenschaften wurden zu einem Ort, an dem dieses Anliegen in besonderer Weise verfolgt wird (Käser 1999). Ob dies nun auch für die Psychologie gelten soll, wurde in der Gründungsphase der Fachhochschulen durchaus kontrovers diskutiert. Vonseiten der Fachverbände und Universitäten wurde nicht selten betont, dass ein Studium der Psychologie an Fachhochschulen nicht sinnvoll oder gar in vielerlei Hinsicht schädlich wäre. Die damalige neue Gesetzgebung machte es aber möglich, 1995 einen Antrag auf Anerkennung als Hochschule zu stellen. Dem folgte, dank des unermüdlichen Einsatzes des damaligen Direktors Roland Käser, 1998 ein entsprechender Beschluss der Eidgenössischen Bildungskommission. Die Zürcher Bildungsdirektion beschloss zugleich die Anerkennung des Seminars als Hochschule für Angewandte Psychologie. Sie war damit Teil der Zürcher Fachhochschule und folgte im Verbund mit dem IAP einem vierfachen Leistungsauftrag von Studium, Forschung, Weiterbildung und Dienstleistung. Das IAP Institut für Angewandte Psychologie, Zürich, wurde zum Hochschulinstitut und übernahm die Verantwortung für zwei Bereiche aus dem vierfachen Leistungsauftrag: für die Weiterbildung und die Dienstleistungen.

Eine der großen Aufgaben in diesen Jahren war es, die Psychologie als geregelten Beruf abzusichern. Die Vorstellungen dazu gingen in den Ausbildungsstätten, den

Berufs- und Fachverbänden und in der Berufs- und Gesundheitspolitik sehr weit auseinander. Es galt, den Absolventinnen und Absolventen des Fachhochschulstudiums in Psychologie die gleichen Berufschancen zu sichern wie den Absolventinnen und Absolventen der Universitäten. Dies sollte auch für die psychotherapeutische Berufspraxis gelten. In Evaluationen und Akkreditierungsverfahren konnte die damalige Hochschule für Angewandte Psychologie, Zürich, nachweisen, dass sie ganz im Sinne der Vorgaben ein gleichwertiges, aber andersartiges Angebot vorhielt. Die Umstellung des Studienangebots auf die Bologna- Struktur mit Bachelor- und Masterabschlüssen eröffnete zudem vielfältige Möglichkeiten, das Studienangebot zu differenzieren und auf ein vielseitiges und flexibles Kompetenzprofil auszurichten (zur Umstellung auf die Bachelor- und Masterabschlüsse s. Steinebach 2000).

Mit den Aufgaben und Angeboten im vierfachen Leistungsauftrag wuchsen auch die Ansprüche an die Trägerschaft. Sicher war es zur damaligen Zeit vernünftig, bei der großen Verantwortung für Angebot, Personal und Finanzen nach einer dauerhaften Lösung für die Trägerschaft der Hochschule mit ihrem Institut zu suchen. Trotz Numerus clausus in den grundständigen Studiengängen waren die Raumverhältnisse sehr beengt. Bei wachsender Zahl von Personal und Angeboten im Institut war das unternehmerische Risiko sehr hoch. Um die Angebote in allen vier Leistungsbereichen langfristig abzusichern, beantragte der damalige Stiftungsrat die Kantonalisierung der Hochschule. Es war absehbar, dass verschiedene Hochschulen zur ZHAW Zürcher Hochschule für Angewandte Wissenschaften zusammengefasst würden. Mit diesem Schritt wurde die frühere Trägerstiftung nun eine Förderstiftung, die auch heute noch das Anliegen verfolgt, Forschungs- und Entwicklungsprojekte in der Angewandten Psychologie zu fördern. Bereits vor Gründung der ZHAW wurde über einen neuen Hochschul-Campus in Zürich West nachgedacht. Die Planungsarbeiten für das Toni-Areal begannen früh. Mit dem Einzug auf den neuen Campus hat die Angewandte Psychologie in Zürich einen neuen räumlichen Mittelpunkt erhalten. Und mit der Außenstelle in der Lagerstraße wurde von Anfang an sichergestellt, dass Angebote der psychotherapeutischen Ambulanz des Zentrums für Klinische Psychologie und Psychotherapie niedrigschwellig und leicht erreichbar sind und bleiben.

2.7 Aktuelle Herausforderungen der Angewandten Psychologie

Heute ist das IAP Institut für Angewandte Psychologie der größte Anbieter für Psychologinnen und Psychologen und Nicht-Psychologinnen und Nicht-Psychologen in der Schweiz. Das Departement Angewandte Psychologie der ZHAW ist damit auch der größte psychologische Arbeitgeber national. Es werden Weiterbildungen und Dienstleistungen für Human Resources Management, Development und Sportpsychologie, in Leadership, Coaching und Change-Management, Diagnostik, Verkehrs- und Sicherheitspsychologie, Berufs-, Studien- und Laufbahnberatung und in Klinischer Psychologie und Psychotherapie angeboten. Diese unterschiedlichen Bereiche sind in Zentren organisiert. Zwischen den Zentren des IAP und den Fachgruppen des Psychologischen Instituts besteht eine enge Zusammenarbeit. So kann sichergestellt werden, dass neue Erkenntnisse der Forschung in die Weiterbildungen und Dienstleistungen einfließen, genauso wie Erkenntnisse der Berufspraxis das Studium und die Forschung bereichern.

Die Arbeitsgebiete des IAP spiegeln sich in den Fachgruppen des Psychologischen Instituts: Klinische Psychologie und Psychotherapie, Arbeits- und Organisationspsychologie, Entwicklungs- und Medienpsychologie, die Allgemeine Psychologie, die Verkehrs- und Sicherheitspsychologie, die Diagnostik und psychologische Interventionen.

Die Zusammenarbeit über die Zentren und Fachgruppen ist ein wichtiges Anliegen und eine Stärke des Departements. Zugleich eröffnet die Forschung auch die Möglichkeit, vor Ort, aber in Kooperation mit in- und ausländischen Universitäten zu promovieren.

Evaluationen und Zertifizierungen stellen sicher, dass alle Angebote den fachwissenschaftlichen Standards und ethischen Richtlinien der Berufspraxis gerecht werden.

Für die Erfüllung des Leistungsauftrags erweist sich die Hochschule als wichtige Ressource. Die mittel- und langfristige strategische Ausrichtung der Hochschule mit ihren strategischen Projekten und die Strategie des Departments unterstützen die Entwicklung des Instituts und eröffnen wichtige Entwicklungsperspektiven. Zugleich sichern wichtige Angebote der Hochschule qualitativ hochwertige Dienstleistungen und Weiterbildungsangebote. Umgekehrt unterstützt das IAP Institut für Angewandte Psychologie zentrale Anliegen des Departments und der Hochschule als Ganzes, etwa in den Bereichen Digitalisierung, Nachhaltigkeit, Rekrutierung, Entrepreneurship und gesellschaftliche Integration, genauso wie z. B. über die psychologische Beratung der Studierenden und der Mitarbeitenden. Und all dies entwickelt sich weiter, denn im Dialog mit Kundinnen und Kunden, internen Expertinnen und Experten an der ZHAW sowie externen Stakeholdern werden neue Angebote entwickelt.

2.8 Fazit. Wegmarken in unsicheren Zeiten

Am Ende seiner Einführung in die Angewandten Psychologie schrieb der schweizerisch-österreichische Psychologe Theodor Erismann (1916, S. 157): „Die Angewandte Psychologie baut sich auf den Erkenntnissen und Befunden der allgemeinen Psychologie auf, ihre Wirkungssphäre reicht aber über das Gebiet derselben weit hinaus. Die Grenzgebiete, in denen die Psychologie mit anderen Wissenschaften und dem praktischen Leben zusammenstößt, bilden das eigentliche Feld ihrer Anwendung. Es gibt kaum eine Wissenschaft, die nicht in dieser oder jener Weise in Beziehung stünde zu den psychischen Eigentümlichkeiten der menschlichen Natur, daher die vielen Möglichkeiten für die Ausbreitung in der Anwendung psychologischer Erkenntnisse." Das liest sich, als sei die Stärke der Angewandten Psychologie zugleich auch ihre größte Herausforderung: die Einheit des Fachs, die eigene Identität, die eigene Professionalität zu sichern und zugleich Psychologie für alle verfügbar zu machen. Wie es damals Hans Biäsch gesehen hat, sehen wir es auch heute noch: Psychologie steht im Dienst der Menschenwürde, der Freiheit und Selbstbestimmung. Die Nachhaltigkeitsziele der Vereinten Nationen (United Nations 2015; Schultes et al. 2019) zeigen auf, was notwendig ist, um ein Leben in Freiheit und Selbstbestimmung für alle zu sichern. Die Angewandte Psychologie kann entscheidend zur Erreichung dieser Ziele beitragen, seien diese nun ökonomisch, sozial oder bio-ökologisch. Dabei hilft der Angewandten Psychologie ihre besondere Stellung zwischen …

- Geistes-, Sozial-, Kultur- und Naturwissenschaft,
- Erklären und Verstehen,
- Theorie und Praxis,
- Forschung und Anwendung,
- Einheit und Vielfalt.

Dies gilt es zu nutzen, um …

- international vergleichbare Standards für die Psychologieausbildung
- oder auch für die Weiterbildung anderer Professionen zu entwickeln,
- Weiterbildungen und Dienstleistungen auf nachhaltige Kompetenzprofile auszurichten,
- die Vermittlung neuer Kompetenzen auf individueller und organisationaler Ebene als Baustein im lebenslangen Lernen zu verstehen und nutzbar zu machen und …

○ Abb. 2.2   Video 2.2 Fred Hürlimann (https://doi.org/10.1007/000-88w)

— um die Finanzierung von psychologischen Leistungen insbesondere für Menschen in Notlagen zu sichern.

Für all das sind ZHAW Zürcher Hochschule für Angewandte Wissenschaften, Departement Angewandte Psychologie, Psychologisches Institut und IAP Institut für Angewandte Psychologie gut aufgestellt. Es hilft, dass wir uns gemeinsam den großen Themen dieser Zeit stellen. Es hilft, dass wir bei aller Offenheit für Neues eine fachliche Identität haben und wissen, dass diese Identität auf einer über 100-jährigen Tradition fußt. Es hilft aber auch, dass wir wissen, wo die Grenzen der Angewandten Psychologie liegen. Hier schließen wir uns dem Verleger Helmut Kindler (1976) und seinen Gedanken zur Einführung in das Gesamtwerk „Die Psychologie des 20. Jahrhunderts" an, wenn er schreibt: „Für uns endet die Psychologie in Theorie und Anwendung dort, wo sie vor dem Maßstab der Humanität versagt" (Kindler, 1976, S. 1). Denn, wie es unsere Vision ganz im Sinne von Hans Biäsch sagt, die „Angewandte Psychologie ist Hilfe zur Selbstentwicklung und Selbstbestimmung. Sie dient der Menschenwürde und fördert die Autonomie des Menschen in seiner sozialen Verantwortung". In diesem Sinne wirkt sie für eine bessere Zukunft. (Hierzu eine Stimme aus der Praxis: ○ Abb. 2.2).

Literatur

Carpintero, H. (2004). History of applied psychology, overview. In C. D. Spielberger (Hrsg.), *Encyclopedia of applied psychology* (Bd. 2, S. 179–196). Amsterdam: Elsevier.

Carrard, A. (1946). Einführung. In A. Carrard (Hrsg.), *Praktische Einführung in Probleme der Arbeitspsychologie* (S. 9–10). Zürich: Rascher.

Cranney, J., & Dunn, D. S. (2011). Psychological Literacy and the psychological literate citizen. New frontiers for a global discipline. In J. Cranney & D. S. Dunn (Hrsg.), *The psychologically literate citizen. Foundations to global perspectives* (S. 3–12). Oxford: Oxford University Press.

Erismann, T. (1916). Angewandte Psychologie. GJ Göschen

Gundlach, H. (2007). What is a psychological instrument? In M. G. Ash & T. Sturm (Hrsg.), *Psychology's territories: historical and contemporary perspectives from different disciplines* (S. 195–224). Hillsdale: Lawrence Erlbaum.

Kälin, K. (2011). *Hans Biäsch (1901-1975). Ein Pionier der angewandten Psychologie*. Zürich: Chronos.

Käser, R. (1999). Das Seminar für Angewandte Psychologie am IAP Zürich als Fachhochschul-Modellfall. In U. Günther (Hrsg.), *Psychologie an Fachhochschulen. Studiengänge, Theorie-Praxis-Verhältnis, Hochschulreform* (S. 106–118). Lengerich: Pabst.

Kindler, H. (1976). Gedanken zur Einführung in das Gesamtwerk. In H. Balmer (Hrsg.), *Die Europäische Tradition. Tendenzen, Schulen, Entwicklungslinien. Die Psychologie des 20. Jahrhunderts* (Bd. 1, S. 1–17). Zürich: Kindler.

Mulder, M. (Hrsg.). (2017). *Competence-based vocational and professional education. Bridging the worlds of work and education*. Basel: Springer.

Münsterberg, H. (1914). *Grundzüge der Psychotechnik*. Leipzig: J.A. Barth.

Reinert, G. (1976). Grundzüge einer Geschichte der Human-Entwicklungspsychologie. In H. Balmer (Hrsg.), *Die Europäische Tradition. Tendenzen, Schulen, Entwicklungslinien. Die Psychologie des 20. Jahrhunderts* (Bd. 1, S. 862–896). Zürich: Kindler.

Schultes, M.-T., Bergsmann, E., Brandt, L., Finsterwald, M., Kien, C., & Klug, J. (2019). How connecting psychology and implementation science supports pursuing the sustainable development goals. *Zeitschrift für Psychologie, 227*(2), 129–133.

Smedslund, J. (1972). *Becoming a psychologist*. Oslo: Universitetsforlaget.

Spreng, H. (1935). Vorwort. In H. Spreng (Hrsg.), *Psychotechnik. Angewandte Psychologie* (S. 7–10). Zürich: Max Niehans.

Steinebach, C. (1997). Psychologie an Fachhochschulen. Thesen zum aktuellen Stand und zu den künftigen

Literatur

Entwicklungen. *Report Psychologie, Jahrgang 22 des Reports Psychologie*, 590–595.

Steinebach, C. (2000). Internationale Studienabschlüsse: Konsequenzen für die Psychologie in Studium und Beruf. In G. Krampen & H. Zayer (Hrsg.), *Psychologiedidaktik und Evaluation II. Neue Medien, Psychologiedidaktik und Evaluation in der psychologischen Haupt- und Nebenfachausbildung* (S. 123–132). Bonn: Deutscher Psychologen Verlag.

Steinebach, C. (2022). Psychology in professional education and training. In J. Zumbach, D. Bernstein, S. Narciss & G. Marsico (Hrsg.), *International handbook of psychology learning and teaching*. Springer International Handbooks of Education. (S. 1–32). Cham: Springer.

Süss, D. & Negri, C. (2019). Einleitung. In: Süss, D. & Negri, C. (Eds.). *Angewandte Psychologie: Beiträge zu einer menschenwürdigen Gesellschaft*. Springer-Verlag, S. XX–XXIV

Suter, J. (1935). Rück- und Ausblick. In H. Spreng (Hrsg.), *Psychotechnik. Angewandte Psychologie* (S. 201–214). Zürich: Max Niehans.

United Nations (2015). Transforming our world: the 2030 agenda for sustainable development. A/RES/70/1. https://sdgs.un.org/sites/default/files/publications/21252030%20Agenda%20for%20Sustainable%20Development%20web.pdf. Zugegriffen: 21. März 2022. United nations: sustainabledevelopment.un.org.

von Matt, H.-K. (2022). *Die Schweizerischen Fachhochschulen: eine Biografie*. Bielefeld: Universitätsverlag Webler.

World Economic Forum (2020). The Global Risks Interconnections Map 2020. http://www3.weforum.org/docs/WEF_Global_Risk_Report_2020.pdf

Beratung in einer sich wandelnden Gesellschaft

Imke Knafla

Ergänzende Information
Die elektronische Version dieses Kapitels enthält Zusatzmaterial, auf das über folgenden Link zugegriffen werden kann https://doi.org/10.1007/978-3-662-66420-9_3. Die Videos lassen sich durch Anklicken des DOI Links in der Legende einer entsprechenden Abbildung abspielen, oder indem Sie diesen Link mit der SN More Media App scannen.

© Der/die Herausgeber bzw. der/die Autor(en), exklusiv lizenziert
durch Springer-Verlag GmbH, DE, ein Teil von Springer Nature 2023
C. Negri, M. Goedertier (Hrsg.), *Was bewirkt Psychologie in Arbeit und Gesellschaft?*,
https://doi.org/10.1007/978-3-662-66420-9_3

3.1 Einleitung

Beratung boomt. Die Nachfrage nach Coaching, Beratung, Supervision und anderen Formen der Prozessbegleitung ist in den letzten Jahren und Jahrzehnten stark angestiegen.

Dies hat auf der einen Seite mit der Normalisierung der Beratung zu tun. Beratung steht nicht länger nur für Problementwicklungen, sondern zunehmend auch für Lernen, professionelle Reflexion, Entwicklung und Wachstum. Lebenslanges Lernen bedeutet, sich dem ständigen Wandel im eigenen Leben, in der Arbeitswelt und in der Gesellschaft anpassen und diesen aktiv gestalten zu können.

Auf der anderen Seite wachsen mit den aktuellen Veränderungen in der Gesellschaft, die mit dem Modell der Megatrends beschrieben werden, die Herausforderungen für Individuen, Institutionen und Organisationen. Die Möglichkeiten, das eigene Leben zu gestalten, erhöhen sich rasant und gleichzeitig gehen damit eine Notwendigkeit und ein zunehmender Druck einher, die richtigen Entscheidungen zu treffen (und falsche zu vermeiden) und das Leben aktiv zu formen. Dies bei gleichzeitig nachlassenden Orientierungsmöglichkeiten, die uns Traditionen, Religion oder die klassische Berufskarriere einst gegeben haben. Hier bietet Beratung Unterstützung und Orientierung und gibt Raum, sich und Neues auszuprobieren.

3.2 Wandel der Gesellschaft – die Entwicklung der Beratung

In einer Welt, die sich permanent wandelt, verändert sich auch die Beratung, indem sie auf die gesellschaftlichen Bedingungen reagiert und diese gleichzeitig prägt. Die Aufgabe der Beratung, Menschen – und auch Organisationen – in herausfordernden Situationen zu unterstützen und zu begleiten, reagiert immer auch auf gesellschaftliche und kulturelle Veränderungen. Dies wird verdeutlicht, wenn wir die Gründungen der ersten Beratungseinrichtungen näher betrachten. So entwickelte sich zu Beginn des 20. Jahrhunderts ein erhöhter Beratungsbedarf, als Frauen das Recht zu arbeiten erringen, eine erste „Auskunftsstelle für Frauenberufe" gegründet wird und die Idee der Berufsberatung zunehmend übernommen wird (De la Motte 2021). Andere Ideen, beispielsweise die eigenen Mitarbeitenden in Notzeiten zu unterstützen, entstanden während Kriegszeiten, als immer mehr Frauen in den Fabriken notwendige Arbeiten übernahmen, was zu einer Mehrfachbelastung mit Haushalt, Kindern und Arbeit führte. Immer mehr Unternehmen begannen, ihren Mitarbeitenden Unterstützung in Form von psychosozialer Beratung anzubieten, was die ersten Formen betrieblicher Beratungsangebote darstellte (Schulte-Meßtorff & Wehr 2013).

In dieser Gründungsphase, die ihren Höhepunkt in den 1920er-Jahren hat, wird Beratung oftmals in erster Linie als Aufklärung verstanden. Es entstehen Beratungseinrichtungen, zu deren bedeutendsten die Erziehungsberatung sowie Ehe- und Sexualberatung zählen, die bis heute noch in unserer Gesellschaft verankert sind (De la Motte 2021; Großmaß 2007). Nicht immer sind die Beratungsangebote institutionalisiert, sondern werden oftmals durch engagierte Einzelpersonen und Initiativen gegründet. So reagiert die Beratung einerseits auf gesellschaftliche Umstände und wird andererseits durch diese sensibilisiert und mitgeprägt.

In den 1930er-Jahren wurde im IAP Institut für Angewandte Psychologie das Seminar für Angewandte Psychologie gegründet, mit dem Ziel, praktische Psychologinnen und Psychologen für erzieherische und berufliche Beratung auszubilden. Dies gilt in der Schweiz als Meilenstein in der Geschichte der Angewandten Psychologie, da es sich lange Zeit um die einzige nichtuniversitäre Ausbildungsstätte für Psychologen und Psychologinnen handelte. Zu diesem Zeitpunkt wurden im Institut bereits neben Berufsberatungen auch psychologische Beratung von „Lebensproblemen" angeboten.

In den 1950er-Jahren entstehen eine Vielzahl von neuen Beratungskonzepten und -angeboten, die durch die Entstehung und Weiterentwicklung verschiedener psychotherapeutischer Schulen beeinflusst werden. Die Beratung passt sich den psychotherapeutischen Entwicklungen an, womit eine Abgrenzung zwischen Beratung und Therapie zunehmend schwieriger wurde. Die Entwicklung dieser neuen Beratungsmodelle erreicht einen Höhepunkt in den 1970er- und 1980er-Jahren, was in der Literatur oft als zweite Gründungsphase betrachtet wird (De la Motte 2021; Großmaß 2007). Mit den neuen Beratungsmodellen weiten sich auch die Beratungsfelder zunehmend aus (Studienberatung, Drogenberatung etc.). Ihre Verankerung in öffentlichen Institutionen führt bis heute zu einem hohen Stellenwert in unserer Gesellschaft (Engel et al. 2018).

Zeitgleich wurde Anfang der 1970er-Jahre in den USA die Beratung im Arbeitskontext populär. Zunächst wurden Mentoring und Coaching als Methode für ein individuelles Managementtraining bekannt und fanden Mitte der 1980er-Jahre vermehrt in Europa Einzug, zunächst im Topmanagement, später als wichtiges Element der Personal- und insbesondere der Führungskräfteentwicklung (Lippmann 2006; Mohe 2015).

Mittlerweile haben sowohl die Beratung als auch die Psychotherapie einen hohen Grad an Ausdifferenzierung erfahren, Letztere u. a. durch das Psychotherapeutengesetz von 1998, das die Aufgaben der Psychotherapie definiert, aber auch die Beratung hat sich – u. a. angestoßen von dieser Entwicklung – als eigenes, wissenschaftlich fundiertes Konzept etabliert, was wiederum zur Professionalisierung beigetragen hat und heute an Hochschulen sowie in Weiterbildungseinrichtungen vermittelt wird (Schubert et al. 2019). Die Institutionalisierung von Beratung in Form von wissenschaftsbasierter Lehre und Praxis an (Fach-)Hochschulen sowie die öffentlich-institutionalisierte Praxis stellen die Basis der heutigen Qualität der Beratung dar (Engel et al. 2018).

Unterscheidung zwischen Inhalts- und Prozessberatung Mit Beratung ist im nachfolgenden Text die sogenannte *Prozessberatung* gemeint. Diese hat zum Ziel, Menschen (Individuen, Paare, Familien, Gruppen, Teams oder Organisationen) in herausfordernden Situationen zu begleiten. Sie soll Lernen, Weiterentwicklung und Wachstum ermöglichen und Menschen somit zu ihrem Ziel führen. Sie ist als Hilfe zur Selbsthilfe gedacht, und soll, angeregt durch Fragen und Methoden, der Klient*in helfen, neue Sichtweisen oder Lösungen zu entwickeln. Die Rolle der Beratenden ist dabei die einer Prozessbegleiter*in. Dies im Gegensatz zur Fach- oder Wissensberatung, bei der den Klient*innen das Wissen bzw. die „Lösung des Problems" von den Beratenden zur Verfügung gestellt wird (beispielsweise eine Steuerberaterin, die ihrem Kunden ihr Wissen anbietet). In der Praxis ist es durchaus möglich, die Prozessberatung mit Elementen der Wissensberatung zu ergänzen, wie es beispielsweise in der Organisationsberatung oftmals der Fall ist. Im Englischen wird diesem Unterschied mit verschiedenen Begrifflichkeiten Rechnung getragen, es wird zwischen „counseling" (Beratung durch Fragen/Prozessbegleitung) und „advising" (Beraten durch Ratschläge) unterschieden (Barthelmess 2016).

Beratung als Oberbegriff einer Vielzahl professioneller Tätigkeiten Dies ist einer der Gründe, warum der allgemeine Begriff „Beratung" in der deutschen Sprache je nach Kontext zu unterschiedlichen Erwartungen und entsprechend zu Verwirrung führt, da Klient*innen sich oftmals von der Beratung Ratschläge bzw. Lösungen für ihre Herausforderungen wünschen. Die Prozessberatung geht jedoch davon aus, dass die Lösungen am nachhaltigsten sind, wenn das Klientensystem sie selbst durch Anregung entwickelt, da sie sich selbst und ihre Umwelt am besten kennen. Ein weiterer Grund ist, dass der Begriff Beratung einen Oberbegriff für eine Bandbreite an professionellen Tätigkeiten darstellt, die unter anderem Coaching (Beratung im Arbeitskontext), psychosoziale Beratung (über verschiedene Lebensbereiche), Supervision (Beratung von Beratenden zur Reflexion ihres beruflichen Handelns), Psychotherapie (Heilung und Linderung von psychischen Störungen) und Organisationsberatung (Beratung von Organisationen) umfasst (Barthelmess 2016). Diese Begrifflichkeiten, die in der Fachliteratur klar voneinander abgegrenzt sind, werden im Alltag oftmals synonym verwendet, dies gilt insbesondere für die Begriffe Beratung und Coaching. Letzteres wird von den Berufsverbänden zur Ausdifferenzierung und im Hinblick auf Professionalisierung als Beratung von Fach- und Führungskräften im Arbeitskontext definiert.

3.3 Die Bedeutung der Beratung in Gegenwart und Zukunft

3.3.1 Aufgabengebiete der Beratung

Beratung boomt, die Nachfrage ist in den letzten Jahrzehnten rasant gestiegen, sowohl im beruflichen als auch im privaten Kontext (Schubert et al. 2019).

Beratung dient als Unterstützungsangebot in allen Lebensbereichen und soll somit bei aktuellen Belastungen Bewältigungshilfe bieten, bei der persönlichen Entwicklung unterstützen, bei Entscheidungen helfen und Problemen vorbeugen (vgl. Nestmann 2007) (◘ Abb. 3.1).

Sie dient damit als Unterstützung des Individuums in seiner Lebensführung, das in ständigem Austausch mit seiner Umwelt steht. Mit Umwelt sind einerseits alle zwischenmenschlichen Beziehungen gemeint

◘ Abb. 3.1 Aufgabengebiete von Beratung. (Nestmann 2007)

(Partnerschaft, Familie, Nachbarschaft, Arbeitskolleginnen, Vorgesetzte), aber auch die Gesellschaft und die Kultur, die allesamt Erwartungen an und Einflüsse auf das Individuum haben so, wie das Individuum Erwartungen und Einfluss an und auf seine Umwelt hat. Zu den Anforderungen von außen kommen die Bedürfnisse des Individuums. Nach dem Modell der Grundbedürfnisse können sich Menschen dann gesund entwickeln, wenn sie ihre zentralen und angeborenen psychischen Grundbedürfnisse ausreichend befriedigen können (vgl. Grawe 2004). Auch diese Grundbedürfnisse, u. a. das Bedürfnis nach Bindung und Zugehörigkeit, nach selbstwerterhöhenden Erfahrungen, nach Kontrolle und Orientierung, können nur in Wechselwirkung mit unserer Umwelt befriedigt werden.

Um diese Anforderungen zu bewältigen, die in Form von Normen und Regeln von Behörden und Gesellschaft an das Individuum gestellt werden, und mit belastenden Lebensumständen umzugehen, braucht es Ressourcen und Kompetenzen seitens des Individuums. Die Wechselwirkungen zwischen Individuum und der Umwelt müssen aktiv gestaltet werden. Hier kann Beratung helfen und Unterstützung in der Lebensführung bieten (Schubert et al. 2019). Dieser Komplexität muss Beratung gerecht werden und benötigt dafür entsprechend systemische Sichtweisen und Konzepte, die diese Wechselwirkungen von Person und Umwelt angemessen berücksichtigen.

Mit den aktuellen Veränderungen in der Gesellschaft verändern sich auch die Herausforderungen für Individuen, Institutionen und Organisationen. Bischof (2019) beschreibt die Veränderungen in der Arbeitswelt aktuell als so fundamental wie seit der Industrialisierung nicht mehr. Neue Arbeitsprozesse und Technologien, mobil-flexible Arbeitsplätze und -strukturen führen zu einer neuen Zusammenarbeit und veränderten Anforderungen. Selbstgesteuerte Lernprozesse sind notwendig, wo die Halbwertszeit des beruflich relevanten Wissens abnimmt. Eine zunehmende Eigenverantwortung, mehr Entscheidungs- und Gestaltungsfreiheiten erfordern eine gut ausgebildete Selbstführung, damit es gelingt, sich eigene Ziele zu setzen, diese zu verfolgen, anzupassen und zu erreichen (vgl. Knafla & Keller, im Druck).

Auch die Arbeitswerte verändern sich über die Zeit und die Generationen. So legen Kholin und Blickle (2015, S. 21 f.) in ihren empirischen Ergebnissen zu Generationsunterschieden am Arbeitsplatz dar, dass bei den ab 1965 geborenen Arbeitnehmenden die Bedeutung der intrinsischen Werte zunehme, wie beispielsweise Anregung und Selbstverwirklichung „Generation X (1965–1980)" bis hin zur autonomen und individuellen Lebensgestaltung, Freizeit und Work-Life-Balance „Generation Y". Demnach unterscheiden sich die Arbeitswerte deutlich von denen der „Babyboomer-Generation (1946–1964)", bei denen Leistung und Prestige genannt werden. Die Arbeit sei demnach der Mittelpunkt des Lebens und für den Erfolg Opfer und Anstrengung ausschlaggebend. Der „Generation der Veteranen (geboren vor 1945)" werden Werte wie Loyalität und Akzeptanz von Autorität zugeschrieben.

Nicht nur in der Arbeitswelt erhöht sich die Vielfalt an Möglichkeiten, das eigene Leben zu gestalten, in der Literatur wird von einer Pluralisierung der Lebensformen gesprochen. Mit dieser Vielfalt an Möglichkeiten geht auch die Notwendigkeit einher, sich zu informieren und zu entscheiden. Beides kostet Aufmerksamkeit und Energie. Menschen müssen zunehmend mehr Entscheidungen treffen, sowohl im Privaten (Partnerschaft, Familie, Kinder, Freizeit etc.), als auch die eigene berufliche Entwicklung und das lebenslange Lernen wollen geplant und gesteuert werden. Mit den Wahlmöglichkeiten geht auch eine Verantwortung einher und das Risiko, eine falsche Entscheidung zu treffen (vgl. Rietmann & Sawatzki 2018). Vor dem oben genannten Grundbedürfnis des Menschen nach Orientierung und Kontrolle scheint dies einer der Gründe, warum der Bedarf an Beratung derzeit stark wächst.

Rietmann und Sawatzki (2018, S. 4) formulieren noch deutlicher, dass der Mensch immer mehr zum Adressaten von Veränderungs- und Selbstoptimierungsprozessen wird. Damit würden die gesellschaftlichen Risiken zunehmend auf Einzelpersonen verlagert. Mit einer ausgeprägten Individualisierung der Gesellschaft erhöhe sich der Anpassungsdruck enorm und die Veränderungen des modernen Lebens wie die Digitalisierung, die Mediatisierung, die Beschleunigung sowie die Globalisierung brächten eine „massive Herausforderung" für das Individuum mit.

Gleichzeitig gibt es immer weniger Hemmungen, Beratung in Anspruch zu nehmen. Engel et al. (2018, S. 90) sprechen von einer „Normalisierung" der Beratung. Es hat sich ein „privatwirtschaftlicher Beratungsmarkt etabliert", der auch der „Selbstoptimierung" dient und Reflexionsraum gestaltet. Auch psychische Belastungen und Störungen sind spätestens seit der Corona-Pandemie nicht nur in der Gesellschaft, auch in den Unternehmen und Medien als Thema angekommen. Beratungen erhalten einen zunehmend höheren Stellenwert in Organisationen, beispielsweise als Dienstleistungsangebot in Form einer externen Mitarbeitendenberatung, die den eigenen Mitarbeitenden psychologische Beratung zugänglich macht.

3.3.2 Beratung in Organisationen

Auch vor der Pandemie stand der Umgang mit psychischen Belastungen und Störungen bei den Personalverantwortlichen auf der Tagesordnung, und immer mehr Unternehmen investieren mit sogenannten Mitarbeitendenberatungsprogrammen (Employee Assistance Programs, EAP) in die psychische Gesundheit ihrer Mitarbeitenden. Und dies aus gutem Grund: Belastete Mitarbeitende sind weniger produktiv, machen mehr Fehler, sind häufiger krankgeschrieben, verunfallen häufiger und haben mehr Konflikte. Um Fehlzeiten und Leistungseinschränkungen der Mitarbeitenden aufgrund psychischer Belastungen zu vermeiden, bieten Organisationen ihren Mitarbeitenden zunehmend Zugang zu niederschwelligen Kurzzeit-Beratungsangeboten. Mit der Professionalisierung dieses Beratungsmarkts wurden im Hinblick auf die Struktur- sowie auf die Prozessqualität Qualitätsstandards entwickelt, da der Begriff der Mitarbeitendenberatung keinen geschützten Begriff darstellt (Schulte-Meßtorff & Wehr 2013).

Nicht nur Arbeitnehmende haben nachweislich einen direkten Nutzen von den Beratungsangeboten, sondern auch die Organisation. Neben der Tatsache, dass die Gesundheit der Mitarbeitenden mittlerweile als Erfolgsfaktor eines Unternehmens betrachtet wird, zeigt der aktuelle Stand der Forschung, dass die EAP-Programme einen positiven Einfluss auf die Motivation, das Wohlbefinden und die Arbeitszufriedenheit haben, aber auch Leistung, Fluktuation, Ausfallzeiten und Absentismus verbessern und Arbeitsbeeinträchtigungen verringern. Psychologische Mitarbeitendenberatung hat aber auch einen finanziellen Nutzen für Unternehmen. Verschiedenste Studien schätzen einen Return on Investment von 2- bis 5-mal der investierten Ausgaben. Das bedeutet danach, dass für jeden Schweizer Franken, der in die Mitarbeiterberatung eingesetzt wird, 2 bis 5 CHF an Kosten eingespart werden können. Wenn psychische Belastungen frühzeitig thematisiert werden, dient dies der Prävention und Früherkennung psychischer Störungen und macht rasche Interventionen möglich, womit langfristigen Ausfällen mitunter vorgebeugt werden kann. Darüber hinaus fördern Unternehmen, die sich nachhaltig und strategisch langfristig für die psychische Gesundheit ihrer Mitarbeitenden einsetzen, ihr Image und erhöhen die Attraktivität ihres Unternehmens (Schulte-Meßtorff & Wehr 2013).

Immer wieder wird in den Geschäftsleitungen die Frage diskutiert, ob das Beratungsangebot auch für die privaten Belastungen der Mitarbeitenden geöffnet oder aber beruflichen Anliegen vorbehalten werden soll. Erkenntnisse aus der Forschung zeigen, dass die Leistung und Motivation der Mitarbeitenden bei Belastungen unabhängig von deren Ursache beeinträchtigt werden. Zudem schwappen berufliche Belastungen oftmals in den privaten Bereich über (z. B. in Form von Gedankenkreisen, Schlafstörungen, Konflikten in der Beziehung etc.) wie auch umgekehrt private Belastungen die Qualität der Arbeit beeinflussen, beispielsweise aufgrund von Konzentrationsschwierigkeiten. Aus dieser Perspektive ist die Unterscheidung zwischen privat und beruflich nicht relevant, da gleichermaßen gilt, dass die Arbeitsleistung beeinträchtigt wird und in beiden Fällen bedeutsam ist, präventiv Leiden und Ausfälle zu verhindern.

Vor dem eingangs genannten Postulat, dass die Veränderungen der Gesellschaft einen Einfluss auf das Beratungsangebot und umgekehrt haben, kann auch das Angebot der Mitarbeitendenberatung betrachtet werden. In der gesellschaftlichen Diskussion der Zunahme der Arbeitsausfälle aufgrund psychischer Belastung stehen die Arbeitsbedingungen oftmals im Mittelpunkt. Unternehmen reagieren darauf u. a. mit Beratungsangeboten und übernehmen so Verantwortung gegenüber ihren Mitarbeitenden (s. ◘ Abb. 3.2). In gemeinsamen Kooperationsprojekten mit dem IAP konnte in zahlreichen Organisationen die Mitarbei-

3.3 · Die Bedeutung der Beratung in Gegenwart und Zukunft

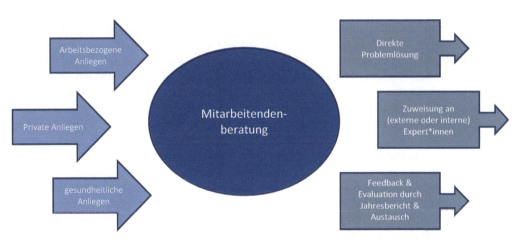

Abb. 3.2 Themen und Outcome der Mitarbeitendenberatung (vgl. Schulte-Meßtorff & Wehr 2013)

tendenberatung als strategisch und kulturell wichtiger Aspekt erfolgreich implementiert werden.

3.3.3 Beratung als Reflexionsraum für (lebenslanges) Lernen, Entwicklung und Innovation

Abseits von psychischen Belastungen wird Beratung auch immer mehr als eigener Reflexionsraum genutzt, der Lernen über die eigene Person und persönliche Entwicklung fördert. Lernen verstanden als Prozess, in dem sich das Denken, Fühlen und Verhalten nachhaltig verändern können. Durch die Reflexion über das, was ich denke, fühle und wie ich mich verhalte, sind neue Erkenntnisse und neue Einsichten möglich, können Menschen sich selbst besser verstehen. Lernen passiert auf der Grundlage der eigenen Fähigkeiten und der eigenen Erfahrungswelt. Aufgrund eines Änderungswunsches oder einer sogenannten Lernnotwendigkeit, die von außen (der Umwelt, z. B. in Form einer Aufgabe) oder von innen (Wünsche, Ansprüche an sich selber o. Ä.) kommt, können im Lernprozess neue Möglichkeiten erprobt und bewertet werden.

Es ist bekannt, dass Lernen am besten funktioniert, wenn eine intrinsische Motivation vorliegt, es also freiwillig ist und es keinen Druck von außen gibt. Für bestimmte Berufsrollen, wie beispielsweise Führungskräfte und Beratende, gehören die Reflexion der eigenen Wirkung und Verhaltensmuster zum professionellen Handeln. Auch außerhalb der professionellen Rolle suchen Menschen den Lernprozess in Bezug auf die eigene Person, möchten an sich selbst arbeiten, Muster verändern, Lebensumbrüche nutzen oder Kreativität entwickeln, um sich neu auszuprobieren und die eigene Persönlichkeit zu entwickeln.

In einer sich wandelnden Gesellschaft und sich immer auch verändernden Arbeitswelt ist dieses (informelle) lebenslange Lernen Voraussetzung, um sich dem permanenten Wandel anpassen zu können sowie ihn aktiv gestalten zu können. Beratung schafft hier Raum für Kreativität, neue Denkprozesse, indem sie den Fokus erweitert, und bietet aber gleichzeitig Strukturen für einen zielgerichteten Prozess, der Orientierung bietet und auch den Transfer in den Alltag mitdenkt. Was für das Individuum gilt, gilt auch für die Beratung innerhalb von Organisationen, für die die Prozessberatung eine Möglichkeit bietet, Innovationen zu ermöglichen und Innovationsprozesse begleiten zu lassen. In sich verändernden Umwelten müssen Organisationen fähig sein, Veränderungen rechtzeitig zu erkennen und flexibel darauf zu reagieren. Das IAP begleitet seit jeher Organisationen, Veränderungsimpulse so zu gestalten, dass sie in der Organisation anschlussfähig sind, also die Lösungen umsetzbar sind und das System sie annehmen kann. Nachhaltige Organisationsentwicklungen werden oftmals vor dem Hintergrund eines wahrgenommenen Veränderungsdrucks initiiert, sie können aber auch strategisch für die Förderung von innovativen und produktiven Prozessen in Organisationen genutzt werden. Neben der externen Beratung wird auch die Beratung als grundlegende Kompetenz für beispielsweise Führungskräfte und Projektleitende innerhalb der Organisationen mehr und mehr an Bedeutung gewinnen, um Innovationsprozesse zu begleiten.

3.4 Warum die Beratung in der Zukunft noch an Bedeutung zunimmt

Mit dem Zuwachs an Möglichkeiten, das eigene Leben zu gestalten, geht gleichzeitig ein Wegfall von Orientierungsmöglichkeiten einher. Die klassische Karriere gibt es nicht mehr, mit der Aufweichung von Rollenbildern, dem Rückgang von Traditionen sowie dem Glauben an Autoritäten geht die Verantwortung, dem eigenen Leben Orientierung zu geben, mehr und mehr auf das Individuum über. Wo früher Institutionen Sinn und Orientierung vorgaben (z. B. Religionen), muss der Mensch zunehmend das eigene Handeln, die berufliche Laufbahn, das eigene Leben steuern und mit Sinn füllen. Die Grenzen von Arbeit und Freizeit verschwimmen immer mehr, *New Work* lautet das Zauberwort. Dies gibt (Wahl-)Freiheit und ermöglicht mehr Selbstbestimmung und führt gleichzeitig zu mehr Verantwortung, die zunehmend mehr Selbstführung erfordert, und der Notwendigkeit, mehr Entscheidungen zu treffen.

Beratung kann hier der Orientierung helfen, indem sie Raum schafft, sich und Dinge auszuprobieren, Raum schafft für kreative Denkprozesse, Ressourcen aktiviert, Stärken und Fähigkeiten offenlegt oder entwickelt. Erleben Menschen sich selbstwirksam, so die Studienergebnisse, sind sie erfolgreicher und resilienter.

Auf der anderen Seite kann Beratung nicht alles und hat ihre Grenzen. Wo Rahmenbedingungen nicht stimmen, kann die Verantwortung zu Überforderung führen. Selbstoptimierung und Selbstverwirklichung können in Selbstausbeutung kippen, wenn vermeintlich eigene Werte beispielsweise von der (Leistungs-)Gesellschaft oder dem eigenen Umfeld übernommen wurden, sich aber in Tatsache nicht mit den eigenen Bedürfnissen decken. In der Kindheit und Jugend gelernte Glaubenssätze und übernommene Wertvorstellungen müssen in (Lebens-)Krisen expliziert, hinterfragt und den eigenen Bedürfnissen angepasst werden. Hier hat professionelle Beratung die Verantwortung, Menschen zur Erkennung eigener Bedürfnisse und der Gestaltung der eigenen Lebensziele zu befähigen.

Beratung muss sich auch mit der Bewältigung von Anforderungen befassen, sei es aus der Arbeitswelt, aus Beziehungen oder allgemein aus der Umwelt und der Gesellschaft (vgl. Schubert et al. 2019). Und auch wenn in unserer Gesellschaft die Individualisierung voranschreitet, heißt dies nicht, dass dies den Bedürfnissen des Einzelnen entsprechen muss, sondern neue Gemeinschaften in Zukunft ausgehandelt werden müssen. Wenn Chancengleichheit angestrebt wird, ist sie deswegen noch nicht erreicht, und noch immer leben wir in einer Gesellschaft, die patriarchal geprägt ist. Beratung findet immer auch in einem Kontext statt, durch den sie geprägt ist und den sie mitprägen kann.

Neben der Individualisierung werden weitere sogenannte Megatrends beschrieben, die unsere Zukunft prägen werden. So werden Menschen immer älter und bleiben länger gesund, es ist von der *Silver Society* die Rede. Lebenslanges Lernen bezieht sich nicht länger auf die (Arbeits-)Zeit bis zum Ruhestand, sondern weit darüber hinaus. Durch die längere (gesunde) Lebensspanne öffnet sich für immer mehr Menschen nach dem Ausscheiden aus der Arbeitswelt ein Freiraum, den diese aktiv und sinnvoll gestalten möchten, sei es privat, mit ehrenamtlichen und/oder beruflichen Tätigkeiten. Neben neuen gesellschaftlichen Rahmenbedingungen braucht es ein neues Mindset in unserer Gesellschaft und bei den Einzelnen in Bezug auf diese Lebensspanne.

Wo immer Menschen und Gesellschaften sich ändern, sind Anpassungsleistungen notwendig. Megatrends bringen neue Lebensstile und Verhaltensmuster mit sich, unter dem Einfluss der digitalen Transformation werden sich Geschäftsmodelle und Kommunikationstechnologien ändern. Mit der größer werdenden Vertrautheit im Umgang mit den neuen Technologien und digitaler Kommunikation wird sich auch die Beratung mehr in den virtuellen Raum ausbreiten und den neuen Umwelten anpassen. Die analoge Beratung wird es immer geben und als face-to-face erlebbares Angebot vielleicht noch wichtiger werden, aber sie wird mehr und mehr ergänzt werden mit den Vorzügen des digitalen Raums, der durch Anonymität mehr Schutz und Distanz bietet und von künstlicher Intelligenz unterstützt werden kann. Die Hemmschwelle sinkt mit digitalen Formaten und (Online-)Beratung wird asynchroner und flexibler, womit zusätzliche Zielgruppen erreicht werden können.

Übergangsphasen und neue Entwicklungen stellen immer eine „Lernnotwendigkeit" dar. Lernen, die Entwicklung von Lösungen sowie Innovationen, gelingen am besten bei intrinsischer Motivation. Wer Ideen entwickeln und gestalten möchte, braucht Eigeninteresse. Beratung kann, wo gewünscht, Raum schaffen, Entscheidungshilfe bieten, Problemen vorbeugen oder bei Eintreten Bewältigungshilfe bieten und persönliches Wachstum ermöglichen.

◘ Abb. 3.3   Video 3.3 Evelyn Wirth (https://doi.org/10.1007/000-88x)

3.5 Fazit

Menschen streben von Natur aus danach, zu wachsen, sich zu entfalten und zu verwirklichen sowie Selbstbestimmung zu erlangen. Durch Veränderungen, Blockaden, Krisen kann dieses Streben herausgefordert werden. Die Zunahme von Komplexität in der Gesellschaft, von Wahlmöglichkeiten, Informationen und Ambivalenzen kann die Orientierung erschweren und zu Überforderung führen. Um dieser vorzubeugen oder dieser zu begegnen, bietet Beratung Individuen und Organisationen Unterstützung. Bei Veränderungen brauchen wir Bewegung, um das Gleichgewicht halten zu können und stabil zu bleiben, Lernnotwendigkeiten brauchen Lernen.

Auch die Beratung hat sich verändert und muss sich in Zukunft verändern. In Zeiten zunehmender Unübersichtlichkeit braucht es neue (Schlüssel-)Kompetenzen, um mit Komplexität umzugehen. (Hierzu eine Stimme aus der Praxis: ◘ Abb. 3.3).

Literatur

Barthelmess, M. (2016). *Die systemische Haltung. Was systemisches Arbeiten im Kern ausmacht*. Göttingen: Vandenhoeck & Ruprecht.

Bischoff, N. (2019). Self-Leadership in selbstorganisierten Systemen am Beispiel Holocracy. In C. Negri (Hrsg.), *Führen in der Arbeitswelt 4.0*. Berlin: Springer.

De la Motte, A. (2021). Die Geschichte der Beratung. In D. Wälte & M. Borg-Laufs (Hrsg.), *Psychosoziale*

Beratung. Grundlagen, Diagnostik, Intervention. Stuttgart: Kohlhammer.

Engel, F., Nestmann, F., & Sickendieck, U. (2018). Beratung: alte Selbstverständnisse und neue Entwicklungen. In S. Rietmann & M. Sawatzki (Hrsg.), *Zukunft der Beratung. Von der Verhaltens- zur Verhältnisorientierung?* Wiesbaden: Springer.

Grawe, K. (2004). *Neuropsychotherapie.* Göttingen: Hogrefe.

Großmaß, R. (2007). Psychotherapie und Beratung. In F. Nestmann, F. Engel & U. Sickendiek (Hrsg.), *Das Handbuch der Beratung* (Bd. 1, S. 89–102). Tübingen: dgvt.

Kohlin, M., & Blickle, G. (2015). Zum Verhältnis von Erwerbsarbeit, Arbeitswerten und Globalisierung. Eine psychosoziale Analyse. *Zeitschrift für Arbeits- und Organisationspsychologie, 59*(1), 16–29.

Knafla & Keller Selbstführung, nachhaltige Leistung und Wohlbefinden. In B. Werkmann-Karcher, A. Müller & T. Zbinden (Hrsg.), *Angewandte Personalpsychologie für das Human Resource Management.* Berlin: Springer. in Druck.

Lippmann, E. (2006). *Coaching. Angewandte Psychologie für die Beratungspraxis.* Heidelberg: Springer.

Mohe, M. (2015). In the Neighbourhood of Management Consulting – Neue Konzepte im Beratungsmarkt. In M. Mohe (Hrsg.), *Innovative Beratungskonzepte. Ansätze, Fallbeispiele, Reflexionen.* Wiesbaden: Springer.

Nestmann, F. (2007). Professionelle Beratung: Grundlagen, Verfahren, Indikatoren. In W. Senf & M. Broda (Hrsg.), *Praxis der Psychotherapie* (S. 186–194). Stuttgart: Thieme.

Rietmann, S., & Sawatzki, M. (2018). Standortbestimmung und Perspektiven institutioneller Erziehungsberatung. In S. Rietmann & M. Sawatzki (Hrsg.), *Zukunft der Beratung. Von der Verhaltens- zur Verhältnisorientierung?* Wiesbaden: Springer.

Schubert, F.-C., Rohr, D., & Zwicker-Pelzer, R. (2019). *Beratung. Grundlagen – Konzepte – Anwendungsfelder.* Wiesbaden: Springer.

Schulte-Meßtorff, C., & Wehr, P. (2013). *Employee assistance programs.* Berlin Heidelberg: Springer.

Psychologische Diagnostik – ein wichtiger Eckpfeiler in der Psychologie

Simon Carl Hardegger

Ergänzende Information
Die elektronische Version dieses Kapitels enthält Zusatzmaterial, auf das über folgenden Link zugegriffen werden kann https://doi.org/10.1007/978-3-662-66420-9_4. Die Videos lassen sich durch Anklicken des DOI Links in der Legende einer entsprechenden Abbildung abspielen, oder indem Sie diesen Link mit der SN More Media App scannen.

© Der/die Herausgeber bzw. der/die Autor(en), exklusiv lizenziert
durch Springer-Verlag GmbH, DE, ein Teil von Springer Nature 2023
C. Negri, M. Goedertier (Hrsg.), *Was bewirkt Psychologie in Arbeit und Gesellschaft?*,
https://doi.org/10.1007/978-3-662-66420-9_4

4.1 Ein wichtiger Eckpfeiler in der Psychologie

4.1.1 Teil der Geburt von Psychologie

Psychologische Diagnostik ist so alt, wie die Disziplin Psychologie denken kann. Mit der Gründung eines psychotechnischen Labors durch Wilhelm Wundt 1879 in Leipzig wurden zugleich die Grundsteine sowohl für psychologische Diagnostik (damals noch Psychotechnik) als auch für Psychologie als eigenständiges Fachgebiet bzw. als wissenschaftliche Disziplin gelegt (Lamberti 2006). Aber bereits früher existierten viele Vorläufer von psychologischen Gedanken vor allem aus dem Bereich Philosophie, aber auch Medizin und Theologie, z. B. zum Leib-Seele-Problem Thomas von Aquin im 13. Jahrhundert oder Gottfried Wilhelm Leibnitz im 17. Jahrhundert. Dieser Ursprung von psychologischer Diagnostik im Kontext von Psychotechnik bringt zum Ausdruck, dass sie direkt auf Interventionen vor allem in der Arbeitswelt ausgerichtet war und somit als direkter Vorläufer von Arbeitspsychologie wie auch zum Teil von Wirtschafts- und Organisationspsychologie angesehen werden kann.

In der Form von Eignungsauswahl ist psychologische Diagnostik vermutlich sogar noch viel älter, wenn auch vielleicht nicht ganz so alt wie die Geschichte der Menschheit selbst. Wohl aber ist sie in dem Ausmaß manifestiert (damals natürlich noch nicht als anerkannte Disziplin), wie in fortgeschrittenen Kulturen mit hoher Arbeitsteilung und monumentalen Bauwerken spezialisierte Fähigkeiten auf handwerklicher, planerischer und auch führungsmäßiger Ebene wichtig waren. Einen Hinweis darauf gibt uns Philipp DuBois (1970, zit. in Moser & Schuler 2013, S. 34) mit der Erwähnung von Vor-Formen von Führungskräfteauswahl im prähistorischen China 1000 v. Chr. in den Disziplinen Reiten, Bogenschießen und Arithmetik.

Im gleichen Sinn, wie es schon immer wichtig war, für bestimmte arbeitsbezogene Tätigkeiten die richtige Person am richtigen Ort zu haben, bestand seit jeher Interesse an normabweichendem Verhalten in destruktiver Ausprägung. Mit Wurzeln bereits im 18. Jahrhundert vor allem im Medizinbereich etablierte sich die Rechtspsychologie bzw. die damalige Kriminalpsychologie als psychologisch wissenschaftliche Disziplin etwa zur gleichen Zeit wie die Berufseignungsdiagnostik und übernahm die damals vorherrschenden Methoden der Experimentalpsychologie (Köhler & Scharmach 2013).

Die Koinzidenz von der Entstehung von Psychologie als Wissenschaftsdisziplin und praktischer psychologischer Diagnostik mag zwar zufällig erscheinen, kann aber in einem größeren Betrachtungsbogen durchaus als natürlich angesehen werden. Einerseits durch die Möglichkeiten der damaligen Psychologie, die eher anwendungsorientiert und noch weniger durch Theorie- und Forschungsbezüge geprägt waren als heute, andererseits aber auch durch den Stellenwert von psychologischer Diagnostik innerhalb des praktisch-psychologischen Schaffens, indem psychologische Diagnostik häufig als Anfang oder Vorarbeit einer handlungsorientierten psychologischen Intervention steht. Man könnte auch sagen: Am Anfang war Diagnostik.

4.1.2 Frühe Nähe zu Schule und Arbeit

Das Bedürfnis nach Orientierung zu Beginn einer Intervention entspringt einem klassischen Bedürfnis ähnlich jenen aus handwerklichen Arbeitskonstellationen, sich zunächst ein möglichst klares Bild von etwas zu machen und erst danach, dafür gezielt, zu handeln. Bei den Begründern der Intelligenzmessung, Alfred Binet und Théodore Simon, stellte bereits ab 1905 die Leistungsmessung den relevanten Indikator dar, wonach die von ihnen getesteten Kinder ihrem Fähigkeitsniveau entsprechend die Schule auf einem bestimmten Leistungsniveau besuchten (Funke 2006).

Ebenso erlebt die Verkehrspsychologie bereits zu Beginn des 20. Jahrhunderts eine rasante Entwicklung im Bereich der psychologischen Diagnostik, indem sowohl für zivile (v. a. Schienenfahrzeuge) als auch für militärische Bedürfnisse bis heute wichtige Fähigkeiten wie Aufmerksamkeit, Konzentrationsleistung oder Reaktionsvermögen etc. gezielt erhoben wurden, um Aussagen über die Eignung für bestimmte Tätigkeiten machen und dadurch Auswahlentscheide fundiert treffen zu können (Bukasa & Utzelmann 2009).

Die klassische Berufseignungsdiagnostik datiert ebenfalls auf den Beginn des letzten Jahrhunderts und war ähnlich wie die Verkehrspsychologie geprägt von sowohl zivilen als auch militärischen Anforderungen. Daneben zeichnete sich in der Zwischenkriegszeit immer stärker auch der Bedarf nach Aussagen über die Führungsfähigkeit ab, die Geburtsstunde der Management-Diagnostik. Methodisch unterschied sich indes die Management-Diagnostik nicht wesentlich von der geläufigen Berufseignungsidagnostik (Moser & Schuler 2013).

Die frühen Entwicklungen der psychologischen Diagnostik waren stark auf Testverfahren als Methode der Wahl ausgerichtet und brachten bereits erste wichtige Prinzipien hervor, die bis heute ihre Gültigkeit behalten haben (Funke 2006). Dazu zählen im Charakter eines Mess-Vorgangs
- die Vorgabe von mehreren Aufgaben pro Messgegenstand,
- die Unterscheidung von einfachen und schwierigen Aufgaben,
- die Objektivierung der Mess-Durchführung durch Anleitungen,
- das Interpretieren der Mess-Werte mit Vergleichswerten im Sinne einer Normierung,
- die Ausrichtung auf konkret fassbare Fähigkeiten,
- die Ergänzung der Mess-Ergebnisse in weiteren Beurteilungs- und Entscheidungsschlaufen.

Auch am Institut für Angewandte Psychologie in Zürich war der Wert der psychologischen Diagnostik schon in der Zwischenkriegszeit erkannt und systematisiert worden. Bereits in den 1960er-Jahren wurde die damals Psychodiagnostik genannte Teil-Disziplin auch in komplexere Herausforderungen wie z. B. die „Talentförderung" integriert (Biäsch, Hürlimann, Stampfli & Vontobel 1977). Der Grundstein für diese praxisorientierten Transformationen durch besonders geschulte Fachpersonen wurde 1937 gelegt, als am Institut für Angewandte Psychologie erstmals unabhängig von den Universitäten eine Ausbildung in Psychologie geschaffen wurde (Kälin 2011).

Der Bedarf an fundierten Entscheidungsgrundlagen, die durch Ergebnisse psychologischer Diagnostik angereichert sind, besteht bis heute. Nach einer Studie von Roth und Herzberg (2008) kann davon ausgegangen werden, dass ca. ein Viertel aller psychologischen Tätigkeiten diagnostischer Natur ist, inklusive auch nicht standardisierter Exploration. Damit nährt sich auch das fortwährende Interesse an psychologischer Diagnostik und unterstützt dadurch auch eine nachhaltige Weiterentwicklung von psychologischer Diagnostik in Forschung und Praxis.

4.2 Status und Bedeutung

4.2.1 Ein Definitionsversuch

Psychologische Diagnostik wird in diesem Kapitel im Rahmen einer konkreten Fragestellung verstanden als die Anwendung von wissenschaftlichen psychologischen Methoden in einem strukturierten Prozess zur Beschreibung und Analyse von relevanten psychologischen Konstrukten wie Motive, Interessen, Persönlichkeitseigenschaften, Werte, Leistungsfaktoren, Verhaltensaspekten, sozialen Einflussfaktoren sowie relevanten Situationsvariablen, um daraus prognostische Erkenntnisse für eine Entscheidung, eine Intervention oder eine Beratung abzuleiten.

Ein wichtiges Element eines psychologischen Diagnostikprozesses stellt eine konkrete Fragestellung als Ausgangslage und Referenzpunkt dar, worauf bezugnehmend im Prozess schließlich als Resultat eine möglichst klare Antwort erarbeitet wird. Diese soll dazu geeignet sein, eine Entscheidung abzusichern, eine Intervention oder bestimmte Maßnahmen sinnstiftend und zielführend auszugestalten oder einen Beratungsprozess in ergiebiger Weise zu unterstützen. Der Prozess soll dabei strukturiert erfolgen, d. h. neben der spezifischen Fragestellung durch einen klaren Ablauf sorgfältig geplant und materiell im Hinblick auf Verfahren, Technik und Integrationsunterlagen gut vorbereitet sein. Strukturiert bedeutet an dieser Stelle auch, dass zunächst von der Fragestellung die zu diagnostizierenden Konstrukte abgeleitet werden und erst anschließend die Methoden- und Instrumente-Auswahl erfolgt.

In diesem Verständnis wird vom Resultat ein gewisses Ausmaß an prognostischer Gültigkeit erwartet, die möglichst belastbar im Sinn von zuverlässig sein soll. Diese Anforderung von prognostischer Gültigkeit erhält durch die unterschiedlichen Nutzungskontexte von psychologischer Diagnostik auch eine unterschiedliche Bedeutung, indem z. B. im Fall von eignungsdiagnostischen oder forensischen Fragestellungen der prognostischen Gültigkeit ein sehr hoher Stellenwert zukommt und das „High Stake"-Setting darstellt. Dieses zeichnet sich dadurch aus, dass die Ergebnisse des diagnostischen Prozesses spürbare Konsequenzen für die untersuchten Personen haben kann, die außerhalb deren Kontrolle liegen und potenziell als negativ erlebt werden können, was z. B. im Falle einer Ablehnung bei einer Stellenbewerbung oder durch das Auferlegen von Zwangsmaßnahmen zum Ausdruck kommt. Das Gegenstück „Low Stake"-Setting markiert einen weniger verbindlichen Umgang mit Erkenntnissen und Resultaten bzw. mehr Kontrollierbarkeit für die untersuchte Person, indem z. B. im Rahmen von Beratungsprozessen die Resultate von Diagnostikprozessen zunächst gemeinsam mit den durchführenden Expertinnen und Experten reflektiert und in weiteren Prozessschritten durch zusätzliche Methoden ergänzt werden können. Das ursprüngliche diagnostische Resultat wird im Low Stake-Setting also nicht als sakrosankt eingeordnet, sondern durch dialogische Folgeprozesse weiterentwickelt.

Das Kriterium der Wissenschaftlichkeit wird in der psychologischen Diagnostik vor allem dadurch manifestiert, dass anerkannte psychologische Methoden verwendet werden und das diagnostische Handeln sich an klassischen Gütekriterien wie Objektivität, Reliabilität und Validität (Krumm, Schmidt-Atzert & Amelang 2022), Normen wie die DIN 33430 (Ackerschott, Gantner & Schmitt 2016) oder Standards wie Assessment-Center-Standards (Verein Swiss Assessment 2007) orientiert. Die eingesetzten Methoden müssen auch dem Grundsatz der Indikation entsprechen, also durch bewusste Auswahl dazu geeignet sein, eine Fragestellung zu beantworten und nicht unspezifisch Informationen zu erfassen, auch um die untersuchten Personen nicht über Gebühr einer unnötigen Belastung auszusetzen.

Zuletzt bleibt ein Vorbehalt in jedem Fall bestehen, da den Möglichkeiten von psychologischer Diagnostik in Bezug auf die Vorhersagekraft gewisse Grenzen gesetzt sind, denn zu komplex ist das menschliche Verhalten unter den Einflüssen von anderen Menschen, situativen Gegebenheiten sowie im Verlauf des Zeitgeschehens. Daher müssen Resultate aus Diagnostikprozessen im Hinblick auf die Beantwortung einer Fragestellung entsprechend stets umsichtig interpretiert und kontextspezifisch eingeordnet werden. Folgehandlungen wie Entscheidungen, Interventionen oder Beratungsprozesse müssen sensitiv, überlegt und mit einer gewissen einkalkulierten Ungenauigkeit vorgenommen werden, sodass mögliche Risiken bewusst wahrgenommen werden können, auf Unvorhergesehenes reagiert werden kann und die Handlungsfreiheit gewahrt bleibt.

4.2.2 Qualität, ein zentrales Wesensmerkmal

Qualität ist untrennbar mit psychologischer Diagnostik verbunden und stellt ein zentrales Wesensmerkmal dar. Bereits im Spiegel der Betrachtung der Definition von psychologischer Diagnostik wird der Anspruch an Qualität augenfällig. Entstanden ist dieser Anspruch zeitgleich mit der Geburtsstunde von psychologischer Diagnostik als Wissenschaftsdisziplin durch das früh erkannte Erfordernis einer empirischen Absicherung von prognostischen Aussagen. Vorhersagen über Schul- oder Arbeitsleistung brachten und bringen eine sehr direkte und spürbare Rückkoppelung in Bezug auf die Praxisbewährung hervor. Ungenaue oder falsche Vorhersagen, vor allem wenn sie wiederholt oder im Zuge einer schlechten Qualität auftreten, werden durch diese Rückkoppelung schonungslos demaskiert.

Wirkungsvoll stimmige Aussagen über zukünftiges Verhalten mit nachhaltig belastbarer Gültigkeit können nur durch eine psychologische Diagnostik hervorgebracht werden, die sich strikt an den gängigen Qualitätskriterien orientiert und dabei fortlaufend auf dem aktuellen Stand bleibt. Diesem zentralen Erfordernis gilt es nachzuleben, um die besondere Sorgfaltspflicht im Hinblick auf die Beurteilung anderer Menschen im Rahmen der praktischen Anwendung von psychologischer Diagnostik zu erfüllen. Dazu gehört es auch, die allgemeinen und besonderen Berufsqualifikationen zu beachten: abgeschlossenes Hochschulstudium im Fach Psychologie nach dem Psychologieberufegesetz[1] sowie Zusatzqualifikationen in den jeweiligen Anwendungsgebieten wie Berufs-, Studien- und Laufbahnberatung, Schulpsychologie, Verkehrspsychologie oder Rechtspsychologie.

Unseriöse Diagnostik kann verschiedene Arten von Schäden erzeugen. Für die untersuchte Person selbst, indem diese z. B. im Falle einer ungerechtfertigten Nicht-Berücksichtigung in einem Bewerbungsprozess benachteiligt wird oder mit falschen Voraussetzungen empfohlen und mit der vorgesehenen Aufgabe überfordert ist. Die auftraggebende Organisation verpasst bei einer nicht gerechtfertigten Ablehnung eine reelle Chance und muss zusätzliche Kosten aufwenden, um eine Nachrekrutierung durchzuführen, oder erfährt durch nicht erfüllte Leistungserwartungen operationelle Schäden bzw. Aufwendungen im Überforderungsfall. Diese Beispiele ließen sich beliebig fortsetzen. Nicht vergessen werden darf auch der Schaden am Image aller seriös arbeitenden Profis im Bereich psychologische Diagnostik, wenn negative Praxisfälle aufgrund von unseriösem Gebaren das Vertrauen in den Berufsstand beeinträchtigen, wenn Mitarbeitende z. B. nicht über die nötigen Fähigkeitsvoraussetzungen verfügen oder im schlimmsten Fall ein Betrüger nicht erkannt wird.

4.2.3 Psychologische Diagnostik als Handlungsvoraussetzung

Die frühen Wurzeln von psychologischer Diagnostik parallel zur Entwicklung der Wissenschaftsdisziplin Psychologie deuten darauf hin, dass psychologischer Diagnostik eine grundlegende Bedeutung im Hinblick auf praktisch-interventives Handeln zukommt. Diese Bedeutung besteht darin, vor dem Handeln eine Orientierungsbasis in einer gegebenen Konstellation zu schaffen, die dazu geeignet ist, die nachfolgenden Entscheidungen, Interventionen, Maßnahmen und Beratungsprozesse umsichtig, abgesichert und zielorientiert zu tätigen oder einzuleiten bzw. keine unnötigen oder vermeidbaren Schäden oder Nachteile für

---

1 Schweizerische Eidgenossenschaft: Bundesgesetz über die Psychologieberufe (Psychologieberufegesetz, PsyG) vom 18. März 2011.

andere zu verursachen. Wie die erwähnte Studie von Roth und Herzberg (2008) zeigt, kommt psychologische Diagnostik tatsächlich in sehr vielen praktischen Handlungsfeldern vor und nimmt einen beachtlichen Anteil von durchschnittlich 25 % ein. Hogan und Roberts (2001, S. 6) formulierten sogar früher schon mutig: „Psychological assessment is psychology's major contribution to everyday life."

Man könnte an dieser Stelle also den Grundsatz ableiten: Keine Entscheidung, Intervention oder Beratungskonzept ohne eine seriöse Orientierung bzw. Standortbestimmung im Sinne einer Lagebeurteilung in der Form von psychologischer Diagnostik. Dieser Grundsatz kann wohl als zeitlos angesehen werden, auch wenn sich die Art und Weise des diagnostischen Arbeitens im Zuge von neuen psychologischen Erkenntnissen oder technologischen Innovationen weiterentwickelt oder sogar grundlegend verändert. Eine wesentliche Weiterentwicklung aus den Anfängen von psychologischer Diagnostik war die zunehmende Spezialisierung in verschiedene Teil-Fachbereiche mit ganz eigenen Anforderungen und Besonderheiten, für welche heute verschiedene Expertise-Felder mit eigenen Zulassungsvoraussetzungen bestehen, teilweise im Rahmen von erweiterten Fachqualifikationen wie z. B. Verkehrspsychologie, Berufs-, Studien- und Laufbahnberatung oder Forensische Psychologie.

4.2.4 Nutzen im Berufskontext

Im historisch gesehen klassischen Bereich von Auswahl-Situationen im Rahmen von Rekrutierungs- oder Beförderungsprozessen bereitet psychologische Diagnostik durch ihre Ergebnisse eine Entscheidung vor, auf deren Grundlage jemand eingestellt bzw. befördert werden soll oder eben nicht. Diese Situationen der selektiven Eignungsdiagnostik gehören zu den High Stake-Settings und entsprechend werden von diagnostischen Prozessen in diesem Rahmen besonders hohe Qualitätsansprüche erwartet, um dem ungleichen Beziehungsgefälle zwischen Urteilenden und Beurteilten gerecht zu werden. Die Qualität der diagnostischen Resultate soll dergestalt sein, dass sie eine hohe prognostische Güte aufweisen, indem sie das zukünftig zu erwartende Verhaltensrepertoire der untersuchten Person in möglichst berechenbarer Weise und mit möglichst belastbarer Nachhaltigkeit vorhersagen. Der Methoden-Kanon von selektiver Berufseignungsdiagnostik enthält klassischerweise drei unterschiedliche Kategorien, welche nach Heinz Schuler (Schuler & Höft 2001) als trimodaler Ansatz bekannt sind:

- Biografische Verfahren wie Interview, Bewerbungsunterlagen, Referenzen
- Eigenschaftsorientierte Verfahren wie Persönlichkeits-, Interessen- und Leistungstests
- Simulationsorientierte Verfahren wie Gruppendiskussionen, Rollenspiele, Fallstudien, Präsentationen

Auch wenn die Entscheidung für eine Anstellung oder nicht stark auf die Resultate der psychologischen Diagnostik abgestellt werden, entsteht nach dieser Entscheidung häufig ein Bedarf für weitere Maßnahmen. Dies ist dann der Fall, wenn es um die Berücksichtigung von im diagnostischen Prozess identifizierten Entwicklungsfeldern wie z. B. ein unangemessen zurückhaltendes Kommunikationsverhalten in einer Führungsposition geht oder darum, erkannte Risiken wie z. B. ein übereifriger Arbeitsstil mit einer Tendenz, sich zu verzetteln, gezielt auszugleichen.

Eng verbunden mit arbeitsbezogenen beruflichen Fragestellungen, fachbereichsmäßig jedoch von Anfang an separat etabliert, gehört verkehrspsychologische Diagnostik ebenfalls zur klassischen Form der Eignungsdiagnostik. Stand zu Beginn vor allem der Auswahlgedanke im Hinblick auf besondere Voraussetzungen mit der Entscheidung für eine Anstellung oder nicht bei einem Verkehrsunternehmen im Vordergrund, entstand Mitte des 20. Jahrhunderts im Kontext des Erfordernisses nach Schutz der Allgemeinheit durch verkehrsauffällige Personen zusätzlich der Bedarf nach gutachterlichen Einschätzungsformen. Diese waren mit Maßnahmen wie Ausschluss von der Möglichkeit zur Teilnahme am privaten automobilen Straßenverkehr oder Therapien zur Förderung oder Wiederherstellung eines angepassten Verhaltes im Straßenverkehr verbunden. Beide Formen können ebenfalls dem High Stake-Setting zugeordnet werden, was sich in der Praxis durch sehr hohe Qualitätsanstrengungen manifestiert. Methodisch wurde in diesem Bereich der klassische trimodale Methoden-Kanon um die diagnostische Form der Exploration erweitert. Bis heute besteht durch eine Qualitätsbrille betrachtet der Bedarf, wichtige methodische Fragen im Bereich der verkehrspsychologischen Diagnostik zu bearbeiten und dadurch die Praxis weiterzuentwickeln (Schmidt-Atzert, Krumm & Amelang 2022b).

Eine besondere Form der Berufseignungsdiagnostik ist mit sicherheitsbezogenen Fragestellungen verbunden (sicherheitspsychologische Diagnostik), welche neben Branchen wie Sicherheits- und Rettungsorganisationen, industrielle Hochzuverlässigkeitsorganisationen, z. B. Kernkraftwerke, auch den Bereich verkehrspsychologische Diagnostik im Zusammenhang mit Verkehrsbetrieben Schiene, Wasser, Luft, Straße mit einschließt. Bei dieser Art von psychologischer Diagnostik stellt neben der Klärung von Eignungsanforderungen auch die Überprüfung von Risikoaspekten einen wichtigen Bestandteil der diagnostischen Praxis dar. Die Beurteilung eines ausreichenden Vorhandenseins von relevanten Eignungsanforderungen wird entsprechend explizit ergänzt durch die Fragestellung, ob wichtige Gründe auf den Ebenen Leistung, Persönlichkeit und Einstellung gegen eine Anstellung in einer Organisation oder gegen eine Zulassung für eine bestimmte Tätigkeit sprechen. Diese teilweise defizit-orientierte Perspektive erfordert neben einem sehr hohen Qualitätsverständnis eine besondere Expertise, um mögliche negative Konsequenzen von festgestellten menschlichen Risikofaktoren korrekt zu erkennen, angemessen zu beurteilen bzw. auch geeignete Maßnahmen zu deren Umgang empfehlen zu können. Dies könnten z. B. Ausschluss aus dem Auswahlverfahren, ein Einsatz mit beschränkter Verantwortung, ein restriktiver Zugang zu vertraulichen Daten, intensiveres Führungsmonitoring etc. sein.

4.2.5 Nutzen in weiteren Anwendungskontexten

Der historisch gesehen zweite klassische Bereich ist im Bereich Schule positioniert und dient dazu, Interventionen und Maßnahmen wie Ergänzungsunterricht, Klassenwechsel, Begabtenförderung etc. zu untermauern. Die Feststellung von wichtigen Grundparametern wie Intelligenz, Persönlichkeitsstruktur bzw. auch -auffälligkeiten, Lerneinschränkungen, besondere Begabungen sollen dabei ebenfalls eine hohe Zuverlässigkeit aufweisen, um die Interventionen und Maßnahmen abzusichern. Neben diesen grundlegenden diagnostischen Informationen führen noch weitere bzw. andere Formen von diagnostischen Informationen zur Festlegung von Interventionen und Maßnahmen. Auch hier besteht zum Teil ein High Stake-Setting, indem Resultate von psychologischer Diagnostik nicht beliebig interpretiert werden und, in dieser Hinsicht auch vom Individuum als negativ erlebt, Konsequenzen wie das Wiederholen eines Schuljahrs denkbar sind, meistens jedoch durch Dialogformen moderiert wird.

Methodisch kommt dies dadurch zum Ausdruck, dass Explorationsgespräche mit verschiedenen beteiligten Personen wie Eltern, Lehrpersonen oder medizinischen Fachleuten durchgeführt werden und die Entscheidung für Interventionen oder Maßnahmen in einem Austausch-Prozess erarbeitet und schließlich festgelegt werden (Schmidt-Atzert, Krumm & Amelang

2022a). Entsprechend können auch weitere über den klassischen trimodalen Kanon hinausgehende Methoden zum Einsatz gelangen, z. B. projektive Verfahren, welche einen anderen Zugang zu diagnostischen Informationen insbesondere bei Kindern ermöglichen und sich dabei nicht den klassischen Gütekriterien in rigider Weise stellen müssen, da die Resultate von projektiven Verfahren nicht per se als sakrosankt angesehen werden, da sie zum einen häufig stark von der Interpretation der Untersuchungspersonen abhängen und zum anderen auch zusammen mit der untersuchten Person im Dialog interpretiert werden. Eine Besonderheit im Bereich der schulischen Diagnostik stellt das wiederholte Messen von bestimmten interessierenden Konstrukten wie z. B. die Lesekompetenz dar, um mit der Perspektive eines Verlaufs stattgefundene Veränderungen aufgrund der Interventionen und Maßnahmen feststellen und diese gegebenenfalls entsprechend anpassen zu können.

Mit beiden klassischen Formen von psychologischer Diagnostik in einer engen Beziehung steht der Bereich der Berufswahl- und Laufbahndiagnostik. Einerseits nehmen berufseignungsdiagnostische Fragestellungen einen großen Stellenwert ein und andererseits kommt auch entwicklungsbezogenen Aspekten eine große Bedeutung zu. Diese sind zum Teil sogar kennzeichnend für Berufswahl- und Laufbahndiagnostik, indem die diagnostischen Anteile nah mit dem zentralen, beratenden Prozess verbunden sind. In diesem Verständnis steht im Vordergrund, den persönlichen, stimmigen Weg zu finden und notwendige Entwicklungsschritte zu definieren sowie unterstützendes Ressourcenpotenzial dafür zu aktivieren, was dem Low Stake-Setting entspricht. In ähnlicher Weise werden auch im Coaching-Bereich Formen von psychologischer Diagnostik angewandt. Diese kommen ebenfalls in organisationalen Settings im Zusammenhang mit Teamentwicklung oder Organisationsberatung zur Anwendung, nehmen dort im Verhältnis zum Schwerpunkt der Intervention und Maßnahmenumsetzung aber häufig einen geringen Stellenwert ein.

In ähnlicher Weise wie die Schulpsychologie greift auch die Klinische Psychologie auf diagnostische Erkenntnisse zurück. Eine klassische Anwendung dabei ist die Identifikation einer bestimmten Leidensform sowie deren Schwergrad, um nachfolgende Interventionen und Maßnahmen wie Therapieformen, Unterbringungsmodalitäten etc. ableiten zu können. Ähnlich wie in der Schulpsychologie werden solche Interventionen und Maßnahmen nicht unvermittelt angesetzt, sondern erfolgen ebenfalls im Austausch wenn möglich mit der betroffenen Person, evtl. mit deren Umfeld sowie medizinischen Fachleuten (Fydrich 2022). Auch hier existiert eine Mischung von High und Low Stake-Anteilen, indem sich je nach Ergebnis der psychologischen Diagnostik gewisse Maßnahmen aufdrängen können (z. B. eine stationäre Therapie), in der Regel jedoch die Interventionen und Maßnahmen im relevanten sozialen System wie Familie oder Arbeit sowie im gegebenen Kontext wie z. B. private Praxis, psychiatrische Einrichtung, berufliche Rehabilitation etc. abgeglichen und stimmig aufgesetzt werden. Auch in der klinischen Diagnostik sind häufig wiederholte Messungen angezeigt, um Veränderungen z. B. des Schweregrads eines gegebenen Leidens in die weitere Maßnahmenplanung integrieren zu können. Neben dem klassischen Messen durch standardisierte diagnostische Formen wie Fragebogen und klinischen Interviews kommt weiter auch dem Messen physiologischer Größen wie z. B. Muskeltonus, qualitativen Methoden wie Verhaltensbeobachtung oder der Exploration einer Leidkonstellation ein hoher Stellenwert zu. Eine eigentliche Besonderheit ist die Zuordnung der Resultate der psychologischen Diagnostik im Sinne einer Klassifikation zu einer bestimmten Leidensform.

Daneben kommt im Bereich der Rechtspsychologie, der psychologischen Diagnostik als Entscheidungsvorbereitung z. B. in den Bereichen Aussagenpsychologie oder Schuldfähigkeit im gesamten methodischen Spektrum von psychologischer Diagnostik ein großer Stellenwert zu und kann ebenfalls dem High Stake-Setting zugeordnet werden. Bei Interventionen und Maßnahmen wie Vollzugsplan, Rückfallprognose oder Fragen des Sorgerechts bereitet psychologische Diagnostik die Grundlagen für das Festlegen des weiteren Vorgehens auf. Aufgrund der besonders heiklen Frage der Rückfallprognose entstand sehr viel Forschung um die Frage, ob klinisch-gutachterliche Diagnostik besser geeignet ist oder doch eher statistische Modelle, wobei Letztere klar die besseren Resultate erzielten (Schmidt-Atzert, Krumm & Amelang 2022b). Darauf weist auch die Forschung für den Bereich Eignungsdiagnostik hin (Kuncel & Highhouse 2011), eine spannende Erkenntnis.

4.3 Herausforderungen für die Zukunft

4.3.1 Integration von Technologie

Psychologische Diagnostik ist aus dem psychologischen Schaffen wohl nicht mehr wegzudenken. Auch im Rahmen von großen Trends wie Diversität, mit Bezug auf das Alter oder Geschlechter, oder Arbeitswelt 4.0, mit Veränderungen in der Art und Weise des Arbeitens sowie mit neuen technischen Möglichkeiten im Bereich Digitalisierung und künstlicher Intelligenz, wird psychologische Diagnostik weiterhin ihren wichtigen Stellenwert behalten und gefordert sein, bestehende Qualitätsaspekte mit in die neue Zeit zu nehmen. Denn auch angesichts dieser neuen Möglichkeiten bleiben die hauptsächlichen Leistungen, die psychologische Diagnostik auch in Zukunft zu erbringen hat, die Vorbereitung und Absicherung von Entscheidungen, Interventionen, Maßnahmen und Beratungskonzepten. In diesem Sinn bleibt die psychologische Diagnostik in ihrer Bedeutung zeitlos ohne eine absehbare Aussicht auf ein Ende.

Eine besondere Herausforderung wird in Zukunft sicher der Umgang mit den digitalen Möglichkeiten sein. Längst etabliert sind Online-Testing mit der Option, Tests auch mobil und direkt in Kontakt mit einer Plattform selbstgesteuert und zeitunabhängig durchzuführen, sowie Remote Assessments, welche analog zu einer Präsenzdurchführung mit Videotelefonie-Systemen und anderen IT-Umgebungen in synchroner Weise abgewickelt werden. Beide Formen haben wichtige Vorteile wie z. B. die orts- oder gegebenenfalls zeitunabhängige Durchführung mit vermindertem Reiseaufwand. Beide Formen haben aber auch wichtige Nachteile wie die Reduktion auf eine Methode im Fall von Online-Testing oder der Verlust des dreidimensionalen Erlebens einer Person mit allen Sinnen. Problematisch wird es dann, wenn aus Effizienzgründen reine Online-Testings durchgeführt werden, wo eigentlich ein trimodales Setting mit Interviews und praktischen Übungen notwendig wären, um eine ausreichende Belastbarkeit der diagnostischen Resultate erzielen zu können. Diese vor allem im High Stake-Setting wie Personalauswahlentscheidungen relevanten Überlegungen können z. B. im Fall von beratenden Kontexten als Low Stake-Setting weniger strikte bzw. mit weniger qualitativen Einbußen gehandhabt werden.

Im Bereich Testdiagnostik mit künstlicher Intelligenz wird stark geforscht und werden laufend neue Erkenntnisse in die Praxis transferiert. Um ein herkömmliches diagnostisches Setting zuverlässig durch künstliche Intelligenz ersetzen zu lassen, bedarf es indes noch viel Entwicklung und die Frage steht aktuell im Raum, ob das je erreichbar sei und der Mensch in der Rolle als Beurteiler komplett außen vor gelassen werden könnte. Bis dato scheint es noch so zu sein, dass die Messqualität von bestehenden Methoden wie einem etablierten Persönlichkeitsfragebogen zuverlässiger misst als künstliche Intelligenz.

Bis auf Weiteres wird es nach wie vor wichtig sein, für die Qualität von psychologischer Diagnostik im Hinblick auf die Zuverlässigkeit und Belastbarkeit der Resultate etablierte Kriterien wie z. B. Testgütekriterien, DIN 3340, oder AC-Standards von Swiss Assessment einzuhalten, um ein Optimum an Wirksamkeit und Nützlichkeit zu erzielen. Dieses Streben nach konservativer Sicherheit zulasten von sehr hoher Innovation stellt keinen Anachronismus dar, wenn man bedenkt, dass Sicherheit[2] mit Stichworten wie „Super Safe Society" oder „Trust Technology" ebenfalls zu den Megatrends der aktuellen Zeit gezählt wird.

4.3.2 Psychologische Risikodiagnostik

Die Ur-Form und am meisten verbreitete Anwendung von psychologischer Diagnostik, die Berufseignungsdiagnostik, ist dazu berufen, sich neben technologischen Herausforderungen auch neuer Erwartungen als robust zu erweisen. Gerade im Zuge von Sicherheit als Megatrend ergibt sich eine wichtige neue Perspektive, nämlich jene der Betrachtung des Menschen neben Träger von Ressourcen und Begabungen auch als Risikofaktor mit potenziellen Schädigungskonsequenzen (Hardegger & Boss 2021), wohingegen die traditionellen Ergebnisse von Berufseignungsdiagnostik Aussagen darüber machen, ob eine bestimmte Person über gewisse erwartete Fähigkeiten und Kompetenzen verfügt und inwieweit eine allgemeine Passung im Hinblick auf das anzutreffende Sozialgefüge sowie die vorherrschende Organisationskultur vorliegt.

---

2 ▶ https://www.zukunftsinstitut.de/dossier/megatrends/

> **Risikodiagnostik Fallvignette 1 „VETTING":**
> Eine international tätige Organisation aus der Finanzbranche hatte sich dazu entschlossen, in einem besonders heiklen Segment für ausgewählte Funktionen neben Background-Checks auch risikodiagnostisches Screening durchzuführen, um allfällige Risiken im Hinblick auf die Vertrauenswürdigkeit frühzeitig identifizieren zu können.
>
> Die untersuchten Personen füllten eine ca. 40minütige Testbatterie mit zwei psychologischen Integritätsfragebogen und zwei Fragebogen zur Untersuchung von destruktiven Persönlichkeitseigenschaften online aus. Die damit generierten zwölf Testergebnis-Werte mit unterschiedlichem theoretischen Hintergrund sowie Konstruktionsart der Tests werden von zwei spezialisierten Psychologen/innen analysiert und die Ergebnisse auf einer Ampelskala festgehalten sowie um eine erläuternde Kurzzusammenfassung mit allfälligen Empfehlungen ergänzt.
>
> ● = *Keine wesentlichen Risiken erkennbar*
> ● = *Gewisse Ansätze zu Risiken erkennbar*
> ● = *Klare Anzeichen für Risiken erkennbar*

Zu denken ist bei menschlichen Risikofaktoren im Berufskontext z. B. an folgende Konstellationen: schiere Inkompetenz im Sinne von Nicht-Wissen oder Nicht-Können, Selbstschädigung z. B. durch Missbrauch von Alkohol, Drogen oder Medikamenten, menschliches Fehlverhalten als natürliche Quelle von unkorrekten Handlungen infolge von z. B. Gedächtnislücken, Fehleinschätzungen, Ablenkung etc., eine lasche Arbeitseinstellung z. B. mit der Tendenz zu minimalistischem Verhalten, Übertretungen von Regeln entgegen klaren Anweisungen, vorsätzliche Regelbrüche in der Art von z. B.

4.3 · Herausforderungen für die Zukunft

Betrug, Informationsmissbrauch, Mobbing, Bestechung, sexuelle Belästigung, Diebstahl etc. oder destruktives Führungsverhalten, sei es als Folge von Inkompetenz oder einer egoistisch-ausbeuterischen Grundhaltung.

In dieser Betrachtung ist es das Ziel von psychologischer Risikodiagnostik, mittels allgemeiner und spezialisierter eignungsdiagnostischer Methoden in einem organisationalen Kontext präventiv Sicherheit im Sinne eines sicheren Systemzustands zu schaffen, dingliche, finanzielle, physische oder psychische Schäden zu vermeiden sowie die Vorteile und Werte einer Organisation und der Menschen darin bzw. auch für die mit der Organisation nach außen in Interaktion stehenden Menschen und Organisationen oder die Umwelt zu schützen.

Die skizzierte Perspektive des Menschen auch als Träger von potenziellen Risiken wird in Zukunft primär deswegen an Bedeutung gewinnen, da dem Megatrend Sicherheit folgend immer weniger Fehler und nachfolgende Schäden in Kauf genommen werden wollen. Aber auch im Zuge von Fachkräftemangel zeichnet sich der Bedarf ab, auch dann eine eignungsdiagnostische Beurteilung durchzuführen, selbst wenn nur sehr wenige Bewerbende zur Verfügung stehen. Psychologische Risikodiagnostik bietet an dieser Stelle die interessante Möglichkeit, in solchen Situationen wenigstens die vorliegenden, häufig nicht offensichtlichen Risiken wie z. B. eingeschränkte Kompetenz, ein übereifriger Arbeitsstil oder destruktives Verhalten etc. zu erkennen, um die man angesichts eines ausgedünnten Arbeitsmarktes unter Umständen nicht herumkommt und man bereits frühzeitig geeignete Maßnahmen ergreifen kann, damit erkannte Risiken z. B. durch präventive Interventionen wie Führung, Gestaltung des Arbeitsplatzes etc. angemessen kontrolliert werden können.

Psychologische Risikodiagnostik bringt indes nur schon in Bezug auf die Fachebene verschiedene Herausforderungen mit sich, die in Zukunft in der Breite der Praxis gemeistert werden müssen. Dazu gehört z. B. eine neue Form von Fragestellung anlässlich eines diagnostischen Prozesses in der Art: Sind bei einer bestimmten Person Risiken erkennbar, welche mit einer bestimmten Wahrscheinlichkeit die Sicherheit einer Organisation gefährden, dingliche, finanzielle, physische oder psychische Schäden verursachen oder die Vorteile und Werte einer Organisation und der Menschen darin bzw. auch für die mit der Organisation nach außen in Interaktion stehenden Menschen und Organisationen oder die Umwelt bedrohen? Und falls ja, in welchem Ausmaß, bzw. ist eine Kontrolle des Risikos durch Maßnahmen möglich oder muss das Risiko vermieden werden? Neben der Fragestellung gilt es, auch das diagnostische Repertoire zu erweitern, indem spezifische Testverfahren, besondere Interviewformen sowie situationsangemessene Übungen zur Anwendung kommen müssen. Die Verdichtung der Resultate erfolgt entsprechend der Fragestellung im Hinblick auf die Identifikation von Risiko-Clustern, die durch die Ergebnisse der diagnostischen Befunde fundiert sein müssen. Zuletzt erfolgt die Kommunikation der Resultate nicht in Bezug auf Eignung, sondern im Hinblick auf die Wahrscheinlichkeit des Auftretens von risikobehaftetem bzw. schädigendem Verhalten sowie das Ausmaß der allfällig zu erwartenden negativen Konsequenzen bzw. Schäden.

Risikodiagnostik Fallvignette 2 „RISIKOMANAGEMENT":
Eine national tätige Organisation ist nach einer groß angelegten Risikoanalyse darauf gestoßen, dass für bestimmte Funktionen Integritätsrisiken bestehen, die im Extremfall katastrophale Konsequenzen haben können. Die Organisation hatte sich entsprechend dazu entschlossen, solche Integritätsrisiken bei Neueinstellungen systematisch untersuchen zu lassen.

Für die Untersuchung durch das IAP Institut für Angewandte Psychologie wurde ein trimodales Setting angelegt, also neben psychologischen Testverfahren im Umfang von 75 min auch ein ca. 2,5 h dauerndes, strukturiertes Interview durchgeführt, das auf Risikoaspekte wie z. B. Persönlichkeit, Normen, Antriebsdynamik, Beeinflussbarkeit, Motive und Werte, Biografie, Lebensstil und Destruktivität ausgerichtet war. Zusätzlich wurde eine Rollensimulation zur Überprüfung der Beeinflussbarkeit durchgeführt.

Die Auswertung erfolgte durch den folgenden Prozess: Identifikation von Auffälligkeiten – Bilden von Risiko-Clustern – Schlussfolgerungen und Empfehlung. Die Untersuchung wurde durch zwei spezialisierte Psychologen/innen durchgeführt und in einem Auswertungsbericht ausführlich dokumentiert, bevor die Resultate mit der auftraggebenden Organisation besprochen wurden.

◘ **Abb. 4.1** Video 4.1 Hubert Annen (https://doi.org/10.1007/000-88y)

Die Zukunft ereignet sich sowieso, größere und kleinere Trends sind bereits am Laufen. Die Fachhochschulen sind der Ort, an dem diese Dynamiken aufgefangen und durch praxisorientierte Forschung und Entwicklung aktiv mitgestaltet werden, damit neue Erkenntnisse als nutzbringende Innovationen ihren vollen Wert im Feld der Anwendung von psychologischer Diagnostik entfalten können. (Hierzu eine Stimme aus der Praxis: ◘ Abb. 4.1).

Literatur

Ackerschott, H., Gantner, N. S., & Schmitt, G. (2016). *Eignungsdiagnostik: Qualifizierte Personalentscheidungen nach DIN 33430*. Berlin: Beuth.

Biäsch, S., Hürlimann, F. W., Stampfli, U., & Vontobel, J. (1977). *Angewandte Psychologie als Lebensaufgabe – Gedanken von Hans Biäsch*. Bern: Huber.

Bukasa, B., & Utzelmann, H. D. (2009). Psychologische Diagnostik der Fahreignung. In *D/VI/2, 6. Kapitel*. Göttingen: Hogrefe.

Funke, J. (2006). Alfred Binet (1857–1911) und der erste Intelligenztest. In G. Lamberti (Hrsg.), *Intelligenz auf dem Prüfstand: 100 Jahre Psychometrie*. Göttingen: Vandenhoeck & Ruprecht.

Fydrich, T. (2022). Diagnostik in der Klinischen Psychologie und Psychotherapie. In H. Schuler (Hrsg.), *Lehrbuch der Personalpsychologie*. Göttingen: Hogrefe.

Hardegger, S. C., & Boss, P. (2021). Risikofaktor Mensch – ein Augenschein von innen. *format magazine: Zeitschrift für Polizeiausbildung und Polizeiforschung, 11*, 78–83.

Hogan, R. T., & Roberts, B. W. (2001). Introduction: Personality and industrial and organizational psychology. In B. W. Roberts & R. Hogan (ed.), *Personality psychology in the workplace* (S. 3–16). American Psychological Association.

Kälin, K. (2011). *Hans Biäsch: Ein Pionier der angewandten Psychologie. (1901-1975)*. Zürich: Chronos Verlag.

Köhler, D., & Scharmach, K. (2013). Zur Geschichte der Rechtspsychologie in Deutschland unter besonderer Betrachtung der Sektion Rechtspsychologie des BDP. *Praxis der Rechtspsychologie, 23*(2), 455–468.

Krumm, S., Schmidt-Atzert, L., & Amelang, M. (2022). Grundlagen diagnostischer Verfahren. In L. Schmidt-Atzert, S. Krumm & M. Amelang (Hrsg.), *Psychologische Diagnostik*. Berlin: Springer.

Kuncel, N. R., & Highhouse, S. (2011). Complex predictions and assessor mystique. *Industrial and Organizational Psychology, 4*, 302–306.

Lamberti, G. (2006). Die Psychotechnik in den zwanziger Jahren des 20. Jahrhunderts. In G. Lamberti (Hrsg.), *Intelligenz auf dem Prüfstand: 100 Jahre Psychometrie*. Göttingen: Vandenhoeck & Ruprecht.

Moser, K., & Schuler, H. (2013). Geschichte der Management-Diagnostik. In W. Sarges (Hrsg.), *Ma-

Literatur

nagement-Diagnostik (4. Aufl. S. 33–42). Göttingen: Hogrefe-Verlag.

Roth, M., & Herzberg, P. Y. (2008). Psychodiagnostik in der Praxis: State of the Art? *Klinische Diagnostik und Evaluation*, *1*, 5–18.

Schmidt-Atzert, L., Krumm, S., & Amelang, M. (2022a). Diagnostik in der pädagogischen Psychologie. In H. Schuler (Hrsg.), *Lehrbuch der Personalpsychologie*. Göttingen: Hogrefe.

Schmidt-Atzert, L., Krumm, S., & Amelang, M. (2022b). Diagnostik in weiteren Anwendungsfeldern. In L. Schmidt-Atzert, S. Krumm & M. Amelang (Hrsg.), *Psychologische Diagnostik*. Berlin: Springer.

Schuler, H., & Höft, S. (2001). Konstruktorientierte Verfahren der Personalauswahl. In H. Schuler (Hrsg.), *Lehrbuch der Personalpsychologie*. Göttingen: Hogrefe.

Verein Swiss Assessment (2007). *Qualitätsstandards von Swiss Assessment zur Entwicklung, Durchführung und Auswertung von Assessment Center*. https://www.swissassessment.ch

Über die Führung von Menschen

Andres Pfister

Ergänzende Information
Die elektronische Version dieses Kapitels enthält Zusatzmaterial, auf das über folgenden Link zugegriffen werden kann https://doi.org/10.1007/978-3-662-66420-9_5. Die Videos lassen sich durch Anklicken des DOI Links in der Legende einer entsprechenden Abbildung abspielen, oder indem Sie diesen Link mit der SN More Media App scannen.

© Der/die Herausgeber bzw. der/die Autor(en), exklusiv lizenziert
durch Springer-Verlag GmbH, DE, ein Teil von Springer Nature 2023
C. Negri, M. Goedertier (Hrsg.), *Was bewirkt Psychologie in Arbeit und Gesellschaft?*,
https://doi.org/10.1007/978-3-662-66420-9_5

> Führung ist die große Kunst, zusammen mit Menschen nachhaltig Ziele zu erreichen.

5.1 Einleitung

Sowohl konstruktive als auch destruktive Führungspersonen haben seit jeher Geschichte geschrieben und inspirieren bis heute die Führungstätigkeit vieler. Neben den Eigenschaften dieser Personen sind auch ihre Führungsprinzipien, ihre Entscheidungen sowie die Organisationen, die sie geformt haben, Gegenstand intensiver Betrachtung. Unzählige Bücher sind auch heute noch erhältlich über die unterschiedlichsten Führungspersönlichkeiten, sei dies Angela Merkel, Elon Musk, Steve Jobs oder alte Klassiker wie Cäsar oder Sun Tsu, in welchen der Frage nachgegangen wird, wie diese Personen führen.

Die *Führungsforschung* hingegen hat schon ab dem Anfang des vorletzten Jahrhunderts erkannt, dass Führungspersönlichkeit nicht allein ausschlaggebend ist für ein erfolgreiches Führungshandeln. Seither wurde das Wissen systematisch erweitert, was sowohl gute als auch schlechte Führung ausmacht.

Im folgenden Kapitel wird ein kurzer wissenschaftsgeschichtlicher Überblick gegeben, was vonseiten der Forschung zur *Führung von Menschen* als gesichert gilt. Dies mündet in einer generellen Übersicht, welche Führungsverhalten wirksam sind.

Anschließend werden die Veränderungen der Führungsrollen in den aktuellen organisationalen Entwicklungen betrachtet, mit einem Fokus auf die Entwicklung verschiedener *Führungsrollen* in agilen Organisationen.

Die Wichtigkeit der Führungsausbildung, wie sie vom IAP seit 1947 angeboten wird, und die auch in Zukunft hohe Relevanz, adäquat für die Übernahme von Führungsaufgaben ausgebildet zu sein, bilden zusammen mit einem Ausblick auf die Zukunft der Führung von Menschen den Abschluss dieses Kapitels.

5.2 Ziel und Wirkung der Führung

Drucker (2005) beschreibt das Kernziel der Führung darin, das Überleben einer Organisation jetzt und in Zukunft zu sichern. Hierbei ist die zentrale Aufgabe der Organisation, Bedürfnisse der Kunden oder der Gesellschaft zu befriedigen. Somit steht der Nutzen für die Kunden oder die Gesellschaft immer im Zentrum des organisationalen Handelns, denn nur dann sind die Kunden und die Gesellschaft dazu bereit, der Organisation jene Ressourcen zu geben, die diese für die Erfüllung ihres Zwecks benötigt. In einer Organisation gilt es nun, mit den Menschen, die in und für diese Organisation arbeiten, die Strukturen, Prozesse und Kultur gemeinsam so zu gestalten, dass eine effiziente und effektive Erbringung der Grundaufgabe möglich ist. Menschen müssen hierfür zusammenarbeiten, um die entsprechenden Ziele zu erreichen und dadurch das Überleben der Organisation zu sichern.

Somit steht der Mensch und dessen Handeln im Zentrum einer Organisation, sei dies in der Form der Kunden, der Gesellschaft oder als Organisationsmitglieder. Das Handeln eines Menschen wird jedoch bestimmt durch die Art und Weise, wie eine Person das eigene Umfeld wahrnimmt, dieses sowohl kognitiv als auch emotional verarbeitet, welche Gedächtnisinhalte und auch individuellen Ressourcen aktiviert werden, welche Motivation daraus entsteht und wie vorhandene oder neue Handlungsrepertoires in wirksame und auch zielgerichtete Handlungen als Individuum und koordiniert mit anderen umgesetzt werden.

Führung wirkt hierbei auf unterschiedlichen Ebenen. Einerseits kann Führung die Struktur und Prozesse beeinflussen, die das wahrgenommene Umfeld einer Person bestimmen. Beispielsweise kann Führung einen Arbeitsprozess verändern oder die Zusammensetzung eines Teams. Führung kann auch direkt auf die Wahrnehmungsprozesse einer Person wirken und dadurch eine andere Betrachtung der Umwelt hervorrufen, beispielsweise indem sie dabei unterstützt, dass Personen Dinge aus einem anderen Blickwinkel betrachten. Führung kann auch die kognitiven und auch emotionalen Verarbeitungsprozesse verändern, beispielsweise indem strukturiert und systematisch ein Problem bearbeitet wird. Führung ermöglicht auch die Erweiterung und Aktivierung von Handlungsrepertoires, beispielsweise indem hilfreiche Handlungen vorgelebt werden. Führung wirkt auch nachhaltig auf die Motivation, Handlungen effektiv umzusetzen, indem sie beispielsweise Sinn vermittelt, Ressourcen bereitstellt, Probleme aus dem Weg räumt oder hilft, mit der Handlung wichtige Bedürfnisse der Person zu befriedigen.

Hierbei ist Führung nicht ein absoluter Prozess, welcher immer die intendierte Wirkung erzeugt, da Führung mit Menschen in komplexen Systemen geschieht.

Pfister und Neumann (2019) definieren Führung mit der folgenden, etwas sperrigen Formulierung:

> **Definition**
>
> **Führung** ist jener Prozess der Einflussnahme, welcher einerseits ein für die Geführten günstiges Umfeld generiert und sie andererseits in der Wahrnehmung und Verarbeitung dieses Umfeldes so unterstützt, dass sich die Auftretenswahrscheinlichkeit jenes zielgerichteten, selbstmotivierten und selbstkoordinierten Verhaltens der Geführten erhöht, welches das Überleben der Organisation als auch der beteiligten Individuen jetzt und in Zukunft sichert.

Etwas kürzer gesagt ist Führung die große Kunst, zusammen mit *Menschen* nachhaltig Ziele zu erreichen.

Über viele Jahrzehnte wurde geforscht, was wirksame Führung ausmacht. Hierbei stand der Mensch immer im Zentrum. Gleichwohl wurde jedoch mit der Zeit erkannt, dass nicht der Mensch allein, sondern das Zusammenspiel vieler Faktoren die Wirksamkeit von konstruktiver wie auch destruktiver Führung ausmacht.

5.3 Die kurze Geschichte der Führungsforschung

Führung ist die große Kunst, zusammen mit Menschen Ziele zu erreichen. Entsprechend waren seit jeher große Führungspersonen ein Fokus des menschlichen Interesses und seit vielen Jahrzehnten auch der Forschung. Insgesamt ist beobachtbar, dass der Komplexität des Führungshandelns selbst, aber auch der Komplexität des Systems, in welcher Führung passiert, über die Dauer der Zeit in der Forschung zusehends Beachtung geschenkt wurde. Somit entwickelte sich die Führungsforschung von der Betrachtung von einzelnen Personen hin zu einer Betrachtung ganzer organisationaler Systeme. Nachfolgend werden die wichtigsten Ansätze in Anlehnung an Pfister und Neumann (2019) kurz erläutert und miteinander in Verbindung gebracht.

Great-Man-Ansatz Es ist nicht verwunderlich, dass die ersten wissenschaftlichen Betrachtungen gegen Mitte des 19. und Anfang des 20. Jahrhunderts die großen Führungspersonen und ihre Eigenschaften untersuchten, um genauer definieren zu können, was eine erfolgreiche Führung ausmacht. Die Great-Man-Theorien gingen davon aus, dass große gesellschaftliche Veränderungen immer von großen Führungspersönlichkeiten ausgingen (Galton 1869; James 1882; Woods 1914) und somit große Führungspersönlichkeiten dazu geboren sind zu führen. Sie bezogen sich bei ihren Forschungen insbesondere auf die Erbfolgen von Königshäusern. Jedoch verloren viele dieser scheinbar großen Führungspersönlichkeiten im 1. Weltkrieg ihr Leben und viele Monarchien fielen sozialen Umwälzungen zum Opfer.

Eigenschafts-Ansatz In der Zwischenkriegszeit und während des 2. Weltkrieges veränderte sich die wissenschaftliche Betrachtung und in der Forschung definierte der Eigenschafts-Ansatz unterschiedliche Faktoren, die erfolgreiche Führungskräfte ausmachen (Bird 1940; Stogdill 1949). Sie lieferten somit erste Selektionskriterien für Führungskräfte. Mann (1959) beispielsweise definierte Faktoren wie Intelligenz, Maskulinität, Dominanz und Extraversion als kritisch für den Führungserfolg.

Skills-Theorie Zeitgleich wurde jedoch auch erkannt, dass nicht nur feste Faktoren ausschlaggebend sind, sondern auch Fähigkeiten, die erworben und entwickelt werden können. Entsprechend beschrieb Katz (1955) technische, soziale und konzeptionelle Fähigkeiten, welche Führungserfolg ausmachen. Somit wurden auch zusätzliche Selektionskriterien für Führungskräfte definiert.

Führungsstil-Ansatz In den darauffolgenden 1960er- und 1970er-Jahren erkannte die Forschung, dass sowohl der Stil der Führung und dessen Anpassung an die Situation als auch die Person ausschlaggebend sind für ein erfolgreiches Führungshandeln, da sie über die Motivation der Mitarbeitenden auf die gezeigte Leistung wirkt. Schon Lewin et al. (1939), Fleishmann (1953) und Likert (1961) sowie Blake und Mouton (1964) entdeckten hierbei, dass es zwei unterschiedliche Dimensionen des Führungsverhaltens gab. Einerseits die Aufgabenorientierung und andererseits die Beziehungsorientierung, welche beide noch heute in vielerlei Hinsicht die Grunddimensionen der Führung, der Teamarbeit, der Konfliktbewältigung oder auch der Verhandlung darstellen. Später im Kapitel wird noch explizit auf die aufgabenorientierte und beziehungsorientierte Führung eingegangen.

Situative Führungsansätze Ob aufgaben- oder beziehungsorientierte Führung effektiv ist, hängt von der Situation und auch den geführten Personen ab. Blake und Mouton (1964) beschrieben die Wirksamkeit und die Kombination beider Stile. Sie definierten, dass die konstruktive Kombination beider Stile das Ideal sei.

Fiedler (1967) beschrieb die Wirksamkeit der beiden Führungsverhalten in Abhängigkeit der angetroffenen Situation und Hersey und Blanchard (1969) beschrieben die Effektivität der beiden Führungsstile und deren Kombination in Abhängigkeit des Entwicklungsgrads der Mitarbeitenden.

Weg-Ziel-Theorien Evans (1970) und House (1971) fügten die Zieldimension hinzu, da sie erkannten, dass die Qualität, Klarheit, Nachvollziehbarkeit und Erreichbarkeit von Zielen einen maßgeblichen Einfluss auf die Motivation der Mitarbeitenden haben. Entsprechend wurden in den 1970er- und 1980er-Jahren Ziel- und Motivationsprozesse ein Hauptaugenmerk in der Forschung. In Organisationen führte diese Entwicklung beispielsweise zu systematischen Jahresziel-, in den 1990er-Jahren zu ausgefeilten Vergütungsprozessen.

Dyadische Führungstheorien In den mittleren 1970er- und in den 1980er-Jahren verbreitete sich die Führungsforschung zusehends und die Austauschbeziehung zwischen Führenden und Geführten rückte sowohl im Rahmen der Leader-Member-Exchange-Theorie (Dansereau et al. 1975) als auch der transaktionalen und transformationalen Führung (Bass 1985; Burns 1978) ins Zentrum des Forschungsinteresses. Erfolgreiche Führung richtet Mitarbeitende nicht nur auf Ziele aus und unterstützt diese dabei, sie zu erreichen, sie führt auch zu einer Transformation der Geführten, bei welcher sich diese konstruktiv weiterentwickeln und zusehends mehr ihrer individuellen Potenziale erschließen. Erfolgreiche Führung ist somit das Resultat einer erfolgreichen Beziehungsgestaltung, in welcher sich beide Seiten hin zum Besseren entwickeln.

Adaptive Führungstheorien In den 1990er-Jahren veränderte sich die Arbeitswelt mit großer Geschwindigkeit. Die Globalisierung nahm nach dem Ende des Kalten Krieges rasant an Fahrt auf und die erste große Digitalisierungswelle mit Computern veränderte die Arbeitswelt nachhaltig. Heifez (1994) betrachtete die zentrale Rolle der Führung darin, Mitarbeitende dabei zu unterstützen, Probleme zu lösen und sich den veränderten komplexen Rahmenbedingungen erfolgreich anzupassen. Führung selbst muss somit die Anpassungsfähigkeit unterstützen und nicht nur die erfolgreiche Erledigung von Aufgaben und die Gestaltung einer konstruktiven Zusammenarbeit.

Systemische Ansätze Schon in den 80er-Jahren des letzten Jahrhunderts entstanden insbesondere im deutschen Sprachraum die systemischen Führungsansätze. Sie betrachten Führung als einen wichtigen Prozess innerhalb des konstanten Stabilisierungs- und Anpassungsprozesses eines organisationalen Systems. Hierbei wird eine Organisation als ein komplexes, soziales System verstanden, welches sich selbst organisiert und von außen nicht direkt steuerbar ist (Stippler et al. 2014). Führung schafft als Prozess die Rahmenbedingungen, in welchen die Eigendynamik des Systems konstruktiv wirken kann. Malik (2006) betrachtet Führung als lenkendes Element innerhalb eines Systems. Aus seiner Sicht ist Führung ein Satz erlernbarer Grundsätze, Werkzeuge und Aufgaben, wobei das zentrale Element der Führung die Kommunikation ist. Führung ist somit ein Prozess, welcher in Organisationen zwischen Menschen wirkt und sowohl die Stabilisierung als auch die Veränderung des Systems unterstützt. Führungstätigkeit hat hierbei jedoch keine klar voraussagbare Wirkung, da das organisationale System auf die Intervention durch Führung auf eine komplexe Art und Weise reagiert.

Neuro-systemische Ansätze In den letzten Jahren wurden die Psychologie und insbesondere die Neuropsychologie immer stärker für die Ergründung menschlichen Verhaltens im organisationalen und wirtschaftlichen Kontext herbeigezogen. Es wurde erkannt, dass Emotionen, Wahrnehmung und auch psychologische Verarbeitungsprozesse das menschliche Verhalten stark bestimmen. Aus neuro-systemischer Sicht wirkt Führung, indem sie einerseits auf die psychologischen und emotionalen Verarbeitungsprozesse in einer Person einwirkt (neuro) oder indem sie das System, in welcher sich eine Person befindet, und die Art, wie die Person das System wahrnimmt, verändert (systemisch) (Pfister & Neumann 2019). Die Wirksamkeit von Führung äußert sich darin, dass durch veränderte Wahrnehmung und Verarbeitung andere Betrachtungen der erlebten Umwelt und dadurch andere, wirksamere Handlungen für die Person möglich werden. Die Effektivität des Verhaltens entsteht somit dadurch, dass es an verschiedenen Punkten eines Systems ansetzt.

5.4 Erstes kurzes Fazit aus der Führungsforschung

Die Führungsforschung erkannte zunehmend, dass Führung in einem komplexen System stattfindet. Nicht eine einzelne Person, sondern eine Vielzahl an Faktoren beeinflusst die Wirksamkeit der Führung auf unterschiedlichsten Ebenen. Hierbei sind Persönlichkeitseigenschaften der Führungspersonen jedoch nicht die einzigen ausschlaggebenden Ursachen für konstruktives und auch destruktives Verhalten. Vielmehr gilt es, wirksame Verhalten zu zeigen, welche sowohl auf der Ebene des handelnden Individuums, der miteinander zusammenarbeitenden Individuen, der Organisation, des übergeordneten Kontextes als auch auf der Ebene der aktuell erlebten Situation ansetzen.

Yukl (2012) sowie Pfister und Neumann (2019) beschreiben insgesamt fünf unterschiedliche Gruppen von effektiven Führungsverhalten. Diese Verhalten dienen dazu, eine konstruktive und nachhaltige Zusammenarbeit zu organisieren und auch Veränderungsprozesse konstruktiv zu nutzen.

5.5 Effektive Führungsverhalten

Gary Yukl (2012) fasste die Erkenntnisse der Führungsforschung zusammen und beschrieb vier unterschiedliche Gruppen von Führungsverhalten, die wirksam sind. Neben den schon bekannten *aufgabenorientierten* und *beziehungsorientierten* Verhalten sind dies *veränderungsorientierte* und *außenorientierte* Führungsverhalten. Nachfolgend werden diese kurz präzisiert.

Aufgabenorientierte Führungsverhalten Diese Führungsverhalten sind effektiv, da sie auf unterschiedlichste Arten die Fokussierung auf und die wirksame Erledigung von Aufgaben zur Erreichung von Zielen ermöglichen. Sie unterstützen die Problemlösung, schließen durch Monitoring die wichtigen Feedbackschleifen im Prozess der Zielerreichung, unterstützen die Planung und Organisation von Tätigkeiten beispielsweise durch die Bereitstellung von relevanten Ressourcen. Sie helfen dabei, die Frage zu beantworten, was gemacht werden muss.

Beziehungsorientierte Führungsverhalten Diese Führungsverhalten sind effektiv, da sie die Kompetenzen der Mitarbeitenden entwickeln, die Beziehungen zwischen Mitarbeitenden und zwischen Mitarbeitenden und der Führungsperson verbessern und die Identifikation mit der Arbeit und der Organisation stärken. Sie unterstützen daher die wirksame Erledigung von Aufgaben, da sie dafür sorgen, da sie auf der Ebene der Personen die Kompetenzen, Fähigkeiten und Motivation unterstützen und auf der Ebene der Gruppe die Zusammenarbeit fördern. Sie helfen dabei, die Frage zu beantworten, wie das Was gemacht werden soll.

Veränderungsorientierte Führungsverhalten Diese Führungsverhalten sind effektiv, da sie die Innovationsfähigkeit erhöhen, sowohl individuelles als auch kollektives Lernen fördern und insgesamt die Anpassungsfähigkeit an Veränderungen einer Person, aber auch der Gruppe und der Organisation stärken. Hierbei fokussieren diese Verhalten einerseits auf die Unterstützung der individuellen Veränderungsfähigkeit und andererseits auf die Erhöhung der Wirksamkeit von Veränderungsprozessen. Somit unterstützen diese Verhalten dabei, sowohl die sich verändernden Aufgaben auch in Zukunft unter anderen Voraussetzungen zu erledigen als auch die Zusammenarbeit und die Organisation an neue Herausforderungen anzupassen. Sie helfen dabei, die Frage zu beantworten, was wir genau ändern müssen, um weiterhin das Was und Wie erfolgreich erledigen zu können.

Außenorientierte Führungsverhalten Diese Führungsverhalten sind effektiv, da sie Informationen über externe Entwicklungen den Mitarbeitenden zur Verfügung stellen, relevante Ressourcen und Unterstützung organisieren und auch die Reputation nach außen fördern sowie die Interessen der Einheit nach außen bei übergeordneten Entscheidungsprozessen vertreten. Somit ermöglichen diese Verhalten, Veränderungen frühzeitig zu erkennen, damit notwendige Anpassungsprozesse eingeleitet werden können. Zudem ermöglichen sie, Umweltveränderungen in für die Organisation, die Gruppe oder die Person günstigere Bahnen zu lenken, da entsprechende Entscheidungsprozesse gezielter beeinflusst werden können. Sie helfen dabei, die Frage zu beantworten, auf welche Veränderungen wir uns einstellen müssen und wie wir diese bis zu einem gewissen Grad steuern können.

Pfister und Neumann (2019) ergänzten die effektiven Führungsverhalten von Yukl (2012) um eine weitere Gruppe, welche als Grundlage dafür dienen, die anderen Verhalten überhaupt effektiv auszuführen. Dies sind die *selbstorientierten* Führungsverhalten.

Selbstorientierte Führungsverhalten Diese Führungsverhalten sind effektiv, da sie die einzelne Person in die Lage versetzen, die anderen effektiven Verhalten überhaupt effektiv einzusetzen. Dies beinhaltet einerseits die Steuerung der eigenen Wahrnehmung, des eigenen Denkens und auch der eigenen Emotionen, um Probleme zu erkennen auf unterschiedlichsten Ebenen und wirksam lösen zu können. Hinzu kommen Verhalten, welche die eigene Motivation unterstützen, um das relevante und effektive Verhalten überhaupt zu zeigen. Zudem beinhalten diese Verhalten, welche einen schonenden und wirksamen Umgang mit den eigenen Ressourcen ermöglichen, damit die Grundlage gegeben ist, auch über eine lange Frist wirksam handeln zu können. Sie bilden daher die Basis, damit eine Person langfristig und wirksam handeln kann.

5.6 Destruktive Führungsverhalten

In den letzten Jahrzehnten richtete die Forschung ihren Blick jedoch auch auf die negativen Aspekte von Führung (Schyns & Hansborough 2010). Einarsen et al. (2007) definieren *destruktives Führungsverhalten* als Verhalten, welches sich entweder gegen das Wohlergehen der Mitarbeitenden, der Organisation oder sowohl gegen Mitarbeitende als auch Organisation gleichzeitig richtet. Die Wirkung dieses Verhaltens kann verheerend sein, sowohl für die Organisation als auch für das Individuum, welches davon betroffen ist (Schyns & Schilling 2013). Gleichzeitig zeigt die Forschung auch auf, dass destruktives Verhalten nicht allein eine Auswirkung einer dunklen Persönlichkeit ist (Chabrol, Bronchain, Bamba, & Raynal 2020), sondern wie die konstruktive Führung auch vielfältige Ursachen haben kann, welche in der Funktionsweise des gesamten Systems und dessen Wirkung auf die Führungsperson verankert sind. Nachfolgend wird auf verschiedenen Ebenen eine Reihe von Ursachen für destruktives Führungsverhalten beschrieben (Schyns & Hansborough 2010).

Individuelle Ursachen Neben Persönlichkeitseigenschaften wie beispielsweise eine dunkle Persönlichkeit (Machavellismus, Psychopathie, Sadismus, Narzissmus) können auch mangelnde Sozialkompetenz, negative Erfahrungen, falsche Rollenvorbilder, tiefe psychologische Ressourcen, hoher Stress, Machtmotive oder eine ungünstige Einstellung gegenüber Mitarbeitenden oder der Organisation Ursachen für destruktives Verhalten sein.

Gruppenbezogene und mitarbeiterbezogene Ursachen Auch die Persönlichkeit der Mitarbeitenden, mangelnde soziale Fähigkeiten und auch das daraus resultierende Verhalten können destruktives Verhalten evozieren. Jedoch unterstützen auch inadäquate Rollenvorbilder in Bezug auf Mitarbeitende und auch Führungskräfte, ungünstige Gruppenkulturen und auch Gruppenprozesse wie Konformitätsdruck das Auftreten von negativen Führungsverhalten. Interessanterweise ist auch ein grundsätzlich positiv konnotierter Aspekt der Führung eine mögliche Ursache für destruktives Verhalten. So kann die Zuschreibung von Charisma zu einer Führungsperson dazu führen, dass destruktives Verhalten dieser Person stärker geduldet wird.

Organisationale Ursachen Die gelebte Kultur und Normen der Organisation bestimmen stark, welche Verhalten akzeptabel sind. Destruktives Führungsverhalten muss somit auch von der Organisation implizit toleriert werden. Ungünstige Selektionsprozesse können dazu führen, dass destruktives Verhalten gefördert wird. Genereller Druck zur Zielerreichung, fehlende Kontrollmechanismen,

Einschränkungen der Handlungsfreiheit von Führungskräften sowie eine hohe Organisationskomplexität und erzwungene Strukturveränderungen wurden ebenfalls als Ursachen für destruktives Führungsverhalten identifiziert.

Kontextuelle Ursachen Neben einer Organisationskultur können auch länderspezifische Kulturaspekte sowie Normen destruktives Führungsverhalten verursachen. Auch auf der gesellschaftlichen Ebene wurden das Fehlen von Kontrollmechanismen, Instabilität und Ungewissheit, soziale Zerrüttung, ökonomische Schwierigkeiten und auch ein sehr hoher Wettbewerbsdruck als mögliche Ursachen für das Auftreten von destruktivem Führungsverhalten identifiziert.

Situative Ursachen Auch situative Aspekte führen zu destruktivem Verhalten von Personen. Hierbei sind Unklarheiten über Ziele, Aufgaben, Rollen, Abläufe, Zuständigkeiten, Kompetenzen etc. eine wichtige Ursache. Jedoch wurden auch situative Einschränkung der Handlungsfreiheit einer Person, exzessive Beanspruchung, eine wahrgenommene oder reale Gefahr und auch grundsätzlich intensiver Stress als weitere Ursachen identifiziert.

5.7 Ein zweites Fazit aus der Führungsforschung

Sowohl konstruktive als auch destruktive Führungsverhalten sind eng miteinander verwoben. Konstruktives Führungsverhalten kann jenen Unklarheiten und ungünstigen Voraussetzungen vorbeugen, welche zu destruktivem Führungsverhalten führen. Beispielsweise ist ein guter Umgang mit den eigenen Ressourcen und der dadurch bessere Umgang mit längerem und auch akutem Stress ein Faktor, welcher direkt die Wahrscheinlichkeit für destruktives Verhalten vermindert. Mitarbeitende individuell zu fördern und deren Fähigkeiten zu entwickeln sowie dafür Sorge zu tragen, dass eine konstruktive Gruppenkultur entsteht, vermindern ebenso das Auftreten von destruktiven Verhalten.

Gesamthaft betrachtet kann man sich jedoch nicht des Eindrucks erwehren, dass gute Führung sehr hohe Ansprüche an eine Führungsperson stellt, da diese in möglichst allen Situationen, mit allen beteiligten Personen und unter allen gegebenen Voraussetzungen stets das wirksamste Verhalten zeigen und hierbei zugleich noch sorgsam mit den eigenen Ressourcen umgehen sollte. Es ist zu bezweifeln, ob eine Person allein all diesen Anforderungen in der heutigen Zeit stets gewachsen ist. Auch zu bezweifeln ist, dass eine Person all diese konstruktive Verhalten einfach so kennt und auch wirkungsvoll anwenden kann. Hinzu kommt, dass die soziale, ökonomische und technologische Komplexität und Vernetztheit in und von Organisationen im Laufe der letzten 100 Jahre ebenfalls zugenommen haben und dadurch die Arbeitstätigkeit der Mitarbeitenden komplexer wurde. In nicht wenigen Fällen führen Führungsverantwortliche Expertinnen und Experten, welche über die zu bearbeitende Materie ein viel profunderes Wissen haben als die Führungsperson selbst.

Schon länger andauernde Entwicklungen in Organisationen führen dazu, dass Führungsaufgaben in all ihren Facetten nicht mehr ausschließlich in der Verantwortung einer einzigen Person in der Rolle der klassischen Linienführung verantwortet werden. Führung verteilt sich zunehmend auf mehrere Schultern in einer Organisation, um die Komplexität bewältigen zu können. Es besteht somit der klare Trend ausgehend von einer klassisch-hierarchischen Führung hin zu einer verteilten-pluralen Führung, welche insbesondere mit dem Auftreten agiler Organisationsstrukturen und Arbeitsmethoden an Fahrt aufgenommen hat. Nachfolgend werden kurz diese unterschiedlichen Veränderungen in den Führungsrollen betrachtet.

5.8 Veränderung der Führungsrollen

Die klassische Ausgestaltung einer Führungsrolle ist weiterhin in vielen Organisationen anzutreffen. Eine Person übernimmt eine Führungsrolle und trägt dadurch die personelle, organisationale sowie fachliche Verantwortung. Als zentrales Element des Entscheidungs- und Gestaltungsprozesses sind diese Personen damit konfrontiert, nach Möglichkeit alle oben genannten Anforderungen zu erfüllen. Gleichzeitig zeigt sich, dass die Freiheitsgrade des eigenen Handelns mit dem Aufstieg in der organisationalen Hierarchie zunehmen. Geschäftsleitungen haben generell mehr Gestaltungsspielraum als Teamleitende, welche durch die Rahmengestaltung einer Geschäftsleitung in ihrem Handeln eingeschränkt werden. Jedoch nehmen auch die Komplexität der Aufgabe und die Unsicherheit mit zunehmender Hierarchiestufe zu. Entsprechend ist schon seit Jahren eine Aufteilung der Führungstätigkeiten zu beobachten, welche sich in den letzten Jahren im Zuge der *Agilisierung* von Organisationen noch verfeinert hat. Es existieren inzwischen mehrere verschiedene Führungsrollen in einer Organisation, jede mit ihrer individuellen Ausrichtung und Führungsverantwortungen (Pfister, im Druck).

Projektführung Schon vor vielen Jahrzehnten wurde ein Führungsbereich abgespalten und die Verantwortung spezialisierten Führungsrollen übergeben. Dies sind *Projektleitung*srollen, welche einfache oder komplexe Projekte über interne und externe Organisationsgrenzen hinweg führen und verantworten. Laterale Führung, d. h. Führung ohne direkte Sanktionsmacht, ist ein Hauptmerkmal dieser Führungstätigkeit, denn die klassischen Belohnungs- und Disziplinierungsprozesse stehen diesen Personen in diesen Rollen oft nicht zur Verfügung. In dieser Form übernehmen Projektleitungsrollen zeitlich begrenzt sowohl aufgabenorientierte als auch beziehungsorientierte Führungsaufgaben.

Fachführung Inzwischen hat sich eine weitere Führungsrolle etabliert, welche primär die fachliche Unterstützung und Befähigung und auch die inhaltliche Führung vereint. *Fachführung*srollen haben wie Projektleitungsrollen die Herausforderung, dass nur laterale Führung möglich ist. Während bei den Projektleitungsrollen jedoch die Umsetzung eines bestimmten Vorhabens der Hauptfokus ist, fokussieren diese Rollen auf die fortlaufende Kompetenzentwicklung der Mitarbeitenden und der Organisation. Sie tragen somit einen wichtigen Teil zur veränderungsorientierten Führung und Entwicklung auf unterschiedlichen Ebenen bei.

Agile Führung Mit dem Aufkommen agiler Arbeitsmethoden sowie Organisationsstrukturen haben sich weitere spezialisierte Führungsrollen herausgebildet. Einerseits übernimmt ein agil arbeitendes Team viele Führungsaufgaben, da die Teammitglieder selbstorganisiert und auch in nicht unerheblichem Maße selbstgeführt handeln. Somit verantworten sie sowohl aufgabenorientierte als auch beziehungsorientierte Führungsaufgaben. *Prozessführung*srollen wie Agile Coaches oder Scrum Masters verantworten die gemeinsame Entwicklung hin zu einem agilen Vorgehen in der Organisation und tragen viel Verantwortung in der konstruktiven Gestaltung des agilen Zusammenarbeitsprozesses. Somit übernehmen sie sowohl beziehungsorientierte als auch veränderungsorientierte Führungsaufgaben. Inhaltliche Führungsrollen wie ein Projekt Owner, Release Train Engineers, Portfolio Manager verantworten die strategisch-inhaltliche Ausrichtung der agil arbeitenden Teams. Gleichzeitig repräsentieren sie die agilen Teams gegenüber den Kunden innerhalb und außerhalb der Organisation. Sie übernehmen somit sowohl aufgabenorientierte als auch außenorientierte Führungsaufgaben. Letztlich haben sich auch Rollen herausgebildet, welche die personellen Führungsaspekte verantworten wie die Unterstützung in der individuellen Entwicklung oder die individuelle Begleitung im Organisationskontext. Diese People Leads oder Tribe Chiefs übernehmen somit sowohl beziehungsorientierte als auch veränderungsorientierte Führungsaufgaben.

Pluralisierte Führung und deren Konsequenzen Mit dieser *Pluralisierung* (Döös & Wilhelmson 2021) und Spezialisierung der Führungsrollen (Pfister, im Druck) wird einerseits die Führungstätigkeit auf viel mehr Rollen und somit Personen in einer Organisation verteilt. Andererseits geht mit dieser Verteilung der Führung auch einher, dass die klassische Führungsrolle an Bedeutung verlieren kann. Letztendlich ist jedoch ein Umstand nicht bestreitbar.

Da viel mehr Personen Führungsaufgaben übernehmen und entsprechend auch wirksames Führungsverhalten in ihren jeweiligen Rollen zeigen müssen, ist es unumgänglich, dass alle auf die Übernahme dieser Führungsverantwortung gut vorbereitet sind oder hierbei gut begleitet werden. Die primäre Gefahr in dieser Form der pluralen Führung liegt in der ungenügenden Vorbereitung der Menschen auf diese Führungsrollen und dem damit verbundenen Mangel an Kompetenzen, die notwendigen effektiven Führungsverhalten wirksam umsetzen zu können. Der daraus hervorgehende Stress, die zusätzliche Komplexität der gemeinsamen Abstimmungsarbeit, mögliche Unklarheiten in Verantwortlichkeiten und Kompetenzen sowie nicht mehr vorhandene oder unwirksame Kontrollmechanismen generieren Voraussetzungen dafür, dass Personen in solchen Führungsrollen sich nicht konstruktiv, sondern destruktiv verhalten.

5.9 Zukunft der Führung

Die Komplexität der Herausforderungen, welche Organisationen und Gesellschaften antreffen, wird aufgrund vielfältiger Veränderungen größer. Diese lässt sich nicht mehr allein, sondern nur noch gemeinsam, unter Einbezug des Wissens der Beteiligten, lösen. Gleichzeitig verlangt die hohe Veränderungsdynamik in der Umwelt, dass Organisationen und Gesellschaften schnell lernen, um sich anpassen zu können. Lernprozesse sind grundlegende, psychologische Prozesse und finden in Menschen statt. Eine Organisation und eine Gesellschaft lernen nur, wenn die einzelnen Menschen lernen und durch das Lernen ihr Verhalten den neuen Umständen anpassen oder durch ihr Verhalten die Veränderungen gezielt beeinflussen.

Somit wird der veränderungsorientierte Aspekt der Führung, mit welchem sowohl Lernen auf individueller und kollektiver Ebene unterstützt wird als auch Visionen und Strategien entwickelt werden, wichtiger. Gleichzeitig werden die klassischen Führungsaufgaben von Arbeitsorganisation und Entwicklung einer konstruktiven Zusammenarbeit vermehrt in die Verantwortung von Teams und somit der einzelnen Mitarbeitenden gegeben. Führung wird dadurch ein integraler Bestandteil der Arbeit auf allen Ebenen und nicht mehr nur die Aufgabe designierter Führungspersonen. Dies beinhaltet auch eine offene und menschenorientierte Haltung.

Durch die Übernahme dieser Führungsverantwortung erhalten Mitarbeitende und Teams die Freiheit und Möglichkeit, ihre Arbeitsprozesse so zu gestalten, dass sie diese Wirkung erzeugen können. Sie können so nachhaltig Leistung generieren und ihre Aufgaben wie auch ihre Zusammenarbeit zielgerichtet, wirkungsvoll und nachhaltig gestalten. Zentrale Aufgabe der übergeordneten Führungsrollen bleibt jedoch, durch Visionen und Strategien die übergeordnete Orientierung zu geben. Damit erzeugen sie den Sinn hinter allen Aktivitäten zusammen mit den Mitarbeitenden und richten die gemeinsame Leistung auf das Wichtige aus.

Führung ist schon ein wichtiger Teil der Arbeit und wird an Wichtigkeit zunehmen, insbesondere dann, wenn in selbstorganisierten und selbstgeführten Teams gearbeitet wird. Jedoch sind alle in Zukunft in viel größerem Maße dafür verantwortlich, dass dieser Prozess der Führung wirkungsvoll und nachhaltig gestaltet wird. Alle Mitglieder einer Organisation übernehmen somit zusätzliche Aufgaben und Verantwortung.

Die Frage stellt sich nun, ob die Mitarbeitenden und Führungspersonen von heute auf diese Aufgaben genügend gut vorbereitet sind. Diese lässt sich leider nur mit Nein beantworten. In fast keinem Beruf sind die Kernelemente wirksamer Zusammenarbeit, gemeinsamer Problemlösung und Entwicklung sowie erfolgreicher Zielverfolgung Teil der Ausbildung oder Schulung. Führung ist jener zwischenmenschliche Interaktionsprozess, welcher es ermöglicht, dass wir uns gemeinsam organisieren, unsere Zusammenarbeit konstruktiv gestalten und uns gemeinsam den neuen Herausforderungen durch gemeinsames Lernen anpassen. Hierfür müssen die Grundkompetenzen, die für die wirksame Gestaltung dieser Prozesse notwendig sind, uns allen bekannt sein, damit wir diese auch selbstverantwortlich gestalten können.

Wie oben schon beschrieben besteht die Gefahr, dass Menschen mit dieser zusätzlichen Aufgabe überfordert sind, wenn sie nicht adäquat darauf vorbereitet werden. Dies erhöht die Wahrscheinlichkeit, dass destruktives Führungsverhalten gezeigt wird. Konsequenterweise bedeutet dies, dass alle, welche eine Führungsaufgabe übernehmen, dafür die Grundkompetenzen erlernen sollten, um nicht schon früh inadäquate Verhaltensmuster zu verfestigen. Konkret bedeutet dies, dass Führungskompetenzen eigentlich so vielen Menschen wie möglich vermittelt werden sollten. In der heutigen Zeit ist der Mensch nicht mehr nur eine mitarbeitende Person, sondern das zentrale Element einer wirkungsvollen und anpassungsfähigen Organisation und Gesellschaft. Die Fähigkeiten, Arbeit zielgerichtet zu organisieren, gemeinsam mit anderen koordiniert Leistung zu erbringen, zu lernen, zu innovieren und sich anzupassen sowie die Veränderungen durch geschicktes Netzwerken im Auge zu behalten und sogar zu beeinflussen, sind die zentralen Kompetenzen für erfolgreiches Handeln.

Damit diese Aufgaben nachhaltig erfüllt werden können, ist es ebenfalls nötig, sich selbst gut führen zu können. Es ist daher auch nicht überraschend, dass Selbstführung in vielen Bereichen stark an Wichtigkeit zugenommen hat.

5.10 Ein letztes Fazit

Führung ist ein Interaktionsprozess zwischen Menschen, welcher sie dazu befähigt, gemeinsam nachhaltig Ziele zu erreichen. Führung war, ist und wird immer ein wichtiger Bestandteil des menschlichen Arbeitens und Zusammenlebens sein. Mit der Veränderung in der Arbeits- und Organisationswelt übernehmen wir alle zusehends mehr Führungsaufgaben. Damit wir dies nachhaltig erfolgreich tun können, müssen wir die notwendigen Kompetenzen erlernen und unsere Führungsrollen konstruktiv gestalten.

Das IAP bildet seit 1947 Führungskräfte aus und hat somit eine Vielzahl der Entwicklungen in der Führungsforschung stets in die eigene Führungsausbildung integriert. Auch heute noch entwickelt sich diese Ausbildung kontinuierlich weiter und integriert das Wissen und die Erfahrungen aus der Praxis und der Forschung. Seit jeher stehen das Erleben, Fühlen, Denken und Handeln des Menschen stets im Mittelpunkt dieser psychologischen Betrachtung. Der Anspruch, Menschen dahin zu entwickeln, dass sie ihre Rolle in einer Organisation wirkungsvoll, nachhaltig und verantwortlich gestalten, bleibt die zentrale Aufgabe dieser Ausbildungen. Die seit vielen Jahren zunehmende Nachfrage nach Führungsausbildung mit einem psychologischen und menschenorientierten Fokus bestätigt,

◘ **Abb. 5.1 Video 5.1** Jean-Christoph Duméril (https://doi.org/10.1007/000-88z)

dass dieser Haltung und die Kompetenzen, die vermittelt werden, auch in modernen Arbeitsumgebungen und für die Zukunft zentral sind. (Hierzu eine Stimme aus der Praxis: ◘ Abb. 5.1).

Literatur

Bass, B. M. (1985). *Leadership and performance beyond expectations*. New York, London: Free Press.

Bird, C. (1940). *Social psychology*. New York: Appleton-Century.

Blake, R. R., & Mouton, J. S. (1964). *The new managerial grid: key orientations for achieving production through people*. Houston: Gulf Publishing Company.

Burns, J. M. (1978). *Leadership*. New York: Harper & Row.

Chabrol, H., Bronchain, J., Bamba, C. I. M., & Raynal, P. (2020). The dark tetrad and radicalization: personality profiles in young women. *Behavioral Sciences of Terrorism and Political Aggression, 12*, 157–168.

Dansereau Jr., J., Grean, G., & Haga, W. J. (1975). A vertical dyad linkage approach to leadership within formal organizations: a longitudinal investigation of the role making process. *Organizational Behavior and Human Performance, 13*, 46–78.

Döös, M., & Wilhelmson, L. (2021). Fifty-five years of managerial shared leadership research: a review of an empirical field. *Leadership, 17*(6), 715–746.

Drucker, P. F. (2005). *Was ist Management? Das Beste aus 50 Jahren*. Berlin: Econ Ullstein.

Einarsen, S., Aasland, M. S., & Skogstad, A. (2007). Destructive leadership behavior: a definition and conceptual model. *The Leadership Quarterly, 18*(3), 207–216.

Evans, M. G. (1970a). The effects of supervisory behavior on the path-goal relationship. *Organizational Behavior and Human Performance, 5*, 277–298.

Fiedler, F. E. (1967). *A theory of leadership effectiveness*. New York: McGraw-Hill.

Fleishman, E. A. (1953). The description of supervisory behavior. *Journal of Applied Psychology, 37*, 1–6.

Galton, F. (1869). *Hereditary genius*. New York: Appleton.

Heifez, R. (1994). *Leadership without easy answers*. Cambridge: Harvard University Press.

Hersey, P. H., & Blanchard, K. H. (1969). *Management of organizational behavior: utilizing human resources*. Englewood Cliff: Prentice-Hall.

House, R. J. (1971). A path-goal theory of leader effectiveness. *Administrative Science Quarterly, 16*, 321–328.

James, W. (1882). Great men, great thoughts, and their environment. *Atlantic Monthly, 46*, 441–559.

Katz, T. L. (1955). Skills of an effective administrator. *Harvard Business Review, 33*(1), 33–42.

Lewin, K., Lippitt, R., & White, R. K. (1939). Patterns of aggressive and behavior in experimentally created social climates. *Journal of Social Psychology, 10*, 271–301.

Likert, R. (1961). *New patterns of management*. New York: McGraw-Hill.

Malik, F. (2006). *Führen, Leisten, Leben: Wirksames Management für eine neue Zeit*. Frankfurt am Main: Campus.

Mann, R. D. (1959). A review of the relationship between personality and performance in small groups. *Psychological Bulletin, 56*, 241–270.

Pfister, A., & Neumann, U. (2019). Führungstheorien. In E. Lippmann, A. Pfister & U. Jörg (Hrsg.), *Handbuch Angewandte Psychologie für Führungskräfte* (5. Aufl. S. 39–73). Heidelberg: Springer.

Pfister, A. Neue Formen der Führung. In B. Werkmann-Karcher & T. Zbinden (Hrsg.), *Angewandte Psychologie für das Human Resource Management*. Heidelberg: Springer. in Druck.

Schyns, S., & Hansbrough, T. (2010). *When leadership goes wrong*. Charlotte NC: Information Age Publishing.

Schyns, B., & Schilling, J. (2013). How bad are the effects of bad leaders? A meta-analysis of destructive leadership and its outcomes. *The Leadership Quarterly, 24*, 138–158.

Stippler, M., Moore, S., Rosenthal, S., & Dörffer, T. (2014). *Führung - Überblick über Ansätze, Entwicklungen, Trends*. Gütersloh: Bertelsmann.

Stogdill, R. M. (1949). The sociometry of working relations in formal organizations. *Sociometry, 12*, 276–286.

Woods, F. A. (1914). *The influence of monarchs*. New York: Macmillan

Yukl, G. (2012). Effective leadership behavior: what we know and what questions need more attention. *Academy of Management Perspectives, 26*(4), 66–85.

Lernen in Organisationen

Urs Blum, Jürg Gabathuler, Sandra Bajus

Ergänzende Information
Die elektronische Version dieses Kapitels enthält Zusatzmaterial, auf das über folgenden Link zugegriffen werden kann https://doi.org/10.1007/978-3-662-66420-9_6. Die Videos lassen sich durch Anklicken des DOI Links in der Legende einer entsprechenden Abbildung abspielen, oder indem Sie diesen Link mit der SN More Media App scannen.

© Der/die Herausgeber bzw. der/die Autor(en), exklusiv lizenziert
durch Springer-Verlag GmbH, DE, ein Teil von Springer Nature 2023
C. Negri, M. Goedertier (Hrsg.), *Was bewirkt Psychologie in Arbeit und Gesellschaft?*,
https://doi.org/10.1007/978-3-662-66420-9_6

6.1 Wie sich unsere Beziehung zur Arbeit verändert hat

Die psychologische Betrachtung der Arbeit als Forschungsgegenstand ist eng mit der Evolution der Arbeitswelt verbunden. Die Anforderungen des Wirtschaftssystems und die Beziehung zwischen Mensch und Arbeit stehen in einer sich gegenseitig beeinflussenden Beziehung. Die Rationalisierung und Arbeitsteilung im Zuge der Industrialisierung in der zweiten Hälfte des 19. Jahrhunderts ist eine Folge der damals neuen technischen Möglichkeiten. Genauso ist die Bedeutung von Selbstführung eine Konsequenz der Volatilität und des kurzen Planungshorizontes in der heutigen Arbeitswelt.

Wenn sich bestehende Strukturen und Arbeitsweisen verändern, entsteht in der Folge ein Anpassungsbedarf. Die Veränderung von Gewohnheiten, bestehenden Wissensstrukturen und Handlungskompetenzen bezeichnet die Psychologie als Lernen (vgl. Gabathuler & Bajus 2021, S. 161 ff.). Aus organisationaler Sicht entsteht in solch einer Transformation ein Entwicklungsbedarf. Die Angewandte Psychologie hat sich stets mit der Arbeitswelt weiterentwickelt und bietet gestern wie heute Fachwissen und Methoden, um Organisationen und Individuen in ihren Anpassungsleistungen zu unterstützen.

Im folgenden Abschnitt werden die Entwicklungsschritte der Arbeitswelt seit der Industrialisierung aus arbeitspsychologischer Sicht beschrieben. Der Fokus liegt dabei auf der Perspektive des Lernens in Organisationen.

6.1.1 Mit der Stoppuhr zu mehr Produktivität

Technologische Entwicklungen wie die Mechanisierung sowie gesellschaftliche Veränderungen wie die Zunahme von Lohn- und Auftragsarbeit führten dazu, dass durch die Industrialisierung eine Steigerung der Produktivität in bisher unbekanntem Maße eingeleitet wurde. Durch neue Maschinen konnten die Produktionszahlen erhöht und gleichzeitig der Aufwand reduziert werden (vgl. Henke-Bockschatz 2012, S. 20 ff.). Meilensteine technologischer Entwicklung waren beispielsweise die mechanische Webemaschine im Jahre 1764 durch James Hargreaves oder die Dampfmaschine durch Thomas Newcomen 1712, mit der nachfolgenden Weiterentwicklung durch James Watt (vgl. Kerker 1961, S. 383 ff.).

Im Sinne der Steigerung der Produktivität in der industriellen Fertigung setzte Frederick Winslow Taylor (1856–1915) neue Maßstäbe. Er befasste sich mit der wissenschaftlichen Betriebsführung und verfasste das Buch „The Principles of Scientific Management" (1911). Er orientierte sich dabei an den folgenden Prinzipien (zitiert nach Greif 2007):

1. Zergliederung der Arbeitsaufgaben in einzelne Arbeitselemente, Analyse und Rationalisierung mithilfe von Zeit- und Bewegungsstudien.
2. Auswahl und Schulung der bestgeeigneten Arbeitskräfte.
3. Trennung von Kopf- und Handarbeit: Das Management übernimmt die „Kopfarbeit" (Planungs- und Überwachungsaufgaben) und die Arbeiter die „Handarbeit" (praktische Ausführung).
4. Einvernehmen zwischen Arbeitgebern und Arbeitnehmern.

Taylor beobachtete spezifische Arbeitsabläufe, unterteilte Aufgaben in kleine Teilschritte und optimierte diese unter dem Aspekt der Effizienz. Zudem setzte er erste Verfahren ein, um geeignete Arbeiter für die motorischen Aufgaben zu ermitteln und um motorische Fertigkeiten zu trainieren (vgl. Nerdinger, Blickle & Schaper 2014).

Die Folgen des Taylorismus sind bis heute in der Arbeitswelt sichtbar: beispielsweise als Leistungserfassung mit vordefiniertem Zeitbudget in Minuten im Gesundheitswesen, als Optimierung von Prozessen in der Fertigung der Industrie bis zu detaillierten Arbeitsanweisungen in Arbeitsprozessen in Dienstleistungsorganisationen.

Auch wenn der Ansatz des „Scientific Managements" von Frederick W. Taylor heute kritisch betrachtet wird, gilt es zu bedenken, dass sein Beitrag zur Arbeitspsychologie in der wissenschaftlichen Herangehensweise an das Thema Arbeit liegt. Zudem hat Taylor durch seinen Ansatz des Trainings von in der Tätigkeit geforderten motorischen Fertigkeiten die Grundlage gelegt, dass durch anforderungsbasierte Schulungen Fähigkeiten erweitert werden können. Der Ansatz von Taylor wurde vielfach weiterverwendet. So beispielsweise durch Henry Ford in der Fließbandfertigung der Ford Motorenwerke oder durch Frank und Lilian Gilbreth unter Berücksichtigung psychologischer Erkenntnisse (vgl. Henke-Bockschatz 2012, S. 28 ff.).

In Übereinstimmung mit Taylor und Ford verstand auch Hugo Münsterberg (1863–1916) das wissenschaftliche Vorgehen als Mittel, um wirtschaftlichen Fortschritt zu ermöglichen. Mittels experimentalpsychologischer Methoden hat Münsterberg Ansätze zur eignungsdiagnostischen Untersuchung der Unterschiede zwischen Menschen etabliert (Greif 2007, S. 27 ff.). Er leitete das Labor für Experimentalpsychologie an der Harvard Universität in den USA und gilt heute als Begründer der Angewandten Psychologie.

Die Unterschiede zwischen Menschen als Differentielle Psychologie wurden von William Stern (1871–1938) aufgenommen. Stern unterscheid zwischen der psychologischen Diagnostik (Psychognostik) und der psychologischen Intervention (Psychotechnik) (vgl. Nerdinger, Blickle & Schaper 2014). Die Kritik am Ansatz von Taylor und seinen Schülern hat Stern aufgenommen und betont, dass die Trennung von Mensch und Arbeit nicht das Ziel sein könne. Viel eher stehe in seinem Sinne nicht die Sache, sondern der Mensch im Vordergrund (Stern 1921, zitiert nach Greif 2007).

Anfangs der 1920er-Jahre entstanden verschiedene psychotechnische Institute. So wird 1923 in Zürich das Psychotechnische Institut gegründet, welches heute als IAP Institut für Angewandte Psychologie Teil der ZHAW Zürcher Hochschule für Angewandte Psychologie ist.

> **Das Paradigma der Arbeitsteilung in der Industrialisierung**
>
> Prinzipien
> - Arbeitsteilung
> - Steigerung der Effizienz
> - Erste Eignungstests auf Ebene von Fertigkeiten
>
> Bedeutung von Lernen
> - Wenig Beachtung von Unterschieden zwischen Menschen
> - Erste Ansätze in der aufgabenbezogenen Schulung von Fertigkeiten
> - Keine Berücksichtigung von Persönlichkeit, Erfahrungen oder Werten

6.1.2 Beziehungen machen den Unterschied

Aus heutiger Sicht scheint der Fokus auf die physischen Arbeitsbedingungen der Komplexität der Interaktion zwischen Mensch und Arbeit kaum mehr gerecht zu werden. Die Dimension der sozialen Interaktion am Arbeitsplatz gewann durch den zunehmenden Fokus auf die individuellen Bedürfnisse der Arbeitenden an Bedeutung. Eine wichtige, wenn auch nicht unumstrittene, Rolle in diesem Paradigmenwechsel spielten die Hawthorne Studien.

Unter der Leitung von Elton Mayo der Harvard School of Business Administration wurden zwischen 1924 und 1932 Untersuchungen zu der Arbeitsumgebung im Hawthorne Werk der American Telephone Company durchgeführt. Dabei wurde die Lichtstärke in der Arbeitsumgebung variiert. Zur Überraschung der Wissenschaftler hatten alle Veränderungen sowohl in der Experimental- als auch in der Kontrollgruppe eine Leistungssteigerung zur Folge (Hassard 2012).

Die Wissenschaftler um Mayo schlossen daraus, dass nicht die physischen Veränderungen im Arbeitsumfeld, sondern die wohlwollende Arbeitsatmosphäre der Grund für die Leistungssteigerung war. Somit standen die Hawthorne Studien am Anfang der „Human-Relations-Bewegung", welche den Wert von Beziehungen am Arbeitsplatz als Faktor erachtet, um Motivation und Leistung positiv zu beeinflussen (Hassard 2012).

Nachträgliche Recherchen in den 1970er-Jahren haben allerdings gezeigt, dass die Autoren wesentliche Elemente des Untersuchungsdesigns nicht beschrieben haben. So wurden einerseits die an dem Experiment teilnehmenden Mitarbeitenden besser bezahlt. Zudem gab es Druck vonseiten der Versuchsleitung auf die Mitarbeitenden, ihre Arbeitsleistung zu steigern (vgl. Greif 2007, S. 41 ff.). Zudem gibt es Anzeichen, dass die American Telephone Company bereits vor den Hawthorne Studien eine Präferenz für die Human-Relations-Ansätze hegte und demnach auch ein Interesse hatte, diese durch die Untersuchung von Elton Mayo bestätigt zu sehen (vgl. Hassard 2012, S. 1437 ff.).

In dem Sinne genügen die Hawthorne Studien den allgemeingültigen Standards von experimentellen Untersuchungen nicht und ihre Ergebnisse sind daher mit Vorsicht zu interpretieren. Dessen ungeachtet repräsentieren die Hawthorne Studien den Paradigmenwechsel hin zu einem stärkeren Fokus auf einerseits die Motivation und die Einstellungen der Mitarbeitenden sowie andererseits auf die Bedeutung von Interaktionen am Arbeitsplatz (Bryan & Vinchur 2012, S. 34).

> **Das Paradigma des Human-Relations-Ansatzes**
> Prinzipien
> - Die Arbeitsatmosphäre und die Arbeitsleistung stehen in einem Zusammenhang
> - Beziehungen am Arbeitsplatz sind ebenso wichtig wie die Infrastruktur
> - Unterschiede zwischen Menschen im Erleben der Arbeit sind relevant
>
> Bedeutung von Lernen
> - Veränderungen basieren auf dem gegenseitigen Austausch
> - Motivation wird als Element im arbeitsbezogenen Lernprozess entdeckt
> - Mitarbeitende werden in der Gestaltung der Arbeit miteinbezogen

6.1.3 Die Komplexität ist größer als unsere Vorstellungskraft

Nach dem Zweiten Weltkrieg gewinnt die Humanistische Psychologie an Bedeutung. Diese basiert auf der Grundhaltung, dass Menschen sich aus eigenem Interesse in der Arbeit verwirklichen möchten. Dies ist ein deutlicher Kontrast zu der durch den Taylorismus geprägten Haltung. Der nach Amerika emigrierte Sozialpsychologe Kurt Lewin beispielsweise führte eine Untersuchung mit Lehrpersonen durch, wobei er die vorteilhaften Effekte eines demokratischen Führungsstils im Gegensatz zum Laissez-faire-Führungsstil aufzeigen konnte (Lewin, Lippit & White 1939). Auch wenn das wissenschaftliche Vorgehen der Untersuchung von Lewin berechtigterweise kritisiert wird, ist deren Wirkung auf die Organisationspsychologie unbestritten (vgl. Greif 2007, S. 47 ff.).

Ein weiterer wichtiger Baustein für den humanistischen Ansatz der Arbeits- und Organisationspsychologie sind die Untersuchungen des Tavistock Institute of Human Relations. Im britischen South Yorkshire wurden Arbeitsgruppen im Bergbau untersucht und zwei Arbeitsmodelle verglichen. Es zeigte sich, dass die teilmechanisierte Arbeitsteilung, in dem Sinne ein Erbe des Taylorismus, der Arbeit von selbstorganisierten Gruppen unterlegen war. So zeigten sich bei der selbstorganisierten Gruppenarbeit weniger Unfälle und eine höhere Arbeitsleistung. Daraus entstand der Ansatz des soziotechnischen Systems, der darauf basiert, dass es neben dem technischen System auch das soziale Miteinander zu beachten und gestalten gilt (vgl. Greif 2007, S. 47). Anwendungsbeispiele dieses Ansatzes sind beispielsweise der Ansatz des demokratischen Führungsstils, das Nutzen von partizipativen Gruppenentscheidungen oder aber die Einführung von teilautonomen Arbeitsgruppen.

Die Bedeutung des als Human Resources bekannten Paradigmas für das Lernen in Organisationen ist beachtlich. Einerseits werden die Eigeninitiative sowie die persönlichen Interessen und Ziele ein wesentliches Element im Arbeitsprozess. Gleichzeitig verändert sich auch die Erwartung an die Arbeit als solches: Nun soll Arbeit neben einem finanziellen Auskommen auch zur Selbstverwirklichung beitragen. Die Dimension der Sinnhaftigkeit ist insbesondere in der aktuellen Arbeitswelt zentral (vgl. Zirkler & Werkmann-Karcher 2020, S. 6). Im Weiteren sehen wir hier auch die Anfänge der Selbstorganisation und Selbststeuerung in Organisationen. Basis dazu ist die Erkenntnis, dass Mitbestimmung und Handlungsspielraum im Arbeitsprozess den von der Hierarchie definierten Arbeitsanweisungen überlegen sind. Letzteres ist eine deutliche Abkehr von der durch Taylor propagierten strikten Trennung von Planung und Ausführung von Arbeitsaufgaben. Organisationen übertragen den Mitarbeitenden also mehr Freiheit und Verantwortung, wodurch im Umkehrschluss der Anspruch an die Kompetenzen von einzelnen Personen und Teams zunimmt.

Das Paradigma des Human-Resources-Ansatzes

Prinzipien
- Menschen haben ein Interesse, sich durch die Arbeit weiterzuentwickeln
- Mitbestimmung ist ein wirkungsvoller Führungsansatz
- Gruppen können ihren Arbeitsprozess eigenständig organisieren

Bedeutung von Lernen
- Die individuellen Ziele und Potenziale sind Teil der Entwicklung als Mitarbeitende
- Gruppenprozesse sind ein wesentliches Element der Teamarbeit
- Informelles Lernen während des Arbeitsprozesses führt zu Kompetenzerweiterung und besserer Teamleistung

6.2 Veränderung als Konstante

Die Arbeitswelt, wie wir sie heute erleben, zeichnet sich durch eine hohe Komplexität sowie durch schnelle Veränderung aus. Der Begriff der „Dynamischen Komplexität" beschreibt dieses Phänomen anschaulich. So zeichnet sich die dynamische Komplexität dadurch aus, dass dieselbe Handlung kurzfristig verschiedene Auswirkungen haben kann und die langfristigen Folgen von Handlungen nicht offensichtlich sind (Senge 1996). Blum und Gabathuler (2019) beschreiben dies wie folgt:

» „Beim Vorliegen dynamischer Komplexität ist es nicht mehr möglich, das Zusammenspiel von Ursache und Wirkung intuitiv zu erfassen, es gibt keine Möglichkeit exakter Modellierung und Prognosen und es ist mit Überraschungen und Nebenwirkungen zu rechnen."

Welche Chancen identifizieren Sie in Ihrem Arbeitsalltag im Zusammenhang mit Digitalisierung?

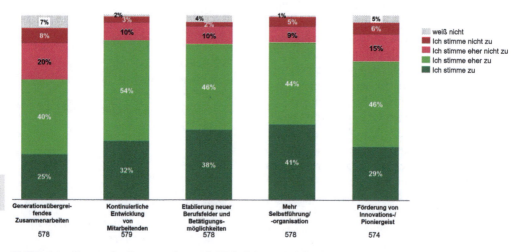

 Abb. 6.1 Chancen im Zusammenhang mit Digitalisierung (Majkovic et al. 2021)

Am IAP Institut für Angewandte Psychologie der Zürcher Hochschule für Angewandte Wissenschaften ZHAW wird das Erleben der Digitalisierung im Arbeitskontext seit 2017 in der Studienreihe „Der Mensch in der Arbeitswelt 4.0" erhoben. In der Studie aus dem Jahr 2021 (Majkovic et al. 2021) sind die vier am meisten genannten Bereiche, in denen sich Organisationen mit Digitalisierung beschäftigen, die mobil-flexiblen Arbeitsformen (85 % der Nennungen), die Automatisierung von Arbeitsprozessen (77 %), die Kommunikation mit Kunden (70 %) sowie die digitalen Medien in der Personalentwicklung (51 %).

Die befragten Fach- und Führungspersonen berichten klare Chancen aufgrund der Digitalisierung: Einerseits sehen sie Möglichkeiten zur kontinuierlichen Entwicklung von Mitarbeitenden (86 % stimmen dieser Aussage eher zu oder zu) sowie zur Etablierung neuer Betätigungsmöglichkeiten (84 %) (s. Abb. 6.1).

Andererseits bringt die Digitalisierung auch Herausforderungen: So erleben die befragten Fach- und Führungspersonen die Auflösung der Grenzen zwischen Arbeit und Freizeit als anspruchsvoll (82 % stimmen dieser Herausforderung eher zu oder zu). Die Abnahme des informellen Austauschs während der Arbeit (80 %) sowie die Bewältigung der Menge an Informationen sehen die befragten Fach- und Führungspersonen ebenfalls als Herausforderung (71 %) (s. Abb. 6.2).

Aus den beschriebenen Herausforderungen und Chancen entstehen für Menschen und Organisationen Anpassungs- und Veränderungsbedarf. Das Ausmaß der Anpassung ist abhängig von der Organisationsform, der Branche und dem Marktumfeld. Ein wesentliches Element in Veränderungsprozessen ist die Veränderung von Einstellungen und Verhalten durch Entwicklungsmaßnahmen auf den Ebenen Wissen, Können und Tun (vgl. Lauer 2019, S. 185 ff.). Diese Veränderungen bedingen Entwicklungs- und Lernprozesse auf den Ebenen Organisation, Teams und Menschen. Diese Lernprozesse zu planen, zu initiieren und zu unterstützen ist die Herausforderung im Learning & Development, in der Personalentwicklung und in der Führung. Diese Lernprozesse selbst sind Teil der Veränderungen der Arbeitswelt und nehmen im besten Falle diese Veränderungen auf.

Welche Herausforderungen identifizieren Sie in Ihrem Arbeitsalltag im Zusammenhang mit Digitalisierung?

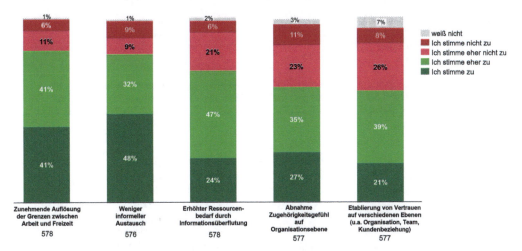

• Abb. 6.2 Herausforderungen im Zusammenhang mit Digitalisierung (Majkovic et al. 2021)

Im folgenden Abschnitt werden Trends aufgezeigt, die uns einen Anhaltspunkt geben können, in welche Richtungen sich das Lernen in Organisationen in Zukunft bewegen wird.

6.3 Wohin geht die Reise?

6.3.1 Megatrends als Wegweiser für die Zukunft des Lernens

» „Prognosen sind immer schwierig, besonders, wenn sie die Zukunft betreffen", Zitat von Niels Bohr, 1865–1962, dänischer Physiker.

Auch wenn Prognosen schwierig sind und ein Blick in die Zukunft durch die VUCA-Welt nicht möglich scheint, so helfen Megatrends, die Komplexität zu reduzieren und sich darauf vorzubereiten.

Um als Unternehmen für die Herausforderungen in der VUCA-Welt optimal gewappnet zu sein, ist es notwendig, sich schnell auf Veränderungen einstellen zu können. Die Personalentwicklung (PE) kann dafür einen entscheidenden Beitrag leisten, wenn sie versucht, die Herausforderungen der Zukunft für das Unternehmen zu antizipieren. Deshalb ist die Identifikation oder Beschreibung von Megatrends hilfreich, denn damit lassen sich komplexe Veränderungen mit einem Modell beschreiben und verständlicher machen. Letztendlich lassen sich damit Maßnahmen definieren und planen, um für die Zukunft vorbereitet zu sein.

Ein Trend ist ein Instrument zur Beschreibung von Veränderungen und Strömungen in bestimmten Bereichen der Gesellschaft, meistens während einer kürzeren Dauer. Beispiele dafür sind Trends in der Mode, die für ein bis zwei Jahre bedeutsam sind.

Im Gegensatz dazu ist ein Megatrend während mehrerer Jahrzehnte spürbar und hat eine Auswirkung auf sämtliche Bereiche der Gesellschaft, also auch auf das Zusammenleben, die geteilten Werte oder die Politik (Naisbitt 1982). Ein Beispiel dafür ist die Bedeutung von New Work auf Gesellschaft und Wirtschaft, wie z. B. die zunehmende Bedeutung der Sinnhaftigkeit in der Arbeit oder der Wegfall von Führungsebenen mit selbstverantwortlichen Teams etc. Ein Megatrend entsteht durch detaillierte Be-

Tab. 6.1 Abgeleitete Meta-Kompetenzen für das Lernen in Organisationen

Prognostizierte Kompetenzen aus Delphi-Studie 2012 (Rangreihe nach Bedeutung, nur Mittelwerte >1)	Megatrends des Zukunftsinstituts 2021	daraus prognostizierte Meta-Kompetenzen
Umgang mit Komplexität, Umgang mit Veränderungen, Umgang mit Wissen und Informationskompetenz	Konnektivität, Wissenskultur, Sicherheit, Individualisierung	**Reflexionsfähigkeit** – institutionalisierte Rückmeldungen ermöglichen und daraus lernen – Kritikfähigkeit stärken
Selbstmanagement	New Work, Gesundheit, Mobilität	**Selbstverantwortliches Lernen** – Verantwortung für persönliches Skills-Portfolio – Neugierde und Offenheit stärken – persönliche Lernstrategien entwickeln – Übertragung von Verantwortung und Erweiterung Handlungsspielraum
Umgang mit Informations- & Kommunikationstechnologie	Konnektivität	
Umgang mit Unsicherheit & Risiko	Sicherheit	
Multikulturelle Kompetenz	Individualisierung, Gender Shift, Silver Society, Globalisierung	**Aufbau von Netzwerken** – bereit sein für Wandel – Selbstorganisation von Lernmöglichkeiten, z. B. in Learning Communities, Lernpartnern, …

obachtung, Beschreibung und Bewertung von neuen Entwicklungen in Wirtschaft und Gesellschaft (Zukunftsinstitut GmbH 2021).

Das Zukunftsinstitut (2021) hat zwölf Megatrends identifiziert, wobei nicht alle für die PE und das Lernen in Organisationen gleichbedeutend sind. Die zwölf Trends werden auf einer Mega-Landkarte in Form eines U-Bahnplans übersichtlich visualisiert. Dabei stehen die einzelnen Stationen für Unteraspekte des Megatrends und die Verknüpfungen mit anderen Linien zeigen Schnittstellen oder Parallelen zu anderen Trends auf. Mit dem nachfolgenden **Link** ▶ https://www.zukunftsinstitut.de/ gelangt man direkt zu der U-Bahnübersichtskarte mit den Megatrends des Zukunftsinstituts.

Die Bedeutung der einzelnen Megatrends auf das Lernen in Organisationen ist unterschiedlich. Betrachtet man die Megatrends Mobilität und Urbanisierung, so dürften die Auswirkungen auf das Lernen in Organisationen eher gering sein. Hingegen liefern beispielsweise die Stationen auf der Strecke „Individualisierung" sowie die Verknüpfungen/Knoten mit anderen Megatrends Hinweise, die zu den im letzten Abschnitt erwähnten Veränderungsprozessen auf den Ebenen Organisation, Teams und Menschen führen und auf die sich die PE vorbereiten kann und muss. So wird beispielsweise die Bedeutung von neuen Kollaborationsformen mit der Verknüpfung der Station „Kollaboration" der Linie „New Work" deutlich. Wie und in welcher Form diese neue Kollaboration stattfindet, hängt von der Lernkultur und den Mindsets der Mitarbeitenden in der Organisation ab.

Untersucht man die in der Megamap erwähnten Trends auf notwendige Meta-Lernkompetenzen, so lassen sich übergeordnete Kompetenzen identifizieren, die in der Zukunft stark an Bedeutung gewinnen werden, und für die Gestaltung des Lernens in Organisationen eine wichtige Orientierungshilfe sind. Damit kann die Personalentwicklung Veränderungen antizipieren, die Lernkultur verändern und so einen wichtigen Beitrag für die Anpassungsfähigkeit von Unternehmen leisten.

Interessant dazu ist ein Vergleich mit einer Trendstudie aus dem Jahre 2012. In der Delphi-Studie von Schermuly et al. (2012) versuchten die Autoren, einen Blick in die Zukunft der Personalentwicklung zu werfen, genauer gesagt ins Jahr 2020. In der Studie werden keine Megatrends identifiziert, jedoch werden unterschiedliche Szenarien (Trends), Kompetenzen und Instrumente der PE diskutiert und ihre Bedeutung für die Zukunft eingeschätzt.

In der ◘ Tab. 6.1 werden basierend auf den Ergebnissen der Delphi-Studie aus dem Jahre 2012 und den Megatrends des Zukunftsinstituts (2021) Meta-Kompetenzen herausgearbeitet, die für die Zukunft von Bedeutung sind.

Allgemein lässt sich festhalten, dass Lernen in Megatrends nur dann erfolgreich stattfinden kann, wenn die Lernkultur in der Organisation selbstständiges und eigenverantwortliches Lernen ermöglicht. Damit es gelingt, diese Meta-Kompetenzen in Organisationen aufzubauen, braucht es die entsprechenden Strukturen und Gefäße (siehe ▸ Abschn. 6.3.3 Learning Designs und ▸ Abschn. 6.3.5 Rolle der PE).

Gleichzeitig zeigt sich die Bedeutung der Meta-Kompetenzen bereits jetzt schon in der Arbeitswelt. Arbeitnehmer beurteilen die Attraktivität der Arbeitgeber auch nach den vorhandenen Lernmöglichkeiten im Unternehmen selbst (siehe ▸ Abschn. 6.3.2 Lernen im Arbeitsprozess). Und die in der Übersicht in ▸ Abschn. 6.3.4 erwähnten Kompetenzen für die Arbeitswelt von morgen weisen ebenfalls auf die Bedeutung der Meta-Kompetenzen hin.

6.3.2 Lernen im Arbeitsprozess

Die Herausforderung, kompetente Fachkräfte zu finden, hat sich in der jüngsten Vergangenheit akzentuiert. So bekunden drei von vier Unternehmen Schwierigkeiten, geeignete Fachkräfte zu finden (ManpowerGroup Employment Outlook Survey 2022). Die Kombination von Fachkräftemangel und sich verändernden Anforderungen an Mitarbeitende macht den Bedarf an Entwicklung der bestehenden Belegschaft deutlich. Re- und Upskilling, Kompetenzerweiterung und Job Crafting bedingen grundsätzlich kontinuierliches Lernen.

Mitarbeitende sehen die Möglichkeit, kontinuierlich Neues zu lernen, als eine von fünf Faktoren, mittels denen Organisationen Fachkräfte binden können (IBM Institute for Business Value 2021). Hierzu bevorzugen Mitarbeitende gemäß der IAP-Studie 2021 (Majkovic et al. 2021) sowohl formale Weiterbildungen im Blended Learning Design, also mit einer Kombination von präsenzbasiertem synchronen Lernen (z. B. Schulung oder Training) und asynchronen Elementen (z. B. E-Learning-Einheiten, geführte Vor- oder Nachbereitung). Gleichzeitig erachten Mitarbeitende gemäß dem LinkedIn Learning Report 2018 das Lernen am Arbeitsplatz als attraktiv (Spar und Dye 2018).

Josh Bersin, Experte in Sachen Learning and Development und Gründer des Beratungs- und Forschungsunternehmens Bersin by Deloitte, nennt diese Form von informellem Lernen „Learning in the Flow of Work" (Bersin & Zao-Sanders 2019). Der Ansatz von Bersin basiert auf der Tatsache, dass viele Fach- und Führungskräfte Schwierigkeiten bekunden, sich exklusive Zeit für Entwicklungsmaßnahmen zu nehmen. Deshalb sollen die für die Kompetenzentwicklung zuständigen Stakeholder einer Organisation Lernangebote nahe an die Arbeitsrealität der Mitarbeitenden bringen. Dies bedingt einerseits ein Portfolio an kuratierten Lerninhalten, die relevant und auf die aktuellen

Anforderungen der Mitarbeitenden zugeschnitten sind. Die Lernangebote können eine Kombination aus proprietären, also selbst produzierten Inhalten und externen Lernressourcen beinhalten. Andererseits sollen die Lerninhalte auf den Plattformen präsent sein, die von den Mitarbeitenden in ihrer täglichen Arbeit bereits genutzt werden. Josh Bersin schlägt dazu beispielsweise die Kommunikationskanäle MS Teams oder Slack oder Customer Relationship Management (CRM)-Lösungen wie Salesforce vor (Bersin & Zao-Sanders 2019).

Aus Sicht der Personalentwicklung ist also die Nähe zum Alltag der Mitarbeitenden der Schlüssel im Konzept Learning in the Flow of Work. Dies bedeutet, dass informelles Lernen als Form der Personalentwicklung gestärkt wird. Zudem ändert sich dadurch die Rolle der Personalentwicklung vom Anbieter von Entwicklungsmaßnahmen zum Vernetzer von Wissen innerhalb der Organisation (vgl. Blum & Gabathuler 2019).

6.3.3 Learning Designs

Bei der Gestaltung von Lernprozessen, auch Learning Designs genannt, geht es darum, didaktische Entscheidungen in Bezug auf Lernziele und -inhalte, Struktur der Lernangebote und Methoden- sowie Medienauswahl zu treffen, sodass ein möglichst hoher Lernerfolg erreicht werden kann. Dies bedingt, neben einem fundierten Lehr- und Lernverständnis, auch die Berücksichtigung von institutionellen und organisationalen Rahmenbedingungen und insbesondere die detaillierte Auseinandersetzung mit der Zielgruppe (vgl. Gabathuler & Bajus 2021, S. 161 ff.) Die fortschreitende Digitalisierung, die Veränderungen der Arbeitswelt und das damit einhergehende Bedürfnis der Mitarbeitenden nach arbeitsnahen Lernangeboten zeigt, dass die Nachfrage nach reinen präsenzbasierten Weiterbildungen in Zukunft weiter abnehmen, jedoch nicht gänzlich verschwinden wird. Vielmehr steht ein individualisierter, personalisierter und partizipativer Ansatz mit reinen, gemischten (blended) und/oder hybriden Lernformaten im Vordergrund. Wichtig für die Personalentwicklung ist dabei, sich nicht nur nach den neuesten technologischen Trends zu richten, sondern den Lernprozess entlang einer soliden Entscheidungsgrundlage zu gestalten und die Weiterbildungsstrategie der eigenen Organisation zu berücksichtigen. Am IAP Institut für Angewandte Psychologie der Zürcher Hochschule für Angewandte Wissenschaften ZHAW kommen hierzu verschiedene Modelle zur Anwendung.

Die E-Learning Landkarte von Gröhbiel und Schiefner (2006) zum Beispiel wurde am IAP zur E-Learning Matrix weiterentwickelt (Bajus & Peters 2020). Dabei bilden die Bloom'schen Taxonomiestufen auf der einen Achse zusammen mit den Sozialformen auf der anderen Achse eine zweidimensionale Matrix. Diese kann als Gestaltungshilfe von Bildungseinheiten beigezogen werden und zeigt den Zusammenhang von Lernzielen und Methoden und der Auswahl von passenden Medien.

Ein weiteres Modell zur systematischen Planung, Entwicklung und Umsetzung von digitalen Bildungsangeboten ist das ADDIE-Modell, ein Klassiker des Instructional Designs. Es besteht aus den fünf Phasen Analysis, Design, Development, Implementation und Evaluation und verdeutlicht unter anderem die Wichtigkeit der Evaluation für den Lernerfolg und die Weiterentwicklung des Angebots (vgl. Behrens & Zander 2018).

Durch das flexiblere und personalisierte Lernangebot nimmt aufseiten der Mitarbeitenden die Wichtigkeit des selbstgesteuerten Lernens und somit auch die Verantwortung für den eigenen Lernerfolg zu. Um sich in der Vielfalt an Lernangeboten und Lernformen nicht zu verlieren, kann bei der Gestaltung von Lernprozessen, gerade bei mit dieser Form lernungewohnten Menschen, der Einsatz von Learning Consultants als Begleitung und Unterstützung oder von Lerngruppen zum Erfahrungsaustausch sinnvoll sein.

6.3.4 Kompetenzen sind die Währung der Zukunft

In Organisationen gibt es viele Situationen, in denen das Potenzial von Menschen im Zentrum steht. In der Personalauswahl werden Bewerbende auf ihre Erfahrungen, Fähigkeiten und ihre Passung zu den Aufgaben und zum Team geprüft. In der Personalentwicklung, im Talentmanagement und in der Laufbahngestaltung geht es um die Frage, welche Entwicklungsschritte einzelne Mitarbeitende angehen können und welche Bausteine ihnen dazu gegebenenfalls noch fehlen.

Die Potenziale einer Person, die Summe aus praktischen Fertigkeiten, früheren Erfahrungen, abgeschlossenen Qualifikationen und persönlichen Werten, wird unter dem Begriff Kompetenzen zusammengefasst. So schreiben Erpenbeck und Sauter: „Kompetenzen schließen Fertigkeiten, Wissen und Qualifikationen ein, lassen sich aber nicht darauf reduzieren. Bei Kompetenzen kommt einfach etwas hinzu, das die Handlungsfähigkeit in offenen, unsicheren, komplexen Situationen erst ermöglicht, beispielsweise selbstverantwortete Regeln, Werte und Normen als ‚Ordner' des selbstorganisierten Handelns" (Erpenbeck & Sauter 2017).

Im Zusammenhang mit den Herausforderungen durch die Veränderungen der Arbeitswelt stellt sich vielen Organisationen die Frage, welche Kompetenzen ihre Mitarbeitenden benötigen, um auch in Zukunft erfolgreich ihre Arbeit ausüben zu können.

Untersuchungen zu den für die Arbeitswelt der Zukunft relevanten Kompetenzen zeigen, dass einerseits Kompetenzen unerlässlich sind, welche Mitarbeitenden helfen, die digitalen Systeme des Anwendungsfeldes zu nutzen. Diese digitalen Grundkompetenzen im Sinne der Digital Literacy stellen die Arbeitsfähigkeit sicher (vgl. World Economic Forum 2016; Oberländer et al. 2020). Neben den digitalen Grundkompetenzen werden erweiterte digitale Kompetenzen wie programmieren vom Arbeitsmarkt zukünftig stärker nachgefragt werden. So gehen die Autoren des Expertenberichts „The Future of Work: Switzerlands digital Opportunity" davon aus, dass in der Schweiz 75.000 bis 110.000 neue Stellen geschaffen werden, in denen vertiefte digitale Kompetenzen wie Programmieren die Kernkompetenz darstellt (Bughin et al. 2018).

Andererseits werden soziale Kompetenzen auch in der Arbeitswelt von morgen einen großen Stellenwert einnehmen. Dazu gehören unter anderem die Kompetenzen, sich selber in ein projektbasiertes Team einzufügen, mit anderen Personen zielgerichtet zusammenzuarbeiten und Schwierigkeiten oder Konflikte auf Augenhöhe und ohne Unterstützung der disziplinarischen Führungsrolle zu klären.

Schließlich sind es jedoch die Selbstkompetenzen, deren Bedeutung am deutlichsten zunehmen wird. Sowohl in klassisch strukturierten Organisationen als auch in Organisationen mit holokratischer Führung zeigt sich die Tendenz, dass Mitarbeitende mehr Handlungsspielraum und Eigenverantwortung übertragen bekommen. Wenn Führung sich verändert und weniger operativ agiert wird Selbstführung wichtiger. In der IAP-Studie zum Erleben der Arbeitswelt 4.0 aus dem Jahr 2020 wurden Mitarbeitende aus Organisationen mit einem hohen Anteil an Selbstorganisation qualitativ zu ihren Kompetenzen befragt (Majkovic et al. 2020). Als wichtigste Kompetenzen wurden in absteigender Häufigkeit genannt: Selbstinitiative und Eigenverantwortung, Strukturieren komplexer Themeninhalte, Sozialkompetenz, Mut, Lernfähigkeit, Verständnis der Organisation und Reflexion der eigenen Stärken und Schwächen.

> **Kompetenzen für die Arbeitswelt von morgen**
>
> Fachliche Kompetenzen
> - Digitale Arbeitsmittel nutzen
> - Komplexität reduzieren und strukturieren
> - Bestehende Konzepte hinterfragen
>
> Soziale Kompetenzen
> - Mit anderen kooperieren
> - Sich in Gruppen einbringen
> - Andere Personen zum Handeln befähigen
>
> Persönliche Kompetenzen
> - Verantwortung für die eigene Rolle übernehmen
> - Konstant Neues lernen
> - Mit Unsicherheit umgehen

6.3.5 Rolle der Personalentwicklung (PE)

Was muss die PE leisten, damit die Mitarbeitenden einer Organisation mit dem schnellen Wandel, der immer größer werdenden Wissens- und Bilderflut und der omnipräsenten Verfügbarkeit von Informationen optimal unterstützt werden? Wie können die in der ◘ Tab. 6.1 abgeleiteten Meta-Kompetenzen entwickelt werden?

Wie bereits bei Gabathuler & Bajus (2021) beschrieben, lassen sich die oben erwähnten Herausforderungen mit einer herkömmlichen, auf starre Weiterbildungen und Curricula fixierte Personalentwicklung nicht mehr bewältigen. In einer modernen PE liegt der Hauptfokus auf den Rollen: Facilitator für eine optimale Lernkultur, Learning Expert und Learning Consultant.

Eine moderne PE zeichnet sich aus durch ein Menschenbild, in dem Mitarbeitende ihre Lernbedürfnisse selbstgesteuert an die Hand nehmen und die Orientierung auf Defizite in den Hintergrund tritt.

Entscheidend für alle Weiterbildungsmaßnahmen in diesem Kontext ist eine ausgeprägte psychologische Grundsicherheit. Erst damit wird die Basis für ein selbstverantwortliches und reflexionsorientiertes Lernen gelegt (Edmondson 1999).

Meta-Kompetenz Reflexionsfähigkeit Hierfür eignen sich institutionalisierte Rückmeldeprozesse. Ein gutes Beispiel dafür sind regelmäßige Feedbacks zur eigenen Leistung, sei es durch eine Führungskraft oder bei agilen Settings durch das Team.

Die Personalentwicklung leistet hier einen Beitrag durch die Bereitstellung und Schulung der entsprechenden Instrumente sowie durch die Institutionalisierung der Rückmeldungen. Geeignet dafür sind:

- die Schaffung von Organisationsstrukturen, die Rückmeldungen regelmäßig (z. B. alle zwei Wochen) einfordern oder ermöglichen. Ein gutes Beispiel für regelmäßige Rückmeldungen auf Teamebene liefert z. B. das „retro" aus der agilen Welt. Auf der persönlichen Ebene kann diese Rolle durch Führungskräfte oder spezielle People Developer wahrgenommen werden.
- Instrumente wie 360-Grad-Feedback, Development Center,
- Coaching oder Mentoring-Programme

Meta-Kompetenz selbstverantwortliches Lernen Eine Lernkultur, die das Lernen aus Fehlern ermöglicht, ist die Grundlage, um diese Meta-Kompetenz entwickeln zu können. In der Organisation werden Fehler als Lernchance erkannt und nicht als Eingeständnis persönlichen Scheiterns. Eine besondere Rolle spielt hier die psychologische Grundsicherheit. Sie gilt als Basis für furchtloses und erkundendes Lernen, an dem alle Teammitglieder teilnehmen können und gemeinsam Wissen aufbauen. Hier wird die Personalentwicklung zur Lernbegleitung oder zu einem

Learning Consultant/Expert und unterstützt mit:
- E-Learnings oder Kurzworkshops zum Thema Lernen, Lernprozesse, Lernstrategien
- Individualisierten Beratungsangeboten
- Aufzeigen von individuellen Weiterentwicklungsmöglichkeiten in der Organisation
- Events, in denen Fehler und Learnings daraus gemeinsam geteilt werden, wie z. B. „fuck up" Meetings

Abb. 6.3 Video 6.3 Tatjana Zbinden, Isolutions AG (https://doi.org/10.1007/000-890)

Meta-Kompetenz Netzwerkaufbau In dieser Meta-Kompetenz steckt mehr als nur das Vorantreiben der eigenen Karriere. Auch der Austausch mit Gleichgestellten, um neue Erfahrungen zu machen oder neues Wissen zu teilen und zu erwerben, fällt darunter. Aber auch das Erkennen von strategischen Veränderungen in der Organisation gehört dazu wie auch das Updating über Trends und Neuerungen in der Branche (Winkler & Fink 2022).

Die Personalentwicklung leistet hier einen Beitrag durch:
- Organisation von entsprechenden Veranstaltungen, die einen Austausch ermöglichen und mit denen spezifische Problemstellungen geteilt oder Wissen vermittelt wird wie beispielsweise mit Bar Camps, World Café oder Real-Strategic-Change-Gruppenveranstaltungen
- Aufbau von internen Plattformen, auf denen Inhalte rasch und einfach geteilt werden können wie Slack, Beekeeper etc.
- Seitenwechsel-Programme innerhalb der Organisation
- E-Learnings zum Thema Netzwerkaufbau intern
- Individuelle Unterstützung mit Beratungsangeboten durch die PE

Damit die PE für die Megatrends der Zukunft bereit ist, wird sie sich stärker auf individualisierte Kompetenzentwicklungen fokussieren, die auf die persönlichen Bedürfnisse der Mitarbeitenden zugeschnitten sind und selbstverantwortliches Lernen und Reflektieren ermöglichen. Unflexible, auf möglichst viele Mitarbeitende zugeschnittene Weiterbildungen werden diesem Anspruch nicht mehr gerecht. In der Rolle des Learning Expert unterstützt die PE diesen Prozess mit modernen Lernarchitekturen und Lerndesigns, wie sie ebenfalls in diesem Buchkapitel beschrieben worden sind. (Hierzu eine Stimme aus der Praxis: Abb. 6.3).

Literatur

Bajus, S. & Peters, L. (2020). *IAP E-Learning-Matrix*. Unveröffentlichte Arbeit, IAP Institut für Angewandte Psychologie der Zürcher Hochschule für Angewandte Wissenschaften ZHAW.

Bersin, J., & Zao-Sanders, M. (2019). Making learning a part of everyday work. *Harvard Business Review*. https://hbr.org/2019/02/making-learning-a-part-of-everyday-work.

Behrens, A., & Zander, St (2018). ADDIE-Modell. In A. Hohenstein & K. Wilbers (Hrsg.), *Handbuch E-Learning (Beitrag 4.62)*. Köln: Deutscher Wirtschaftsdienst.

Blum, U., & Gabathuler, J. (2019). PE 4.0: Herausforderungen für Führungskräfte und Bildungsverantwortliche. In C. Negri (Hrsg.), *Führen in der Arbeitswelt 4.0* (S. 73–93). Berlin Heidelberg: Springer.

Bryan, L. L. K., & Vinchur, A. J. (2012). *A history of industrial and organizational psychology*. Oxford: University Press.

Bughin, C., Ziegler, M., Wenger, Reich, A., Läubli, D., Sen, M., & Schmidt, M. (2018). *The future of work: Switzerland's digital opportunity*. Zürich: McKinsey Global Institute.

Edmondson, A. (1999). Psychological safety and learning behavior in work teams. *Administrative Science Quarterly, 44*(2), 350–383.

Erpenbeck, J., & Sauter, W. (Hrsg.). (2017). *Handbuch Kompetenzentwicklung im Netz: Bausteine einer neuen Lernwelt*. Schäffer-Poeschel.

Gabathuler, J., & Bajus, S. (2021). Lern- und Lehrpsychologie, Bedeutung für die betriebliche Weiterbildung und Auswirkungen auf eine moderne betriebliche Bildung/Personalentwicklung. In U. Blum, J. Gabathuler & S. Bajus (Hrsg.), *Weiterbildungsmanagement in der Praxis: Psychologie des Lernens* (S. 159–184). Berlin Heidelberg: Springer.

Greif, S. (2007). Geschichte der Organisationspsychologie. In H. Schuler (Hrsg.), *Lehrbuch Organisationspsychologie* (S. 21–57). Huber.

Gröhbiel, U., & Schiefner, M. (2006). Die E-Learning-Landkarte – eine Entscheidungshilfe für den E-Learning Einsatz in der betrieblichen Bildung. In A. Hohenstein & K. Wilbers (Hrsg.), *Handbuch E-Learning (Beitrag 3.11)*. Köln: Deutscher Wirtschaftsdienst.

Hassard, J. S. (2012). Rethinking the Hawthorne Studies: the Western Electric research in its social, political and historical context. *Human Relations, 65*(11), 1431–1461.

Henke-Bockschatz, G. (Hrsg.). (2012). *Industrialisierung* (3. Aufl.). Wochenschau-Verl.

IBM Institute for Business Value (Hrsg.). 2021 *What Employees Expect in 2021*. IBM Corporation.

Kerker, M. (1961). Science and the steam engine. *Technology and Culture, 2*(4), 381.

Lauer, T. (2019). *Change-Management: Grundlagen und Erfolgsfaktoren*. Berlin Heidelberg: Springer.

Lewin, K., Lippitt, R., & White, R. K. (1939). Patterns of aggressive behavior in experimentally created "social climates". *The Journal of Social Psychology, 10*(2), 269–299.

Majkovic, A.-L., Gundrum, E., Toggweiler, S., & Fortiguerra, F. (2021). *IAP Studie 2021. Der Mensch in der Arbeitswelt 4.0. (Der Mensch in der Arbeitswelt 4.0)*. IAP Institut für Angewandte Psychologie der ZHAW Zürcher Hochschule für Angewandte Wissenschaften.

Majkovic, A.-L., Gundrum, E., Weiss, S., Külling, C., Lutterbach, S., & Frigg, D. (2020). *IAP Studie 2020. Trendstudie zum Verständnis, Relevanz und Anwendung einer wirksamen Selbstführung in selbstorganisierten Arbeitskontexten*. IAP Institut für Angewandte Psychologie der ZHAW Zürcher Hochschule für Angewandte Wissenschaften.

ManpowerGroup (Hrsg.). (2022). *Manpowergroup employment outlook survey (employment outlook survey)*. ManpowerGroup.

Naisbitt, J. J. (1982). *MEGATRENDS - the new directions transforming our lives*. New York: Warner Books.

Nerdinger, F. W., Blickle, G., & Schaper, N. (2014). *Arbeits- und Organisationspsychologie*. Berlin Heidelberg: Springer.

Oberländer, M., Beinicke, A., & Bipp, T. (2020). Digital competencies: a review of the literature and applications in the workplace. *Computers & Education, 146*, 103752.

Schermuly, S. T., Nachtwei, J., Kauffeld, S., & Gläs, K. (2012). Die Zukunft der Personalentwicklung: Eine Delphi-Studie. *Zeitschrift für Arbeits- und Organisationspsychologie, 56*(3), 111–122.

Senge, P. M. (1996). *Die fünfte Disziplin*. Klett-Cotta.

Spar, B., & Dye, C. (2018). *2018 Workplace learning report: the rise and responsibility of talent development in the new labor market*. LinkedIn Learning.

Taylor, F. W. (1911). *The principles of scientific management*. Harper and Bros.

Winkler, K., & Fink, J. (2022). Personalentwicklung in der digitalisierten Arbeitswelt – Das individuelle, lebenslange Lernen im Mittelpunkt. In Cloots (Hrsg.), *Hybride Arbeitsgestaltung: Herausforderungen und Chancen* (S. 61–85). Wiesbaden: Springer.

World Economic Forum, & Consulting Group, B. (2016). *New vision for education: unlocking the potential of technology*

Zirkler, M., & Werkmann-Karcher, B. (2020). *Psychologie der Agilität*. Wiesbaden: Springer.

Zukunftsinstitut (2021). Megatrends. https://www.zukunftsinstitut.de/dossier/megatrends/. Zugegriffen: 31. Juli 2022.

Coaching als Instrument zur Selbstverwirklichung – ein Ansatz der Humanistischen Psychologie

Volker Kiel

Ergänzende Information
Die elektronische Version dieses Kapitels enthält Zusatzmaterial, auf das über folgenden Link zugegriffen werden kann https://doi.org/10.1007/978-3-662-66420-9_7. Die Videos lassen sich durch Anklicken des DOI Links in der Legende einer entsprechenden Abbildung abspielen, oder indem Sie diesen Link mit der SN More Media App scannen.

© Der/die Herausgeber bzw. der/die Autor(en), exklusiv lizenziert
durch Springer-Verlag GmbH, DE, ein Teil von Springer Nature 2023
C. Negri, M. Goedertier (Hrsg.), *Was bewirkt Psychologie in Arbeit und Gesellschaft?*,
https://doi.org/10.1007/978-3-662-66420-9_7

Phänomenologische Grundhaltung

» „Das Vorgefundene zunächst einfach hinzunehmen, wie es ist; auch wenn es ungewohnt, unerwartet, unlogisch, widersinnig erscheint und unbezweifelten Annahmen oder vertrauten Gedankengängen widerspricht. Die Dinge selbst sprechen zu lassen, ohne Seitenblicke auf Bekanntes, früher Gelerntes, ‚Selbstverständliches', auf inhaltliches Wissen, Forderungen der Logik, Voreingenommenheiten des Sprachgebrauchs und Lücken des Wortschatzes. Der Sache mit Ehrfurcht und Liebe gegenüberzutreten, Zweifel und Misstrauen aber gegebenenfalls zunächst vor allem gegen die Voraussetzungen und Begriffe zu richten, mit denen man das Gegebene bis dahin zu fassen suchte" (Metzger 2001/1940, S. 12).

Das Schöpfen aus den Quellen von 100 Jahren Psychologie zur Förderung der Selbstverwirklichung des Menschen

Ich freue mich, zum 100-jährigen Jubiläum des IAP eingeladen zu sein, hier einige Gedanken über den Zusammenhang zwischen Coaching und der Verwirklichung des Selbst teilen zu dürfen. Mich selbst fasziniert das existenzielle Bedürfnis des Menschen nach Selbstverwirklichung seit meiner ersten Vorlesung in Philosophie während meines Studiums im Jahr 1992, also genau vor 30 Jahren.

Wie die Megatrends „Individualisierung" und „New Work" zeigen, ist das Thema „Selbstverwirklichung" in der heutigen Zeit äußerst aktuell und durchdringt sowohl unsere Alltagswelt als auch die Arbeitskontexte. Hier werde ich im Schwerpunkt den Blick auf zwei Fragen werfen: zum einen, was bedeutet es eigentlich, sich selbst zu verwirklichen, und zum anderen, wie lässt sich die Selbstverwirklichung eines Menschen durch Coaching unterstützen.

Anlässlich 100 Jahre angewandter Psychologie ist es mir ein Anliegen, auch auf „althergebrachte" Überlegungen und Annahmen zurückzugreifen. Dabei nehme ich Bezug auf den Neurologen und Psychiater Kurt Goldstein (1878–1965), auf Gestaltpsychologen der Berliner Schule wie Max Wertheimer (1880–1943), Kurt Koffka (1886–1941) und Wolfgang Köhler (1887–1967) sowie auf Kurt Lewin (1890–1947), der Begründer der Feldtheorie. Diese Gedanken und Forschungen fallen zeitlich annähernd zusammen mit der Gründung des IAP im Jahre 1923. Erstaunlich ist, wie diese Aussagen und Einsichten Phänomene des Menschlichen und Zwischenmenschlichen bis heute treffend beschreiben und zur Klärung beitragen. Vor diesem Hintergrund gehe ich auf die Annahmen der Humanistischen Psychologie ein, deren zentrales Thema die „Selbstverwirklichung des Menschen" ist. Auf Grundlage der Humanistischen Psychologie ist dem gestaltorientierten Coaching zu eigen, Menschen in ihrer Selbstverwirklichung bzw. in der Entfaltung ihrer Möglichkeiten zu ermutigen und zu unterstützen sowie die Verantwortung für sich selbst und ihre Mitwelt zu stärken. Anhand von Praxisbeispielen zeige ich auf, wie dies im Coaching geschehen kann.

7.1 Das grundlegende Streben des Menschen nach Selbstverwirklichung

Seit nun mehr als 25 Jahren beschäftige ich mich mit Bildung und Entwicklung von Menschen aus und in unterschiedlichen Lebenswelten. Ich bin dankbar dafür, Menschen auf ihrem Weg eine gewisse Zeit als Coach, Lehrsupervisor, Dozent oder Berater begleiten und unterstützen zu dürfen.

7.1 · Das grundlegende Streben des Menschen nach Selbstverwirklichung

In meiner Praxis sind die Anlässe und Anliegen der Klientinnen für ein Coaching sehr verschieden. Für einige Klientinnen steht zunächst eine konkrete inhaltliche Frage aus ihrer Rolle als Führungsperson, Teamleitende oder Projektleitende im Fokus, die nach Antwort sucht: „Wie bewältige ich die Herausforderungen meiner neuen Führungsaufgabe?", „Wie gehe ich mit den aufkommenden Konflikten mit meinem Vorgesetzten um?", „Wie kann ich diese Spannungen in meinem Team abbauen?". Oder: „Was mache ich mit diesem schwierigen Mitarbeiter?"

Andere beschreiben zu Beginn des Coachings eher allgemein ihr persönliches Erleben, das zunächst gehört, verstanden und anerkannt werden möchte: „Ich fühle mich im Arbeitsumfeld immer unwohler!", „Ich fühle mich in der veränderten Arbeitssituation unsicher!". Oder: „Ich bin gekränkt über die Missachtung meines Chefs!"

Bei nicht wenigen Klientinnen drängt sich im Verlauf des Coachings aus dem Hintergrund des zunächst genannten Themas der Wunsch deutlich ins Bewusstsein, *das eigenen Selbst mehr zu entfalten*, das zu leben, was einem persönlich wichtig, wertvoll und sinnvoll erscheint, sowie den gespürten eigenen Möglichkeiten und Fähigkeiten mehr Ausdruck und Form zu verleihen.

> Das Bedürfnis, sich als handelnder Mensch in Kontakt zu seiner Umwelt zu verwirklichen.

Anscheinend geht aus dem Inneren des Menschen wie von *selbst* ein Streben hervor, die eigene Persönlichkeit weiterzuentwickeln und in diesem Sinne das Selbst zu verwirklichen. Hier gerät dieses Streben nach Selbstverwirklichung als „prägnante Figur" in den Vordergrund des Bewusstseins, die Aufmerksamkeit und Energie des Klienten bindet, weil sie als „offene Gestalt" drängt, zum Guten gelöst zu werden. Es könnte sein, dass im Sinne der organismischen Selbstregulation dieses Streben der eigentliche Beweggrund für ein Coaching ist, ohne dass die Klientinnen sich dessen gänzlich bewusst sind.

Hieraus ergeben sich in den Gesprächen mit den Klientinnen häufig auch die allgemeinen und ja, die philosophischen Fragen: Was ist eigentlich mein „wahres Selbst"? Wie verwirklichen wir uns selbst? Wie geschieht das? Und: Wie hindern wir uns daran? Was hält uns davon ab, unser Selbst zu verwirklichen, uns persönlich zu entfalten?

Selbstverwirklichung des Menschen im Spannungsfeld mit seiner Umwelt

> „Das Hauptproblem für das Individuum liegt darin, sich innerhalb der Gesellschaft zu verwirklichen und dennoch von ihr akzeptiert zu werden" (Perls 1966, S. 149).

Wir Menschen leben in einem Spannungsfeld zwischen unserem inneren Streben nach Selbstverwirklichung und den Bedingungen, Möglichkeiten und Anforderungen aus unserer Umwelt. Dabei ist es wesentlich, zunächst sich dessen bewusst zu sein, was derzeit unsere *eigentlichen* Bedürfnisse sind bzw. was wir für unsere persönliche Entwicklung wirklich brauchen, und zu erkennen, inwieweit unsere gegebene Umwelt hierfür förderlich oder hinderlich ist.

Seit einigen Jahren festigt sich bei mir der Eindruck, dass Menschen auch ein Coaching aufsuchen, weil sie im Laufe ihrer Lebensgeschichte verlernt haben, zu erspüren und somit *prägnant* zu wissen, was für ihre persönliche Entwicklung jetzt gebraucht ist. Es könnte sein, dass wir uns aus der Umwelt einwirkende Bedürfnisse und vorgelebte Ideale zu eigen gemacht haben, wodurch wir uns verwirren und nicht mehr im Klaren darüber sind, was uns *eigentlich* wichtig ist. Diese Klarheit bildet sich nicht so einfach als prägnante Figur heraus, weil in der Regel auch verschiedene und sich widersprechende Bedürfnisse gleichzeitig bemerkbar sind.

Vor diesem Hintergrund ist es mir ein Anliegen, auch im Coaching tiefer zu schauen: Was bewegt Menschen aus ihrer Existenz heraus? Was ist dem Menschen wichtig, um sein Selbst zu verwirklichen? Wie entflechten und lösen wir die Verwirrung aus verschiedenen und widersprechenden Bedürfnissen? Wie können wir die Möglichkeiten und Ressourcen der gegebenen Umwelten gebrauchen? Wie gehen wir mit hindernden Kräften und Einschränkungen um? Wie passen wir uns an gegebene Umweltbedingungen kreativ an, wobei wir sowohl unsere Bedürfnisse als auch die äußeren Anforderungen (be-) achten?

7.1.1 Selbstverwirklichung des Menschen in seiner Alltagswelt

Nach meiner Beobachtung ist die heutige Zeit in vielen Lebensbereichen durch hohe Aktivität und Bewegung geprägt, durch Geschwindigkeit und Druck, effizienter und schneller zu werden. Menschen sind in Bewegung, um ihre beruflichen Aufgaben und alltäglichen Anforderungen zu erfüllen, sowie gleichzeitig damit beschäftigt, sich selbst zu optimieren – ja auch körperlich. Hieraus geht ein „hochfunktionaler" Mensch hervor, ein Begriff, der von klinisch geschulten Psychologinnen gern verwendet wird.

> Selbstoptimierung ist etwas anderes als Selbstverwirklichung.

Wofür diese unaufhörliche Bewegung gerichtet auf ein äußeres Ziel oder auf eine Idealvorstellung des modernen Menschen? Was treibt uns an? Und was geht uns darüber verloren? Oder: Welchen Preis bezahlen wir dafür?
Häufig sind wir getrieben, um wahrgenommene „Defizite" auszugleichen. Wie sich diese Defizite in unserer Wahrnehmung einnisten konnten und ob sich diese je gänzlich beheben lassen, steht auf einem anderen Blatt. Hier spielen sicher auch die sozialen Medien mit ihrem hemmungslosen Vorführen von verkörperten und materialisierten Idealen eine machtvolle Rolle.

Zugleich gehört der Megatrend Individualisierung mit dem Streben nach Selbstverwirklichung heute zu den größten treibenden Kräften, die Gesellschaft und Wirtschaft massiv verändern.

> „Im Megatrend Individualisierung spiegelt sich das zentrale Kulturprinzip der aktuellen Zeit: Selbstverwirklichung innerhalb einer einzigartig gestalteten Individualität. Er wird angetrieben durch die Zunahme persönlicher Wahlfreiheiten und individueller Selbstbestimmung" (Zukunftsinstitut GmbH 2022a).

Das **Bedürfnis nach Selbstverwirklichung** scheint dem Menschen etwas natürlich Innewohnendes zu sein, wobei ihm vermutlich in den freiheitlich-demokratischen Gesellschaften mehr Möglichkeiten zur Realisierung dieses Strebens verfügbar sind.

Auch die Wirtschaft weiß schon seit Langem, das erkannte Bedürfnis nach Individualisierung für sich zu nutzen: Über Produktvariationen und -diversifikationen sowie über ausdifferenzierte Angebote von Dienstleistungen werden individuelle Wahlfreiheiten bis zu einem gewissen Grad vorgegeben, wobei die Verwirklichung des Selbst innerhalb vorgefertigter Formen oder standardisierter Leistungen entsprechend eingeschränkt realisierbar bleibt. In der Regel bleibt nach dem Konsum eine Spur davon, dass etwas fehlt und sich nicht erfüllt hat.

> Wir sind uns dessen wohl bewusst: Konsum macht nicht glücklich.

Welches eigentliche Bedürfnis liegt hinter dem Trend nach mehr Individualisierung?
Individualisierung ist kein Selbstzweck, sondern ist vielmehr mit einem erwünschten Erleben verknüpft, mit dem Erleben, sich selbst verwirklicht zu haben. Wie lässt sich dieses **Erleben der Selbstverwirklichung** annähernd beschreiben?

Hier lohnt es sich, einen Blick in die Ausführungen zu „Gipfelerlebnissen" von Abraham Maslow zu werfen, die von dem Gestalttherapeuten Erhard Doubrawa 2014 in dem lesenswerten Buch „Jeder Mensch ist ein Mystiker" veröffentlicht wurden.

Maslow legt in seinem Vortrag am 30. Juni 1961 in La Jolla, Kalifornien, dar, dass überdurchschnittlich gesunde Menschen von mystischen Erfahrungen berichten,

» „… von Augenblicken großer Ehrfurcht, Augenblicken des intensivsten Glücks oder sogar der Verzückung, Ekstase oder Glückseligkeit …. Diese Augenblicke waren das reine positive Glück. Alle Zweifel, alle Ängste, alle Hemmungen, alle Spannungen, alle Schwächen wurden zurückgelassen. Sogar das Bewusstsein ihrer selbst verlor sich. Alle Getrenntheit und Entfremdung von der Welt schwanden. Sie wurden eins mit der Welt, verschwammen mit ihr, gehörten ihr wirklich zu und an, statt außen vor zu bleiben und nur hineinzuschauen. …, dass sie wirklich die ultimative Wahrheit, das Wesen der Dinge, das Geheimnis des Lebens gesehen hätten, als wäre ein Schleier beiseite gezogen worden. Alan Watts hat dieses Gefühl als ‚Das ist es!' beschrieben, als sei man endlich dort angekommen, als ob das gewöhnliche Leben angestrengt irgendwohin strebe und dies war die Ankunft, das ‚Being There', das Ende der Anstrengung und des Strebens, die Erfüllung des Begehrens und der Hoffnung, die Antwort auf die Sehnsucht und das Seufzen" (Maslow 1961, S. 16).

Das Entscheidende ist, dass diese Gipfelerlebnisse aus vielen Quellen sprudeln und dass jeder Mensch diese in seiner Alltagswelt erleben kann. Sie finden statt in der Mitte des Lebens und widerfahren alltäglichen Menschen in alltäglichen Berufen (Maslow 1961, S. 20 ff.). Zum Beispiel das plötzliche Hörbarwerden des Zwitscherns der Vögel, die Urkraft eines alten Baumes zu spüren, eine berührende Begegnung mit einem anderen Menschen, die Unbekümmertheit spielender Kinder, nach hart getaner Arbeit die frisch gestrichene Wohnung oder das reparierte Fahrrad zu betrachten, bei einer Wanderung das plötzliche Auftauchen der schneebedeckten Berge, das unverhofft aufkommende Gefühl im eigenen Heim, „es ist gut so, meine Seele ist angekommen" und unzählige weitere einzigartige Momente, auch im beruflichen Feld. Dabei lassen sich diese Erlebnisse nicht willentlich herbeiführen:

» „Wir haben gesehen, dass … scheinbar die meisten von ihnen Phänomene des Empfangens sind. Sie fallen der Person zu und diese muss in der Lage sein, es zuzulassen. Man kann sie nicht erzwingen, fassen oder herbeibefehlen. Willenskraft ist nutzlos, gleichfalls Sehnsucht und Anstrengung. Notwendig ist vielmehr, in der Lage zu sein, loszulassen, die Dinge geschehen zu lassen" (Maslow 1961, S. 33).

▸ Wenn ich es will, ist es unverfügbar. Es geschieht unwillkürlich.

Hier könnte es hilfreich sein, aus einer Haltung von Gegenwärtigsein und Gewahrsein sich für das unmittelbar Gegebene mit allen Sinnen zu öffnen. Ein absichtsloses sinnliches „Empfangen" dessen, was mir unmittelbar im „Hier und Jetzt" offensichtlich gegeben ist und sich mir unerwartet offenbart.

7.1.2 Selbstverwirklichung des Menschen im Arbeitskontext

» „Wir befinden uns in einer Zeit des Übergangs: Die kapitalistisch geprägten Vorstellungen von Karriere und Erfolg treten sukzessive in den Hintergrund. An ihrer Stelle nehmen Werte Platz, die nicht mehr unbedingt an harte Faktoren wie Einkommenshöhe und Status gekoppelt sind, sondern die mit weichen Faktoren wie Sinnhaftigkeit,

Gestaltungsmöglichkeiten und Vereinbarkeit von Beruf und Privatleben verbunden sind" (Zukunftsinstitut GmbH 2022b).

Die meisten Menschen, die ein Coaching anfragen, sind in einem beruflichen Kontext eingebunden und verbringen entsprechend einen erheblichen Teil ihrer Lebenszeit in oder mit Organisationen. Nicht nur faktisch, sondern auch gedanklich, indem sie häufig auch in ihrer privaten Zeit mit beruflichen Themen innerlich beschäftigt sind. Es lässt sich unschwer beobachten, dass die Grenzen zwischen Arbeits- und Privatwelt schleichend verschwimmen, während mit der Zeit sowohl die Vor- als auch die Nachteile für jeden Einzelnen spürbarer werden.

In der neuen Arbeitswelt verschwinden die klaren Grenzen zwischen Arbeit und Freizeit mit dem oft gut gemeinten Versprechen von mehr Selbstbestimmung, Demokratisierung und Flexibilität. Dabei liegt die Gefahr der sich einschleichenden Selbstausbeutung und Überlastung durch zu hohe Verantwortung nahe (Süddeutsche Zeitung, Ausgabe 2. Mai 2022).

Zugleich haben Menschen durch diese Vermischung vermehrt das Bedürfnis, sich auch im beruflichen Kontext zu verwirklichen, und stellen sich in diesem Zusammenhang die Frage nach dem Sinn ihres Tuns.

Das Verständnis von Arbeit befindet sich unter dem Einfluss der Digitalisierung und Postwachstumsbewegungen grundlegend im Wandel, wodurch vor allem ökologische und ethische Werte an Bedeutung gewinnen. Die klassische Karriere hat ausgedient, die Sinnfrage rückt in den Vordergrund. Diese individuellen, gesellschaftlichen und wirtschaftlichen Strömungen getragen durch die Digitalisierung aller Lebensbereiche münden im **Megatrend „New Work"**.

> » „New Work bietet die Chance, persönliche Potenziale und Neigungen zu entfalten. Denn in Zukunft wird eine Vielzahl anstrengender, monotoner und repetitiver Vorgänge von Maschinen erledigt. Damit rücken **urmenschliche Fähigkeiten** wie **Kreativität** und **Empathie** wieder in den Fokus. Das Lösen von Zukunftsaufgaben bestimmt das Tun und stiftet einen **neuen Sinn von Arbeit**" (Zukunftsinstitut GmbH 2022b).

Insbesondere für die Generation der Millennials (zwischen 1981 und 1995 geborene Jahrgänge) gewinnt die Übereinstimmung der persönlichen Werte mit den Unternehmenswerten eine hohe Bedeutung und ist ein entscheidender Faktor bei der Auswahl eines Unternehmens. Gleichzeitig beklagen Klientinnen im Coaching, dass ihre persönlichen Werte immer weniger mit den Werten und den damit verbundenen „Spielregeln" der Organisation übereinstimmen.

Dabei stellt sich die Frage: Welche Kultur ermöglicht und fördert die Entwicklung und Verwirklichung, stärkt die Gesundheit und Resilienz der ihr zugehörigen Menschen?

Hier ist vor allem eine **sinn- und identitätsstiftende Kultur** der Organisation für die persönliche Entwicklung und Verwirklichung grundlegend. Eine Kultur, die die Zugehörigkeit, sachliche Einbindung und emotionale Bindung der Menschen fördert, um auf diese Weise die Identifikation mit „ihrer" Organisation zu stärken. Dieser kulturelle Nährboden bildet auch eine wesentliche Voraussetzung für hohe Leistungsbereitschaft, Eigeninitiative und (Mit-)Verantwortung. Eine Kultur, die die Sichtweise, Fähigkeiten und das Wissen der Menschen vor Ort einbezieht, um auf diese Weise auch den langfristigen Erfolg und Erhalt der Organisation zu sichern. Durch diese Art und Ausgestaltung von Kultur wird auch dazu beigetragen, die Arbeitswelt zu humanisieren (vgl. Kiel 2023).

Unterdessen werden wir häufig über Leitlinien, Unternehmensphilosophie oder Führungsgrundsätze aufgefordert, jemand zu sein, der wir eigentlich nicht sind. Etwas zu sein, was von außen gefordert, jedoch nicht von innen organisch gewachsen ist.

Abb. 7.1 Über eine Idealvorstellung meiner selbst mein Selbst verlieren. (Quelle: Stevens, B. (1970). Don't Push the River. Lafayette, California: Real People Press, S. 231)

Hier *spielen* Gesinnungen, Einstellungen und Haltungen eine wesentliche *Rolle*, die gezeigt werden, um ein Gesicht zu wahren, welches im jeweiligen Kontext erwünscht ist und belobigt wird.

Wir sind initiativ, inspirierend, vorantreibend, begeisterungsfähig, anpassungsfreudig, flexibel, innovativ, kreativ, kooperativ, eigenverantwortlich und schon seit ein paar Jahren merken wir auch, wie agil wir sind. Bei alledem haben wir natürlich unsere Lebensbalance im Griff, treiben regelmäßig Sport, meditieren und haben einen gesunden Schlaf. Wir geben uns die größte Mühe, dem Abbild des modernen Menschen zu entsprechen und könnten währenddessen uns selbst verlieren, wie es die Karikatur in Abb. 7.1 so treffend darlegt.

Offenbar geht uns über diese von außen angetriebenen und übertriebenen Bewegungen etwas Wesentliches verloren. Viele Klientinnen haben trotz aller beruflichen „Erfolge" das Gefühl, „etwas im Leben fehlt", das Gefühl, „unerfüllt zu sein", oder merken, „die Seele ruft nach etwas anderem" oder „die Lebensfreude ist verflogen". Nicht selten höre ich Klientinnen Folgendes sagen: „Irgendwie habe ich meine Lebensenergie verloren!", „Ich empfinde schon länger so eine Gleichgültigkeit in meinem Job!", „Mir ist alles so befremdlich geworden!" oder „Ich fühle mich überlastet!", „Ich empfinde einen ungeheuren Druck!", „Ich fühle mich kraftlos, bin ständig unter Strom und es fällt mir schwer, mich zu konzentrieren!" Was ist da geschehen?

7.2 Der Gegenstand der Humanistischen Psychologie: Die Selbstverwirklichung des Menschen im Spannungsfeld zu seiner Umwelt

> „Richte dein Augenmerk auf dich selbst, und wo du dich findest, da lass von dir ab; das ist das Allerbeste." Meister Eckhart

Vertreter der Humanistischen Psychologie betrachten den Menschen als **Organismus** in seiner Ganzheit: Der Mensch ist in seiner Einzigartigkeit eine individuelle **Ganzheit** von Körper, Geist und Seele. Es wird davon ausgegangen, dass der menschliche Organismus ein Bestreben bzw. eine Tendenz in sich trägt, sich auf Sinnhaftes, auf Werte und Ziele hinzubewegen und dabei bestehende Grenzen zu überschreiten. **Selbstverwirklichung** wird auch als Lebenserfüllung verstanden. Dabei liegen der Auffassung von Selbstverwirklichung zwei Annahmen zugrunde: zum einen, dass unsere Potenziale überwiegend brachliegen und auf organismischem Wege zur Entfaltung drängen, und zum anderen, dass wir die mit der Tendenz zur Selbstverwirklichung einhergehenden Probleme, Schwierigkeiten und Spannungen auch als lustvoll erleben können. Die „Lust zur Spannung" wird als Bestandteil des menschlichen Organismus verstanden (Quitmann 1996, S. 284 ff.).

Vier grundlegende Thesen der Humanistischen Psychologie

Um dem Menschen in seiner Ganzheit gerecht zu werden, formulierte die Gesellschaft für Humanistische Psychologie in den 1960ger-Jahren unter dem Vorsitz von Abraham Maslow folgende vier Thesen als Grundlage für ihre theoretische und praktische Arbeit (vgl. Bühler & Allen 1973, S. 7).

Bis heute scheint diese Ausrichtung erstrebenswert zu sein:
1. Im Zentrum der Aufmerksamkeit steht die erlebende Person. Damit rückt das Erleben als das primäre Phänomen beim Studium des Menschen in den Mittelpunkt.

2. Der Akzent liegt auf spezifisch menschlichen Eigenschaften wie der Fähigkeit zu wählen, der Kreativität, Wertsetzung und Selbstverwirklichung – im Gegensatz zu einer mechanistischen und reduktionistischen Auffassung des Menschen.
3. Die Auswahl der Fragestellungen und der Forschungsmethoden erfolgt nach Maßgabe der Sinnhaftigkeit – im Gegensatz zur Betonung der Objektivität auf Kosten des Sinns.
4. Ein zentrales Anliegen ist die Aufrechterhaltung von Wert und Würde des Menschen, und das Interesse gilt der Entwicklung der jedem Menschen innewohnenden Kräfte und Fähigkeiten. In dieser Sicht nimmt der Mensch in der Entdeckung seines Selbst, in seiner Beziehung zu anderen Menschen und zu sozialen Gruppen eine zentrale Stellung ein.

Dabei sind wir zunächst vor die Frage gestellt: Was könnte mit Selbstverwirklichung gemeint sein?

Im allgemeinen Verständnis bedeutet Selbstverwirklichung, die in einem Menschen gegebenen Möglichkeiten zu entfalten, somit möglichst viel von seinem Selbst lebendig wird, somit der Mensch mehr und mehr sich selbst verwirklicht. Entsprechend geht aus der Selbstverwirklichung immer auch eine Entwicklung der Persönlichkeit hervor.

Schon in der Antike gingen Philosophen davon aus, dass jeder Mensch als einmaliges unverwechselbares Individuum geboren wird. Jedes Individuum trägt in sich unermessliche Potenziale, die auf Entfaltung hin angelegt sind. In diesem Zusammenhang bedeutet Potenzial die realistische Möglichkeit, die auf Verwirklichung hin ausgerichtet ist. Der griechische Philosoph Aristoteles spricht von **Entelechie**, einer im individuellen Menschsein verwurzelten Strebekraft, die auf das Erreichen der „Glückseligkeit" gerichtet ist. Die individuelle Persönlichkeit zu entwickeln bedeutet, die individuellen Potenziale, die individuellen Anlagen zu entfalten. Dieser Prozess ist ein lebenslanger. Die Entfaltung der individuellen Persönlichkeit ist ein umfassender, ganzheitlicher Lernprozess. Seine Persönlichkeit zu entfalten bedeutet, seine Ich-Identität im schwebenden Gleichgewicht aufzubauen. Das heißt, immer mehr „Ich-Selbst" zu sein, mit sich selbst überzueinstimmen (Hülshoff 2010).

In den 30er-Jahren des vergangenen Jahrhunderts beschreibt Kurt Goldstein, der auch als „Vater der Humanistischen Psychologie" gilt, die Tendenz zur Selbstverwirklichung als das grundlegende Motiv jeder Aktivität des Organismus. Es ist das Streben danach, sein individuelles Wesen (seine Kapazitäten, seine Persönlichkeit) so optimal wie möglich zu verwirklichen, und zwar immer im Zusammenkommen, im Auseinandersetzen, im sich einig werden mit der Welt. Dadurch wird die Existenz, das „Da-Sein" der Person in der gegebenen Umwelt garantiert (1934, S. 471).

Goldstein betrachtet den Organismus als Ganzheit, als eine „Gestalt", die als Teil eines Umwelt-Ganzen sich in ständiger Auseinandersetzung mit seiner Umwelt befindet (1934, S. 320). Er geht in Anlehnung an den Prinzipien der Gestaltpsychologie davon aus, dass der Organismus zur „guten Gestalt" tendiert. Diese **Tendenz zur guten Gestalt** stellt für ihn „eine ganz bestimmte Form der Auseinandersetzung von Organismus und Welt dar, nämlich die, in der der Organismus sich seinem Wesen nach verwirklicht" (Goldstein 1934, S. 321).

> Für Goldstein ist das Hauptmotiv menschlichen Lebens die „Selbstverwirklichung", wodurch er permanent und ununterbrochen darauf ausgerichtet ist, die ihm innewohnenden Möglichkeiten in einem Umwelt-Ganzen zur Entfaltung zu bringen. Dieses geschieht in Auseinandersetzung des Menschen mit seiner jeweils gegebenen Umwelt, die von ihm entweder als „adäquat" oder als störend und auf diese Weise auch als „Katastrophen" und „Erschütterungen" erlebt wird (vgl. auch Quitmann 1996, S. 100).

Goldstein bemüht sich in kritischer Wendung gegen den Behaviorismus um eine ganzheitliche Psychologie, die den Menschen nicht wie ein Objekt erklärt, sondern als Subjekt und teleologisch im Sinne von ziel- bzw. zweckorientiertes verfasstes Wesen versteht. Das Ziel des Wachstums und der Entfaltung seiner Potenziale entsteht aus dem Grundbedürfnis nach **„self-actualization"** – ein Begriff, den Abraham Maslow 1941 übernimmt, während Erich Fromm zur gleichen Zeit und im gleichen Sinn von Selbstverwirklichung spricht, wie später auch Carl Rogers, Karen Horney und andere Vertreter der Humanistischen Psychologie (Historisches Wörterbuch der Philosophie, 1995, Bd. 9, S. 558).

Der Psychologe und Mitbegründer der Humanistischen Psychologie Abraham Maslow schlüsselt den Begriff Selbstverwirklichung in seinem Buch zur „Psychologie des Seins" (1973) genauer auf. Er definiert Selbstverwirklichung als „fortschreitende Verwirklichung der Möglichkeiten, Fähigkeiten und Talente, als Erfüllung einer Mission oder einer Berufung, eines Geschicks, eines Schicksals, eines Auftrages, als bessere Kenntnis und Aufnahme der eigenen inneren Natur, als eine ständige Tendenz zur Einheit, Integration oder Synergie innerhalb der Persönlichkeit" (Maslow 1973, S. 41).

Nach diesen Ausführungen scheint die Entwicklung der Persönlichkeit ein natürliches Streben des Organismus zu sein. Ein Streben, das den Menschen *von innen heraus bewegt* mit der Absicht der „Ganzwerdung" oder „Glückseligkeit". Das Streben nach einer „guten Gestalt".

Hier lohnt es sich, kurz innezuhalten, um den Unterschied zwischen von „außen gemachter Form" und von „innen erwachsener Gestalt" über ein Gleichnis aus der ostasiatischen Philosophie uns deutlich vor Augen zu führen, auf das der Gestaltpsychologe Wolfgang Metzger verweist:

> „Ein hundertjähriger Baum wurde zersägt. Man machte Opferschalen aus dem Holz und schmückte sie mit grünen und gelben Mustern. Die Abfälle warf man in den Graben. Diese Opferschalen und die Abfälle im Graben sind wohl verschieden an Schönheit; darin aber, dass sie ihre ursprüngliche Art verloren haben, sind sie gleich. Die Räuber und die Tugendhelden sind wohl verschieden an Moral; aber darin, dass sie ihre ursprüngliche Art verloren haben, sind sie einander gleich" (Dschuang Tse zitiert aus Metzger 1949, S. 19).

Mit anderen Worten: Die Selbstverwirklichung eines Menschen kann man nicht verordnen, anweisen oder machen. Selbstverwirklichung erwächst von innen zur einzigartigen „Gestalt". Sie lässt sich wohl fördern, unterstützen und bestärken. Jedoch können wir auch die Entwicklung eines Menschen hindern, beschränken oder gar in vorgegebene Formen drücken.

Gleichzeitig hat der Mensch nach dem Verständnis der Humanistischen Psychologie *immer* die freie Wahl zu entscheiden, wie er mit den Bedingungen und Einflüssen seiner Umwelt umgeht, und ist auch für die Wirkungen oder Folgen seiner Entscheidungen verantwortlich (Quitmann 1996, S. 281).

Nach Ansicht der Gestaltpsychologen ist Selbstverwirklichung ein Phänomen der Selbstregulation des menschlichen Organismus. Diesen Zusammenhang betrachten wir im folgenden Abschnitt.

7.3 Der Ansatz Gestaltpsychologie: Die Selbstregulation des Organismus als Funktion seiner Selbstverwirklichung

> „Nichts ist drinnen, nichts ist draußen. Denn, was innen ist, ist außen." Johann Wolfgang von Goethe

Die Gestaltpsychologie wurde Anfang des 20. Jahrhunderts unter anderem von Max Wertheimer, Wolfgang Köhler und Kurt Koffka experimentell und theoretisch begründet, die zum Kern der damaligen sogenannten „Berliner Schule" gehörten. Als weitere einflussreiche Vertreter gelten Kurt Lewin, der Begründer der Feldtheorie, sowie Wolfgang

Metzger (1899–1979), der insbesondere nach 1945 bis Ende der 1970er-Jahre zahlreiche Schriften zur Gestaltpsychologie herausgab.

Kurt Goldsteins Erkenntnisse aus seinen neurologischen Forschungen über die organismische Selbstregulation hatten erheblichen Einfluss auf die theoretische Fundierung der Gestaltpsychologie: Die Grundthematik des menschlichen Organismus ist das **„Streben nach Selbstverwirklichung"**, die **„Tendenz zur guten Gestalt"**.

Die Gestaltpsychologen definieren Prinzipen bzw. „Gesetze", nach denen sich der menschliche Organismus von innen heraus selbst reguliert. Über diese **Prinzipien der Selbstregulation** verwirklicht der Organismus seine eigene Ganzheit bzw. eine „gute Gestalt" und passt sich an verändernde oder plötzlich wechselnde Umweltbedingungen bis hin zu einem gewissen Grad an, ohne seine Integrität bzw. Funktionsfähigkeit zu gefährden. Über diese Anpassung und Ausdehnung des Organismus geschieht Entwicklung bzw. Entfaltung und somit die Verwirklichung des Selbst.

Die Tendenz zur „guten Gestalt" meint auch die Tendenz zur Einfachheit und Klarheit in der Form sowie zur **Schließung „offener Gestalten"**. Unsere Wahrnehmung wird derart reguliert, dass wir einfache, klare und abgeschlossene prägnante Gestalten aus unzähligen Sinneseindrücken herausbilden. Die Tendenz zur Schließung offener Gestalten heißt übertragen auf das menschliche Erleben, dass wir danach streben, unerledigte Situationen, Aufgaben oder Sachverhalte zu erledigen, offene Fragen oder Konflikte zu klären oder unerfüllte Bedürfnisse zu erfüllen. Etwas, was wir als „ungeordnet" empfinden, zu ordnen und auf diese Weise integrieren, sodass diese „offene Gestalt" uns nicht mehr belastet und unsere (Lebens-)Energie bindet. Unsere Wahrnehmung wird frei für sich neu herausbildende Gestalten. Dabei ist die „Tendenz zur guten Gestalt" unmittelbar verknüpft mit der **„Figur-Grund-Bildung"** in unserer Wahrnehmung und Erfahrung von der inneren und äußeren Welt.

Die Figur-Grund-Bildung im Dienste unserer Bedürfnisse und Interessen Eine **Figur** erscheint spontan wie von selbst in unserer Wahrnehmung und hebt sich als gesonderter, umgrenzter, gegliederter, möglichst einheitlicher und geschlossener Bereich von seinem Hintergrund deutlich ab, wobei ein Wechsel und Verschieben von Figur und Grund jederzeit möglich sind.

Zum Beispiel beim Betrachten der „Mona Lisa" hebt sich plötzlich als Figur das Lächeln mir in den Blick vor dem Hintergrund des Gesamtbildes, und plötzlich schieben sich ihre Augen als Figur deutlich sichtbar in den Vordergrund meiner Wahrnehmung, wobei alles andere in den Hintergrund gerät.

Eine Figur könnte etwas sinnlich Wahrnehmbares in unserer inneren Welt sein wie zum Beispiel ein Gedanke, eine Erinnerung, eine Vorstellung oder eine Fantasie, ein Gefühl, eine Körperempfindung, eine innerlich hörbar werdende Melodie oder ein Geschmack oder etwas aus der äußeren Welt wie ein Objekt, ein Ereignis, ein Geräusch, ein Geruch, eine Stimme oder eine bestimmte Person. Auch ein körperliches Ereignis wie eine Gestik, Mimik, ein Gesichtsausdruck oder ein Verhaltensmuster könnte sich als Figur vor einem Hintergrund plötzlich sichtbar abheben.

Werfen wir einen Blick auf die Ausführungen des Gestaltpsychologen Wolfgang Köhler aus dem Jahr 1947 und tauchen für einen Moment in sein unmittelbares Erleben von Figur und Grund ein:

> „… die gesamte Entwicklung muss mit einem naiven Bild der Welt beginnen. Es ist notwendig, so anzufangen, weil es keine andere Grundlage für die Wissenschaft gibt. In meinem Fall, den wir repräsentativ für viele andere nehmen können, besteht diese naive Szene in diesem Moment aus einem blauen See, der von dunklen Wäldern umgeben ist, einem grauen, großen Felsen, hart und kühl, die ich als Sitzplatz gewählt habe, Papier, auf dem ich schreibe, einem schwachen Geräusch durch den Wind, der

die Bäume leicht bewegt, und einem intensiven Geruch, wie er für Boote und Fischerei charakteristisch ist. Aber in dieser Welt gibt es noch mehr: ich sehe nun irgendwie auch noch einen anderen See, obwohl er mit dem gegenwärtigen See nicht verschmilzt. Der andere See liegt in Illinois und ist von einem schwächeren Blau. An dessen Ufer stand ich vor einigen Jahren. Ich bin vollkommen daran gewöhnt, Tausende Bilder solcher Art auftauchen zu lassen, wenn ich alleine bin. Und in dieser Welt ist noch mehr: meine Hand z. B. und meine Finger, wie sie leicht über das Papier gleiten. Jetzt, wenn ich zu schreiben aufhöre und mich wieder umschaue, fühle ich mich gesund und vital. Doch im nächsten Moment empfinde ich etwas wie einen dunklen Druck irgendwo in meinem Inneren, der die Tendenz hat, sich in ein Gefühl von Gejagdsein zu verwandeln – ich habe versprochen, dieses Manuskript in einigen Monaten abzuliefern" (Köhler 1947, S. 7 zitiert nach Yontef 1999, S. 101).

Der Wechsel in unserer Wahrnehmung von Figur und Grund wird durch unsere **Bedürfnisse oder Interessen** von innen selbst reguliert. Je nach aktuell dringlichstem Bedürfnis treten bestimmte Aspekte aus der Vielfalt unserer Umgebung als Figur in den Vordergrund, wobei andere im Hintergrund verborgen bleiben. Mit anderen Worten: Unsere Wahrnehmung wird durch das aktuell vorherrschende Bedürfnis geleitet, wodurch dasjenige als Figur in den Vordergrund gerät, was die erlebte Unausgewogenheit ausgleichen könnte. Die Figur erhält Bedeutung je nach Dringlichkeit und Ausprägung des Bedürfnisses und inwieweit der Organismus mit ihr die Möglichkeit der Erfüllung dieses Bedürfnisses und somit die Wiederherstellung seines Gleichgewichtes (Homöostase) verbunden sieht. Durch die Erfüllung des mit ihr verbundenen Bedürfnisses verliert die Figur an Bedeutung und Interesse, sodass selbstregulierend das nun gegenwärtig vorrangige Bedürfnis eine neue Figur in den Vordergrund der Wahrnehmung schiebt. Wenn wir einigermaßen physisch-psychisch im Gleichgewicht sind und insofern aktuell kein dringendes oder ausgeprägtes Bedürfnis unsere Aufmerksamkeit bindet, weitet und öffnet sich unser Wahrnehmungsspektrum von der uns gegebenen Welt. Wir fühlen uns innerlich ausgewogen, wodurch unsere Wahrnehmung weicher, beweglicher und weniger starr fixiert auf bestimmte Personen, Objekte oder Ereignisse wird (vgl. auch Kiel 2020, S. 69).

❓ Welche Figur tritt in diesem Moment, im „Hier und Jetzt" über welchen meiner Sinne wahrnehmbar in den Vordergrund meiner Aufmerksamkeit? Ein Geräusch, ein Geruch, ein Geschmack, etwas Gespürtes, Hörbares oder Sichtbares? Ist diese Figur hervorgetreten aus etwas gegenwärtig Wahrnehmbarem meiner äußeren Welt? Oder ist diese Figur hervorgegangen aus meiner inneren Welt?
Welches Bedürfnis oder Interesse könnte mit dieser Figur verbunden sein?

Zum Beispiel klagte eine Klientin darüber, dass während der Arbeit ständig ihr Blick darauf gerichtet ist, wie ihr Chef ihre Leistung anerkennt und würdigt. Selbst zu Hause quälte sie sich häufig mit diesem Gedanken, ob ihr Chef ihre Leistung wertschätzt. Für diese Klientin war der Chef zur prägnanten Figur geworden, mit welchem sie das Bedürfnis nach Anerkennung und Würdigung verknüpfte.

Die Bedeutung einer Figur ergibt sich aus dem Hintergrund

Dabei erhält jede Figur ihre Bedeutung, je nachdem, vor welchem Hintergrund sie wahrgenommen wird bzw. in welchem Kontext sie eingebettet ist. Jedes Phänomen erhält seine Bedeutung einerseits durch die gegenwärtige Umgebung, in welcher es zum Vorschein kommt, und andererseits durch seine Entstehung oder Entwicklung bzw. durch seine Geschichte. Der Freudentanz eines Fußballfans erhält im Stadion nach dem Siegtor im Elfmeterschießen eine andere Bedeutung als ein Freudentanz eines Mitarbeiters im Betriebsrestaurant. Wenn wir wissen, dass der Mitarbeiter gerade darüber informiert wurde, dass er im Glücksspiel den Jackpot gewonnen hat, bekommt sein Verhalten urplötzlich Sinn und Bedeutung: „Aha, jetzt verstehe ich!"

Für die Klientin hatte die Figur „Chef" verbunden mit dem Bedürfnis nach Anerkennung im Arbeitskontext eine andere Bedeutung als im privaten Kontext. Sie empfand es besonders belastend, dass sie sich ihren Chef „in den eigenen vier Wänden" unwillkürlich immer wieder vor Augen führte und innerlich mit sich herumtrug.

Bedürfnis des Organismus oder bedürfnisrelevanter Aspekt im Vordergrund

Aus diesem Beispiel wird auch deutlich, dass das Prinzip der „Figur-Grund-Bildung" nicht nur für die sinnliche Wahrnehmung von Figuren der inneren und äußeren Welt gilt, sondern auch für den Zusammenhang zwischen dem *Organismus im Hintergrund und den Bedürfnissen im Vordergrund* sowie den *Bedürfnissen des Organismus im Hintergrund und den bedürfnisrelevanten Aspekten der Umwelt im Vordergrund* (Boeck 2015, S. 27).

Ist mir das Gefühl von Hunger und damit verbunden das Bedürfnis nach Sättigung als Figur im Vordergrund bewusst oder taucht in meiner Fantasie das innere Bild eines Restaurants deutlich als Figur im Vordergrund meines Bewusstseins auf als bedürfnisrelevantes Objekt.

Die Klientin war vornehmlich auf ihren Chef als deutliche Figur im Vordergrund ihrer Wahrnehmung vor dem Hintergrund ihres Bedürfnisses nach Anerkennung und Würdigung fixiert. Die Figur des Chefs war für sie ein bedürfnisrelevanter Aspekt ihrer äußeren Welt. Ein Aspekt, in welchem das unerfüllte Bedürfnis eine Möglichkeit der Erfüllung sieht. Eine „offene Gestalt", die nach „Schließung zum Guten" drängt.

In einem weiteren Coaching wandelte sich das Erleben der Klientin, indem sie sich ihrem Bedürfnis nach Anerkennung und Würdigung deutlich bewusster bzw. gewahr wurde, sodass ihr dieses als prägnante Figur im Vordergrund spür- und fühlbar wurde vor dem Hintergrund ihrer eigenen Person unabhängig von ihrem jetzigen Chef. Aus dem Bewusstwerden des Zusammenhanges ihrer Bedürfnisse als Figur vor dem Hintergrund ihrer Lebensgeschichte mit den Prägungen aus guten und schlechten Erfahrungen, ihrer aktuellen Lebenssituation und dem daraus resultierenden Befinden offenbarten sich der Klientin plötzlich zahlreiche neue Lösungsmöglichkeiten. Zum Bespiel zunächst das Bedürfnis nach Wertschätzung anzuerkennen und zu würdigen, zu danken, dass es sich so deutlich zeigt, sowie sich selbst anzuerkennen und zu würdigen, was sie in ihrem Leben schon alles erreicht hat und zu wem sie geworden ist. Ein plötzliches Einsehen verbunden mit einem **„Aha-Erlebnis"**, welches sich wie von selbst aus dem Wechsel von Figur und Grund ergibt: „Ich bin ein wertvoller Mensch, unabhängig davon, was andere von mir denken!"

In anderen Fällen könnte einem Klienten plötzlich bewusst werden, wie sehr er sich als Kind schon die Wertschätzung seines Vaters ersehnte und diese nicht erhielt. Diese Erinnerung tritt augenblicklich wie von selbst aus dem Hintergrund seiner Lebensgeschichte als Figur in den Vordergrund, die wir uns im weiteren Verlauf des Coachings genauer anschauen könnten (Kiel 2020, S. 223 ff.).

Das Schaffen einer Lebensordnung zur Verwirklichung unseres Selbst Wir sind immer in einer Umwelt und Mitwelt eingebettet, zu welcher wir uns allein schon durch unsere Anwesenheit, durch unser „Dasein" in Beziehung und Wechselwirkung befinden. Dabei sind wir immerwährend gefordert, die unzähligen auf uns einwirkenden Reize und Eindrücke nach Sinn und Bedeutung zu ordnen, um handlungsfähig zu sein, um unsere Bedürfnisse zu erfüllen und unser Selbst zu entfalten.

Das Ergebnis dieses Schaffens von Ordnung hinein in die vielschichtige und unübersichtliche erfahrene Welt kann als subjektive Wirklichkeit bezeichnet werden, die für den jeweiligen Menschen sinnvoll und entsprechend stimmig mit seinem weiteren Erleben von der Welt erscheint. Diese subjektive Wirklichkeit mündet mit der Zeit in ein relativ stabiles „Weltbild" mit gewissen Glaubenssätzen, Überzeugungen und Normen, das sich als **prägnante Ordnung** des Lebens materialisiert, wie zum Beispiel durch entsprechende Berufswahl, Art der Partnerschaft oder Familie, Wohnsituation oder Statussymbole. Dabei können frühe Prägungen und „Vorbilder" aus unserer Herkunftsfamilie beim Entstehen unserer heutigen Lebensordnung *erheblich* sein. Durch die jeweilige Wahl und Art der Lebensform lassen sich gewisse Bedürfnisse erfüllen, wobei sich das Selbst in dem Maße verwirklicht, wie die Erfüllung seiner Bedürfnisse in diesem Rahmen machbar ist.

> „Das Prägnanzprinzip besagt, dass das Feld sich selbst in der bestmöglichen wohlgeordneten Weise formiert – mit größtmöglicher Reinheit und Eindeutigkeit – mit so viel Unmittelbarkeit und Ökonomie, Stabilität und Stärke, wie es die Gesamtbedingungen erlauben. Eine Situation, die ein Problem mit sich bringt, enthält auch dessen Lösung" (Wertheimer 1945, zitiert nach Yontef 1999, S. 99).

In der Gesamtheit betrachtet ist das Gefüge von Bedürfnissen eines Menschen vielfältig und vielschichtig, und manche Bedürfnisse können sich gegenseitig widersprechen oder zuwiderlaufen und scheinen miteinander unvereinbar zu sein. Jede Ordnung von Lebenswirklichkeit zur Befriedung von Bedürfnissen könnte sich zuungunsten anderer Bedürfnisse durchsetzen. Diese ausgeblendeten oder verdrängten und somit nicht gelebten Bedürfnisse oder Anteile der Person verstummen mit der Zeit.

Diese Bedürfnisse könnten im Schatten des „netten" Scheins eine Spur hinterlassen, nicht ganz erfüllt im Leben zu sein, oder das Gefühl, dass etwas im Leben unstimmig ist oder fehlt – ja, vielleicht sogar unsere Lebensfreude (vgl. auch Kiel 2020, S. 73).

Im Coaching klagen manche Klientinnen über körperliche Spannungen, fühlen sich energielos, müde oder unzufrieden, ohne genau zu wissen, woher dieses rührt. Im Verlaufe des Coachings wird häufig deutlich, dass sich bestimmte Bedürfnisse in der jetzigen Lebensform nicht erfüllen lassen. Diese „offenen Gestalten" drängen in den Vordergrund und binden Energie, wobei ein Zurückdrängen körperliche Spannungen oder andere körperlichen Beschwerden bewirken könnte.

Zum Beispiel klagte eine Klientin darüber, dass sie morgens auf dem Weg zur Arbeit überwiegend Unlust und Widerwillen spürte und sich dabei müde und schwerfällig fühlte. Es fiel ihr schwer, sich hin zur Arbeit zu bewegen. Sie erfüllte eine hoch dotierte Position in einem Beratungsunternehmen und fühlte sich in diesem Arbeitskontext sehr unwohl. Das Miteinander entsprach nicht ihren Wertvorstellungen. Aus ihrer Sicht herrschten viel Konkurrenz untereinander, Neid und wenig echte Kollegialität. Gleichzeitig hatte sie ein starkes Bedürfnis nach finanzieller Sicherheit und verspürte den inneren Antreiber „Sei stark!" bzw. „Gib nicht auf!", sodass sie nicht kündigen wollte. Dieser innere Konflikt führte zu Schlafstörungen und somit zu erhöhter Unausgeglichenheit. Eines Tages sagte sie die folgende Coachsitzung ab, da sie zwischenzeitlich mit dem Fahrrad stürzte und sich zwei Wochen *nicht bewegen* konnte und zu Hause verweilen musste. Diese „Lösung" führte sie gezwungenermaßen dazu, sich ihrer verschiedenen Bedürfnisse in Ruhe deutlicher bewusst zu werden und zu spüren. Sie entschied sich zu kündigen, ohne eine neue Anstellung in Aussicht zu haben. Ein für sie ungewisser und riskanter Schritt in eine neue Ordnung ihres Lebens. Ein Ergebnis ihrer organismischen Selbstregulation.

7.4 Gestaltorientiertes Coaching: Die Selbstregulation des Menschen im Dienste seiner Selbstverwirklichung stärken

> „Das Wahre ist das Seiende selber." Thomas von Aquin

Die Gestalttherapie wurde in den 1950er-Jahren bis Ende der 1960er-Jahre von Fritz und Laura Perls sowie von Paul Goodman als Abgrenzung und Kritik zur damaligen psychoanalytischen Tradition in den wesentlichen Grundzügen erarbeitet. Zu dieser Zeit waren die einflussreichen Quellen der Gestalttherapie vor allem die Gestaltpsychologie, die Feldtheorie und die Phänomenologie. Später in den 1980er-Jahren wurde der Einfluss von dem Existentialphilosophen Martin Buber und der fernöstlichen Philosophie sichtbarer herausgestellt. Bubers grundlegendes Werk „Ich und Du" wurde 1923 herausgegeben (Buber 1923).

Vertreter der Gestalttherapie betrachten den Menschen ganzheitlich in seiner Einheit von Leib-Seele-Geist. Sie verstehen den **Menschen als selbstregulierenden Organismus** im Kontakt mit seiner lebensnotwendigen, physischen und sozialen Umwelt. Die Verwirklichung des Selbst geht aus dieser Wechselwirkung zwischen Mensch und Umwelt, aus diesem **Organismus/Umwelt-Feld** hervor.

Hier organisieren die aktuellen Bedürfnisse, Interessen und Wünsche des Menschen sein Verhalten und beeinflussen seine Wahrnehmung im „Lebensraum" (Lewin 2012/1963, S. 305 f.).

Bedürfnisse als Unterschied zwischen dem gegenwärtig Wahrgenommen und dem Erwünschtem
Bedürfnisse werden als Unterschied zwischen dem aktuellen und einem erwünschten Zustand der Person verstanden, welche eine „Bedürfnisspannung" erzeugen. Verhalten konkretisiert sich im Lebensraum, indem Menschen versuchen, ihre Ziele zu erreichen und Spannungen abzubauen (Stützle-Hebel & Antons 2017, S. 17 f.).

Gestalttherapie unterstützt die Klientinnen dabei, sich ihrer eigenen Bedürfnisse bewusster zu werden sowie persönliche Blockaden und Hemmungen aufzulösen. Zugleich wird die **Selbstverantwortung** der Klientinnen für ihr Denken, Handeln und Erleben gestärkt. Ziel ist es, die vorhandenen Potenziale der Persönlichkeit zu entfalten und den kreativen Kontakt der Menschen mit ihrer Umwelt zu fördern. Gestalttherapie ist daher nicht nur ein erprobtes und effektives Verfahren zur Behandlung von seelischen oder psychosomatischen Leiden, sondern unterstützt die Persönlichkeitsentfaltung gesunder Menschen (vgl. zum Beispiel auch Boeck 2006, S. 17).

Der Ansatz des gestaltorientierten Coachings ist aus der Gestalttherapie hervorgegangen, wobei sich diese beiden Formen insbesondere durch die Anlässe und Anliegen der Klientinnen unterscheiden: Menschen mit Themen aus dem beruflichen Kontext fragen eher ein Coaching an, während tieferliegende persönliche Konflikte oder Spannungen, seelische Belastungen, psychosomatische Beschwerden oder Suchtprobleme häufig Anlässe für eine Therapie sind.

> Grundlegend für gestaltorientiertes Coaching ist die Entwicklung der Persönlichkeit im Hinblick auf die Einzigartigkeit des Individuums und die Entfaltung seiner Potenziale. Vor diesem Hintergrund wird gestaltorientiertes Coaching als Ansatz der Humanistischen Psychologie verstanden.

Im gestaltorientierten Coaching gehe ich davon aus, dass Situationen in unserem Leben, die nicht abgeschlossen und gleichzeitig sehr bedeutsam sind, uns innerlich vereinnahmen, Energie binden und somit den selbstregulierenden Fluss der Bildung neuer relevanter Figuren blockieren.

Zum Beispiel ein ungelöster Konflikt mit einem Kollegen, die fehlende Wertschätzung der Vorgesetzten, die Nichtbeachtung bei einer Beförderung oder das abschätzige Verhalten eines Kunden. Häufig sind wir dann auf das Ereignis fixiert, fühlen uns unzufrieden, frustriert, gekränkt, bedrückt oder verärgert. Wir können uns weniger auf das Gegenwärtige konzentrieren, wirken nervös, weil wir innerlich mit der offenen Situation beschäftigt und belastet sind: „Ich hatte eine sehr wichtige Vertragsverhandlung mit einem Kunden. Währenddessen tauchte immer wieder die belastende Szene mit meiner Frau in mir auf." Oder: „Ich war

7.4 · Gestaltorientiertes Coaching: Die Selbstregulation des Menschen

in den Ferien mit meiner Familie, wollte mich endlich entspannen und mir Zeit für uns nehmen. Doch mir gingen immer wieder diese Worte meiner Chefin durch den Kopf." Auch Ereignisse, die schon längere Zeit zurückliegen, können belastend wirken und Energie binden: „Ich habe letztes Jahr im Zuge einer Reorganisation unerwartet meine Führungsfunktion verloren. Bis heute ist diese Wunde nicht verheilt."

Diese offenen Situationen geben den Vordergrund unserer Wahrnehmung nicht frei und bleiben eine beständige Quelle, die unsere Aufmerksamkeit bindet, erhöhte Erregung oder Stress bewirken, weil die Gestalt nicht geschlossen ist, weil die Situation nicht abgeschlossen ist, weil die „Wunde nicht verheilen will" (Perls 1981/1969, S. 69).

Zum Beispiel Verluste, Kränkungen oder Sehnsüchte drängen sich aus dem Hintergrund über Erinnerungen oder Vorstellungen in Form innerer Bilder oder innerer Dialoge immer wieder in den Vordergrund unserer Wahrnehmung, binden Energie und können unser Erleben im „Hier und Jetzt" erheblich einfärben und eintrüben. Fixe Erinnerungs- oder Vorstellungsbilder oder unaufhörliche innere Dialoge hindern uns, dem Gegenwärtigen frei, spontan und kraftvoll zu begegnen. Wir fühlen uns ermüdet, gereizt oder mutlos und empfinden weniger Lebensfreude oder Elan.

Dabei ist Wiederholungszwang der wiederholte Versuch, mit einer schwierigen Situation fertig zu werden. Die Wiederholungen sollen dazu dienen, eine Gestalt zu schließen und auf diese Weise Energien für Wachstum und Entwicklung freizusetzen. „Die unerledigten Situationen blockieren das Getriebe; es sind Barrieren auf dem Weg der Reifung" (Perls 1981/1969, S. 69).

Im gestaltorientierten Coaching betrachte ich mit den Klientinnen diese „unerledigten" Situationen, diese „offenen Gestalten" und lade sie dazu ein, diese experimentell „zum Guten" zu lösen oder zu schließen.

Zum Beispiel könnte eine Klientin im Coaching einen Dialog mit ihrer Mitarbeiterin in

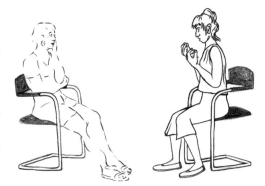

Abb. 7.2 Coaching: Die Klientin im Dialog mit ihrer Mitarbeiterin. Die Klientin sitzt rechts auf dem Stuhl in Beziehung zu ihrer Mitarbeiterin. Dabei sieht sie in ihrer Vorstellung die Mitarbeiterin auf dem Stuhl gegenüber, links

Szene bringen, in welchem sie ihre und die Perspektive der Mitarbeiterin nacheinander jeweils auf einem leeren Stuhl einnimmt und aus der jeweiligen Anschauung das äußert, was bisher unausgesprochen zwischen ihr und der Mitarbeiterin vorliegt. Sie könnte hier im Coaching ihre Bedürfnisse und Erwartungen deutlich vorbringen (s. **Abb. 7.2**).

Oder wir könnten den „abschätzigen" Chef auf einen leeren Stuhl im Raum platzieren und imaginativ ihn uns dort im „Hier und Jetzt" vorstellen. Ich könnte die Klientin fragen: *Welche Position des Stuhls hier im Raum würde am ehesten die erlebte Beziehung zu deinem Chef entsprechen? Wie sitzt dein Chef dort? Mit welcher Körperhaltung? Mit welcher Gestik? Was empfindest du zu ihm? Was fühlst du? Was spürst du im Körper – jetzt in Beziehung zu ihm? Was möchtest du ihm sagen? Was würde er antworten? Was fühlst du jetzt?*

Durch das Schließen von belastenden offenen Situationen erfährt die Klientin die Gegenwart wieder vollständiger, empfindet sich befreiter, lebendiger und wendet sich den aktuellen Erfordernissen und Aufgaben sowie den vorhandenen Möglichkeiten ihrer Umgebung wieder zu.

> Dabei strebt der Organismus selbstregulierend eine Ordnung und das Schließen dieser „offenen Gestalten" an.

Menschen besitzen die natürliche Fähigkeit, durch Selbstregulation sich der jeweiligen Umgebung kreativ anzupassen. Bei erfolgreicher Anpassung sind wir uns sowohl unserer Bedürfnisse als auch der äußeren Erfordernisse gewahr, erkennen die eigenen Fähigkeiten und Ressourcen sowie die Möglichkeiten der gegebenen Situation und nutzen diese, um ein Gleichgewicht zwischen Innen- und Außenwelt zu finden.

Gestaltorientiertes Coaching vertraut auf die Selbstregulation der Klientinnen und versucht, diese zu stärken. Voraussetzung dafür ist die ganzheitliche Wahrnehmung sowohl der inneren und äußeren Welt.

◘ **Abb. 7.3** Coaching: Der Klient im Dialog mit seinen Eltern. Der Klient sitzt links und in seiner Vorstellung sitzen vor ihm seine Eltern

Gewahrsein als Voraussetzung von Einsicht
Nur über umfassendes Gewahrsein sowohl der inneren als auch der äußeren Welt ist „Einsicht" möglich. „Einsicht bildet Muster im Wahrnehmungsfeld, die signifikante Beziehungen im Feld abbilden; sie ist eine Gestaltbildung, bei der die relevanten Faktoren im Hinblick auf das Ganze ihren rechten Platz finden" (Köhler, zitiert in Yontef 1999, S. 99 f.).

In diesem Zusammenhang ist es von Bedeutung, zwischen **Wunsch und Bedürfnis** zu unterscheiden. *Welches Bedürfnis liegt hinter deinem Wunsch?*

Zum Beispiel hatte ein Klient beharrlich den Wunsch, beruflich weiter in der Karriereleiter aufzusteigen, obwohl er wusste, dass er hierdurch seine Lebensbalance erneut einseitig übermäßig belasten würde, die er zu dieser Zeit in einem gesunden Gleichgewicht halten konnte. In der Vergangenheit litt seine Psyche erheblich unter fehlender Zeit für seine privaten Interessen, Freunde und Familie. In einem Coaching wurde ihm bewusst, dass eigentlich hinter seinem Wunsch nach Karriere das tiefliegende Bedürfnis nach Anerkennung von seinen Eltern lag. Im weiteren Verlauf des Coachings stellte er sich vor, dass seine Eltern hier im Raum auf zwei leeren Stühlen vor ihm sitzen (s. ◘ Abb. 7.3). Zunächst sagte er ihnen, wofür er sie anerkennt, wofür er ihnen dankbar ist, was er an ihnen schätzt. Anschließend sagte er ihnen, wofür er sich anerkennt, was er an sich schätzt, ohne beruflich Karriere machen zu müssen. Er sagte ihnen, dass er auch ein wertvoller Mensch sei ohne übermäßigen beruflichen Erfolg. Er fühlte sich gelöst. Der Wunsch nach Karriere war ihm nicht mehr so prägnant, sodass er sich vielmehr anderen Bereichen seines Lebens widmen konnte, woraus er viel Wertschätzung schöpfte.

Häufig beschreiben Klientinnen im Coaching, dass sie sich innerlich getrieben fühlen, ohne dafür eine äußere Notwendigkeit zu erkennen: „Ich versuche immer, alles perfekt zu machen, und sitze dafür bis spät abends im Büro. Selbst mein Chef sagt schon, dass ich nicht so hohe Ansprüche an mich stellen müsste. Das ist aber leichter gesagt als getan." Oder: „Ich bin immer so freundlich und zuvorkommend zu anderen Menschen und achte dabei nicht auf meine eigenen Bedürfnisse. Oft fühle ich mich im Nachhinein übergangen und dann ärgere ich mich über mich selbst!"

Nicht selten treiben wir uns durch innere Sätze an, wie zum Beispiel: „Sei stark!", „Streng dich an!", „Sei perfekt!", „Beeil dich!", „Mach es mir recht!" oder „Sei vorsichtig!" (vgl. Goulding & Goulding 1981, S. 56 ff.). Diese Antreiber sind häufig gut gemeinte Botschaften, die wir in unserer frühen Sozialisation von unseren Bezugspersonen ohne Erwägen übernommen haben, um reale oder fantasierte Anforderungen bewältigen zu können. Sicher erfüllen diese Botschaften

7.4 · Gestaltorientiertes Coaching: Die Selbstregulation des Menschen

in bestimmten Situationen ihren Zweck und wir werden durch erwünschte Wirkungen auch immer wieder bestätigt. Die Selbstregulation ist dann gestört, wenn diese Antreiber generell als Figur im Vordergrund das Denken, Fühlen und Handeln des Menschen bestimmen und dabei wesentliche Bedürfnisse in dessen Schatten nicht mehr spürbar sind und vorhandenes Potenzial sich nicht entfalten kann. Die inneren Sätze sind dann restriktiv und einschränkend und können Flexibilität und persönliches Wachstum verhindern.

> „Die Kluft zwischen den potentiellen Fähigkeiten und ihrer Verwirklichung einerseits und der Verzerrung dieser Authentizität andererseits wird hier deutlich. Das Ungeheuer ‚Man sollte' hebt sein hässliches Haupt. Wir ‚sollten' viele Züge und Quellen unserer Ursprünglichkeit eliminieren, verleugnen, unterdrücken, negieren, und dafür Rollen annehmen, vortäuschen, entwickeln, spielen, die von unserem Elan vital nicht getragen sind und zu verschiedenen unechten Verhaltensweisen führen. Anstelle von Ganzheit einer realen Person finden wir Zersplitterung, die Konflikte und die nicht gefühlte Verzweiflung der Papier-Menschen" (Perls 1981/1969, S. 9).

Vermehrt erlebe ich auch das Bedürfnis von Klientinnen, nicht getrieben, sondern in ihrem Wesen, in ihrer Existenz oder in ihrem „Da-Sein" bestätigt und gewürdigt zu sein. Aus dieser **„Kraft des Seins"** (vgl. Kiel 2020, S. 116 ff.) geht häufig eine Bewegung hervor, die vielmehr organisch von innen heraus ganzheitlich erwächst als von außen her gefordert und angetrieben ist. Diese Bewegung ist integriert und nicht antrainiert. Eine Bewegung, die kraftvoller, energetischer und prägnanter ist. Eine Bewegung, die als Ausdruck des Selbst sich verwirklicht.

Die Selbstregulation des Menschen kann auch dann gestört sein, wenn verschiedene Bedürfnisse parallel als Figur in unserem Bewusstsein gleichrangig auftauchen und auf den ersten Blick diese „Polaritäten" nicht vereinbar zu sein scheinen. Zum Beispiel: „Ich würde liebend gern heute Abend mit meiner Frau ins Theater gehen, jedoch muss ich noch dringend an dieser Präsentation für den Kunden arbeiten!" Oder: „Eigentlich will ich meinen Job kündigen, jedoch würde ich meine Kolleginnen sehr vermissen!" Wir haben das Gefühl, weder dem einen noch dem anderen entsprechen zu können. Wir fühlen uns dann häufig hin- und hergerissen, verwirrt oder konfus und in der Folge energielos, müde und handlungsunfähig, die Situation zu lösen.

In diesen Fällen bitte ich den Klienten, die jeweiligen parallel wahrnehmbaren Bedürfnisse zu separieren und diese sequenziell als Gestalt ganzheitlich bewusster und erlebbarer werden zu lassen:

„Für mich klingt das so, als ob du zwei Seelen in deiner Brust hättest, die gleichzeitig auf dich einwirken und noch nicht miteinander vereinbar zu sein scheinen: *einerseits* das Bedürfnis, mehr Zeit für dich und deine Familie zu haben, und *andererseits* den Wunsch, die Führungsfunktion für diesen Bereich zu übernehmen. Ich würde gern mit dir diese beiden Seiten nacheinander betrachten. Bist du damit einverstanden?"

Folgende Fragen könnten dabei helfen, beide Seiten herauszuarbeiten und jeweils als „Gestalt" im Vordergrund sichtbarer, spürbarer und somit ganzheitlich erlebbarer werden zu lassen:

? Durch welche Körperhaltung, Gestik, Mimik wird diese Seite am ehesten zum Ausdruck gebracht? Wie ist die Atmung? Wie groß erscheint sie dir? Wie alt scheint sie zu sein? Was fühlt diese Seite? Was sagt sie dir? Welche inneren Bilder tauchen bei ihr auf? Was möchte sie für dich erreichen? Was befürchtet sie? Welchen Namen hat diese Seite? Oder: Durch welche Figur aus einem Roman, Märchen oder Film wird sie am ehesten sinnbildlich dargestellt? Welches Bedürfnis verkörpert diese Seite?

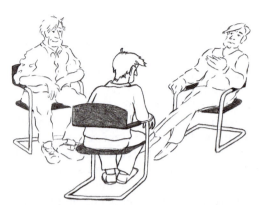

Abb. 7.5 Video 7.5 Eric Lippmann
(https://doi.org/10.1007/000-891)

Abb. 7.4 Coaching: Der Klient im Dialog mit seinen Zukunftsperspektiven. Der Klient sitzt vorne in der Mitte. Links in seiner Vorstellung vor ihm sitzend sein Zukunfts-Ich ohne Masterabschluss, rechts in seiner Vorstellung vor ihm sitzend sein Zukunfts-Ich mit Masterabschluss

Anschließend führen wir diese beiden Seiten miteinander in einen Dialog, wodurch eine Integration der jeweils dahinterliegenden Bedürfnisse auf den Weg gebracht wird.

Zum Beispiel haderte ein Klient des Öfteren damit, dass er vor Jahren sein Masterstudium in Betriebswirtschaft nicht zum Abschluss gebracht hatte. Zur Zeit des Coachings war er beruflich im Bereich Marketing sehr erfolgreich und führte ein ausgeglichenes und erfülltes Leben. Ich bat ihn, zwei Stühle im Raum zu platzieren. Der eine Stuhl symbolisierte ihn in 20 Jahren als die Person, die den Abschluss im Laufe dieser Zeit nachholte, und der andere Stuhl stellte ihn als Person in 20 Jahren dar ohne Master. Ich bat ihn, sich nacheinander in beide Perspektiven *hineinzuversetzen* und aus der jeweiligen Perspektive zu sprechen (s. ◘ Abb. 7.4).

Er spürte und fühlte sich in die jeweilige Perspektive hinein, nahm die entsprechende Körperhaltung, Gestik und Mimik ein und berichtete, wie er lebt, wie er sein Leben gestaltet, was ihm wichtig und wertvoll ist, wie zufrieden er ist. Aus der jeweiligen Perspektive sagte er auch zu sich in der Gegenwart, wie er zu dem geworden ist, was er heute (in der Zukunft) ist und was er (aus der Zukunft) ihm (in der Gegenwart) empfehlen würde. Nach dieser „Sitzung" wurde dem Klienten unmittelbar klar und bewusst, den Master nicht mehr in Angriff zu nehmen und dafür eine praxisnahe Weiterbildung im Bereich Marketing zu besuchen. (Hierzu eine Stimme aus der Praxis: ◘ Abb. 7.5).

Literatur

Boeck, A. (2006). *Gestalttherapie. Eine praxisbezogene Einführung*. Stuttgart: Kreuz.
Buber, M. (1923). *Ich und Du*. Leipzig: Insel.
Bühler, C., & Allen, M. (1973). *Einführung in die Humanistische Psychologie*. Stuttgart: Klett.
Goldstein, K. (1934). *Der Aufbau des Organismus*. Haag: The Hague.
Goulding, M., & Goulding, R.-L. (1981). *Neuentscheidung. Ein Modell der Psychotherapie*. Stuttgart: Klett-Cotta.
Hülshoff, T. (2010). Über den Zusammenhang von Lernen, Persönlichkeitsentwicklung und Führungskultur im betriebs- und führungspädagogischen Kontext. In C. Negri (Hrsg.), *Angewandte Psychologie für Personalentwicklung. Konzepte und Methoden für Bildungsmanagement, betriebliche Aus- und Weiterbildung* (S. 70–80). Heidelberg: Springer.
Kiel, V. (2020). *Analoge Verfahren in der systemischen Beratung. Ein integrativer Ansatz für Coaching, Team- und Organisationsentwicklung*. Göttingen: V+R.
Kiel, V. (2023). Organisationskultur und Kulturentwicklung aus systemischer Perspektive. In A. Müller, T. Zbinden & B. Werkmann-Karcher (Hrsg.), *Angewandte Personalpsychologie für das Human Resource Management*. Heidelberg: Springer. In Vorbereitung.
Lewin, K. (2012). *Feldtheorie in den Sozialwissenschaften. Ausgewählte theoretische Schriften*. Bern: Huber. 1963

Literatur

Maslow, A. (1973). *Die Psychologie des Seins. Ein Entwurf*. München: Kindler.

Maslow, A. (2014). Was Gipfelerlebnisse uns lehren. In E. Doubrawa (Hrsg.), *Jeder Mensch ist ein Mystiker. Mit einer Einführung von David Steindl-Rast* (S. 15–36). Wuppertal: Peter Hammer.

Metzger, W. (1949). *Die Grundlagen der Erziehung zu schöpferischer Freiheit*. Frankfurt a. M.: Waldemar Kramer.

Metzger, W. (2001). *Psychologie – Entwicklung ihrer Grundannahmen seit der Einführung des Experiments* (6. Aufl.). Wien: Krammer. Erstauflage 1941

Perls, F. (1981). *Gestaltwahrnehmung. Verworfenes und Wiedergefundenes aus meiner Mülltonne*. Fulda: Humanistische Psychologie.

Perls, F. (1980). Gestalttherapie und die menschlichen Potenziale. In H. Petzold (Hrsg.), *Gestalt-Wachstum-Integration* (S. 149–155). Paderborn: Junfermann.

Quitmann, H. (1996). *Humanistische Psychologie. Philosophie. Psychologie. Organisationsentwicklung* (3. Aufl.). Göttingen: Hogrefe.

Stevens, B. (1970/2000). *Don't push the river. Gestalttherapie an ihren Wurzeln*. Wuppertal: Peter Hammer.

Stevens, J. O. (1996). *Die Kunst der Wahrnehmung. Übungen der Gestalttherapie* (14. Aufl.). Gütersloh: Kaiser.

Stützle-Hebel, M., & Antons, K. (2017). *Einführung in die Praxis der Feldtheorie*. Heidelberg: Carl-Auer-Systeme-Verlag.

Yontef, G. M. (1999). *Awareness, Dialog, Prozess. Wege zu einer relationalen Gestalttherapie*. Bergisch Gladbach: EHP.

Zukunftsinstitut (2022a). https://www.zukunftsinstitut.de/dossier/megatrend-individualisierung/

Zukunftsinstitut (2022b). https://www.zukunftsinstitut.de/dossier/megatrend-new-work/

Laufbahngestaltung im Wandel der Zeit

Anita Glenck

Ergänzende Information
Die elektronische Version dieses Kapitels enthält Zusatzmaterial, auf das über folgenden Link zugegriffen werden kann https://doi.org/10.1007/978-3-662-66420-9_8. Die Videos lassen sich durch Anklicken des DOI Links in der Legende einer entsprechenden Abbildung abspielen, oder indem Sie diesen Link mit der SN More Media App scannen.

© Der/die Herausgeber bzw. der/die Autor(en), exklusiv lizenziert
durch Springer-Verlag GmbH, DE, ein Teil von Springer Nature 2023
C. Negri, M. Goedertier (Hrsg.), *Was bewirkt Psychologie in Arbeit und Gesellschaft?*,
https://doi.org/10.1007/978-3-662-66420-9_8

8.1 Einleitung

Wie gestalte ich meine Laufbahn erfolgreich? Mit dieser Herausforderung setzt sich die Laufbahnpsychologie als interdisziplinäre psychologische Fachrichtung auseinander und bewegt sich damit an der Schnittstelle zwischen Mensch und Arbeitswelt.

In der Laufbahnpsychologie treffen individuelle Interessen und Bedürfnisse wie auch Erwartungen aus Politik und Wirtschaft gleichzeitig aufeinander. Ein Spannungsfeld, für welches in der Vergangenheit unterschiedliche Herangehensweisen im Vordergrund standen. Übernahmen Laufbahnberatende früher vorwiegend Fürsorge-, Vermittlungs- oder Informationsfunktionen für Jugendliche, beinhaltet das Berufsbild heute vermehrt prozessorientierte Beratung und Coaching über die gesamte Lebensspanne. Diese Veränderungen bilden sich im politischen Auftrag ab, manifestieren sich aber auch in der Arbeitsweise und den Methoden in der Beratungspraxis.

Berufs-, Studien- und Laufbahnberatung (BSLB) ist eine Disziplin mit unterschiedlichen Facetten: Information, Beratung, Unterstützung in der Laufbahnentwicklung und Entwicklung der (beruflichen) Identität (Savickas 2015b). Einigkeit über den Auftrag gibt es im europäischen Raum wenig (Bergmo-Prvulovic 2014). Die Systemrelevanz der BSLB wird aber immer deutlicher – die BSLB leistet einen zentralen Beitrag zur Orientierung in einer dynamischen Arbeitswelt, unterstützt im Umgang mit einer alternden Bevölkerung und trägt zu Chancengleichheit und sozialer Inklusion bei (Hirschi 2018).

Im folgenden Kapitel wird versucht, die Herausforderungen der beruflichen Entwicklung im Wandel der Arbeitswelt sowohl von politischer, beraterischer als auch individueller Seite her zu beleuchten.

8.2 Historischer Rückblick – eine politische Perspektive

Das schweizerische Berufsbildungssystem gilt über die Landesgrenzen hinaus als Erfolgsmodell und ist wichtiger Faktor für den wirtschaftlichen Erfolg in der Schweiz. Die Laufbahnberatung wird dabei von Politik wie Wirtschaft als zentraler Bestandteil dieses Erfolgsmodells wahrgenommen (Hirschi 2018).

In der Schweiz hat die BSLB eine lange Tradition und ist seit 1933 auf Bundesebene verankert. Bereits Ende des 19. Jahrhunderts wurde durch den damals gegründeten Schweizerischen Gewerbeverein, heutiger Schweizerischer Gewerbeverband, eine Verbesserung des Lehrlingswesens gefordert. Es entstanden sogenannte Lehrlingspatronate, welche sowohl fürsorgerische Aufgaben übernahmen als auch eine sorgfältigere Rekrutierung des Nachwuchses gewährleisten sollten. Diese Aufgaben wurden vorwiegend von Pfarrern und Lehrern wahrgenommen (Heiniger 2003). Zu Beginn des 20. Jahrhunderts wurden die Angebote der Lehrlingspatronate professionalisiert und 1916 mit der Gründung des „Schweizerischen Verbands für Berufsberatung und Lehrlingsfürsorge" weiter etabliert. Als Ziel des neu gegründeten Verbands wurde 1927 in einer Festschrift Folgendes festgehalten:

> „Der Schweizerische Verband für Berufsberatung und Lehrlingsfürsorge bezweckt die Zusammenarbeit von Vereinen, Instituten, Behörden, Firmen und Einzelpersonen, welche es sich zur Aufgabe machen, die Jugend planmässig in das Erwerbsleben einzuführen, und daher alles unterstützen, was den Eltern und Jugendlichen die Berufswahl erleichtert und die Berufslehre fördert" (Festschrift, 1927, in Heiniger 2003, S. 21).

Bezeichnend für die Entwicklung der Angebote in der Laufbahnberatung waren stets die Veränderungen in der Arbeitswelt. In den Anfängen waren die Missstände im

Lehrlingswesen, in den 1930er-Jahren die Wirtschaftskrise maßgebend für die Entwicklung und den Ausbau der ersten Laufbahnberatungsangebote. 1933 wurden dafür erste Bundesbeiträge an Einrichtungen in der Laufbahnberatung wie auch zur Förderung der Aus- und Weiterbildung von Laufbahnberatenden verankert (Heiniger 2003).

1965 wurde die BSLB im Bundesgesetz für Berufsbildung (BBG) sowie in der dazugehörigen Berufsbildungsverordnung (BBV) offiziell als Auftrag für Bund und Kantone definiert. Der Auftrag beinhaltete neben Beratung die Information über Bildungs- und Arbeitswelt. Somit war die BSLB auch auf gesetzlicher Ebene angehalten, enger mit Wirtschaft und Politik zusammenzuarbeiten. Der Berufsstand der Laufbahnberatenden wie auch die Arbeitsweisen und Arbeitsmittel wurden im Zuge dieser Veränderungen stetig professionalisiert. Von zu Beginn vorwiegend nebenberuflichen Aufgaben manifestierte sich die Tätigkeit in der BSLB als Hauptberuf, für welche heute eine eidgenössisch anerkannte Weiterbildung notwendig ist.

Die aktuellen Entwicklungen in der Arbeitswelt, aber auch der demografische Wandel haben auch heute einen Einfluss auf aktuelle Veränderungen in der BSLB. Im Rahmen der Initiative Berufsbildung 2030 haben Bund, Kantone und Organisationen der Arbeitswelt (OdA) zum Ziel, Veränderungen auf dem Arbeitsmarkt und in der Gesellschaft zu erkennen und Maßnahmen einzuleiten (SBFI 2017). Vor diesem Hintergrund wurde für die BSLB eine Studie zur Zukunftsfähigkeit erarbeitet (Hirschi 2018). Eine wichtige Erkenntnis daraus manifestiert sich im heutigen Angebot Viamia (▶ www.viamia.ch), ein Beratungsangebot mit dem Ziel, die Arbeitsmarktfähigkeit von älteren Arbeitnehmenden zu fördern. Dies hat in den letzten beiden Jahren dazu geführt, dass der Fokus der öffentlichen BSLB nun vermehrt auch auf der Beratung von Personen über 40 Jahre liegt, was andere Arbeitsweisen und Ansätze erfordert als die Arbeit mit Jugendlichen.

8.3 BSLB im Zeitgeist der Psychologie

Wie der historische Rückblick zeigt, sind Auftrag und Angebote der BSLB eng mit den Veränderungen in der Arbeitswelt verbunden und stellen ein gesellschaftsrelevantes Angebot dar. Gleichzeitig wird die BSLB als psychosoziales Beratungsangebot von psychologischen Strömungen beeinflusst, was Haltung und Arbeitsweise der Beratenden verändert.

Die Schnittstelle zwischen Arbeitswelt und Individuum stellt eine zentrale Herausforderung in der Laufbahnberatung dar (Schreiber 2020). Dieses Spannungsfeld wurde über die Zeit in der Beratungspraxis unterschiedlich angegangen. Savickas (2015a) beschreibt diese Entwicklung als die drei Paradigmen in der BSLB, welche überlappend mit den industriellen Revolutionen einhergehen. Er spricht dabei vom Paradigma der Passung (vocational guidance), Paradigma des lebenslangen Lernens (career education) und Paradigma des Life Designs (life designing). Die Paradigmen unterscheiden sich in zentralen Beratungsaspekten wie der typischen Fragestellung, Haltung der Beratungspersonen, Rolle der Klienten wie auch den Arbeitsmethoden (Schreiber 2020):

- *Paradigma der Passung:* „Was für ein Beruf passt zu mir?" Der Fokus liegt in der Arbeit mit Fragebogen und Leistungstests, um interindividuelle Unterschiede zwischen Menschen und passende Umwelten zu identifizieren. Den Klient:innen wird als Akteur:innen eine eher passive Rolle zugesprochen.
- *Paradigma des lebenslangen Lernens:* „Welche beruflichen Entwicklungsschritte stehen an?" Als Methoden werden dabei kognitive Ansätze zur Problemlösung genutzt, um Klarheit über Interessen, Bedürfnisse oder persönliche Ziele zu erhalten. Den Klient:innen wird die Rolle als Agenten zugesprochen, die Ziele erarbeiten und verwirklichen.

- *Paradigma des Life Designs:* „Wie kann ich meine berufliche Identität gestalten?" Dabei werden narrative Verfahren genutzt, um die Klient:innen als Autor:innen ihre eigene Geschichte reflektieren, erklären und weiterentwickeln zu lassen.

Alle drei Paradigmen beeinflussen die heutige Arbeitsweise und Beratungshaltungen in der BSLB. Damit zeichnet sich die Laufbahnpsychologie durch ihre Vielfalt an Ansätzen und Methoden aus, was sich in der Praxis in unterschiedlichen Arbeitsweisen äußert. Das Spannungsfeld zwischen Experten- wie auch Prozessberatung stellt dabei eine Herausforderung dar, die je nach Haltung, aber auch Arbeitsort unterschiedlich ausgelegt wird. Beratungspersonen sind im Umgang mit dieser Vielfalt gefordert, ihre eigene Beratungshaltung zu entwickeln, um Klarheit über ihr individuelles Tun zu erhalten.

8.4 BSLB zwischen Expertentum und Prozessberatung

In den Anfängen nahmen Laufbahnberatende insbesondere eine Expertenrolle wahr. Dabei waren sie Experten sowohl für Informationen zu beruflichen Aus- und Weiterbildungen, aber auch dafür, welche Personen in welche Berufe passten. Für diese beruflichen Abklärungen wurden schon in den Anfängen eignungsdiagnostische Instrumente eingesetzt, um die Erkenntnisse psychometrisch zu untermauern (Paradigma der Passung). Neben eignungsdiagnostischen Abklärungen galt es aber auch als Aufgabe der BSLB, zu triagieren und für Nachwuchskräfte in verschiedenen beruflichen Bereichen zu sorgen:

> „Die Berufsberatung darf also nicht nur auf Eignung und Neigung des Einzelnen abstellen, sondern muss auch den Nachwuchsbedarf aller Berufe in quantitativer und qualitativer Beziehung berücksichtigen. Eine fruchtbare Synthese zwischen den Berufswünschen des einzelnen und dem beruflichen Nachwuchsbedarf der gesamten Volkswirtschaft zu schaffen, das ist die Aufgabe der schweizerischen Berufsberatung" (zit. nach Heiniger 2003, S. 41).

Wenngleich die Information nach wie vor ein tragender Auftrag der Laufbahnberatung darstellt, stellt sich heute die Frage, wie dieser Auftrag in der Praxis wahrgenommen werden kann. Die einfache Zugänglichkeit von Informationen übers Internet und die rasanten Entwicklungen in der Bildungslandschaft und der Arbeitswelt haben die Rolle des Experten für Informationen verändert (Hirschi 2018). Der Informationsauftrag wird vermehrt von Informationsspezialisten übernommen, wohingegen im Beratungssetting die individuelle Bewertung der Informationen sowie das gemeinsame Finden von qualitativ hochstehenden Unterlagen im Vordergrund steht.

Der Umgang mit einem sich schnell wandelnden Umfeld, das zwar neue und mehr Möglichkeiten bietet, aber immer weniger klare, sichere Wege beinhaltet, hat maßgeblich dazu beigetragen, dass der Fokus der Beratungsarbeit nicht mehr im Expertentum liegen kann, sondern vermehrt darauf ausgelegt ist, die Klient:innen im Umgang mit diesen Unsicherheiten zu stärken und sie zu befähigen, ihre Geschichten selbst an die Hand zu nehmen und diese als Autoren zu schreiben.

Diese Entwicklung führt zu einer Veränderung der Haltung in der Laufbahnberatung, sodass sich Laufbahnberatende heute vermehrt als Prozessberater:innen und nicht allein als Expertenberater:innen wahrnehmen. Diese Veränderung manifestiert sich auch in den angewandten Methoden. Lag der Fokus lange Zeit auf einer beruflichen Abklärung anhand diagnostischer Instrumente wie Interessen- und Persönlichkeitsfragebogen, werden heute solche Verfahren vermehrt als Diskussionsgrundlage zum Reflexionsanstoß genutzt (Paradigma des lebenslangen Lernens) und durch narrative Verfahren zur Selbstreflexion wie beispielsweise dem Career Construction Interview

(Savicakas 2015b; siehe Box) oder der Entwicklungslinie (Schreiber 2022) angereichert (Paradigma des Life Designs).

Laufbahngestaltung ist ein Konstrukt aus verschiedenen Lebensbereichen (Hirschi 2015). Die Tatsache, dass auch in der Wissenschaft Begriffe wie Berufserfolg oder Karriere vermehrt differenziert betrachtet werden und nach subjektiver und objektiver Karriere unterschieden wird, zeigt, dass es in der Laufbahnberatung um mehr geht, als Eignungen für die Berufswelt zu identifizieren. Die Konstruktion der (beruflichen) Identität und damit verbunden die Identifikation von individuellen Interessen, Fähigkeiten, Wertvorstellungen, aktuellen Bedürfnissen und Ressourcen nehmen in der Beratung einen wichtigen Platz ein, um daraus Rückschlüsse für individuelle berufliche Entscheidungen treffen zu können. Experten dafür sind die Klient:innen – Beratungspersonen nehmen somit vermehrt Prozessbegleitung wahr und unterstützen Personen gezielt in dieser persönlichen Entwicklung.

Wie diese Entwicklungen zeigen, wird der Auftrag in der Laufbahnberatung zunehmend auf die gesamte Lebensspanne ausgeweitet. Auch in der Gestaltung der nachberuflichen Phase sind inzwischen Angebote der BSLB zu finden. Dieser Veränderung muss selbstredend auch eine Ausbildung Rechnung tragen. Welche Kompetenzen die Beratenden der BSLB in Zukunft benötigen, ist aktuell ein zentrales Thema. Die KBSB – Fachkonferenz der Leiter:innen der BSLB – hat das Ziel, bis 2023 das Qualifikationsprofil von Laufbahnberatenden zu überarbeiten und für zukünftige Herausforderungen bereit zu machen. Die Studie zur BSLB im Rahmen des Projekts „Berufsbildung 2030 – Vision und strategische Leitlinien" des SBFI bietet eine wichtige Grundlage für diese weiteren Überlegungen und Entscheide zum Qualifikationsprofil. Interdisziplinarität wird die Kompetenzen von Laufbahnberatenden weiterhin auszeichnen – wobei psychologisches Fachwissen eine zunehmend tragende Rolle einnehmen wird.

8.5 Gestaltung der eigenen Laufbahn

Die Arbeitswelt verändert sich – die Digitalisierung und Technologisierung lassen neue Berufsbilder und Arbeitswelten entstehen, aber auch bestehende verschwinden. Neue Arbeitsmodelle ermöglichen eine bessere Vereinbarkeit von Beruf und Privat, lassen die Abgrenzung aber zu einer Herausforderung werden. Arbeitsprozesse werden laufend optimiert und beschleunigt, Menschen zeigen hingegen zunehmend Stresssymptome, um mit dem Tempo mitzuhalten. Die Bildungslandschaft versucht, mit den Entwicklungen Schritt zu halten und mit neuen Aus- und Weiterbildungen das Angebot zu bereichern. All die neuen Möglichkeiten können aber von der Chance zur unermüdlichen Suche nach noch mehr Zufriedenheit und Glück werden (Genner, 2017, IAP Studie).

Kurzum, die Arbeitswelt bietet den Menschen Gestaltungsspielraum, fordert uns dabei aber auf verschiedenen Ebenen heraus. Es stellt sich die Frage, wie es bestmöglich gelingt, innerhalb dieser Herausforderungen seine individuelle Lebensgestaltung an die Hand zu nehmen und mit diesen Veränderungen und der damit verbundenen Unsicherheit adäquat umzugehen. In der Theorie manifestiert sich dafür der Begriff der Laufbahnadaptabilität (Savickas 2013), welcher eine individuelle Bereitschaft und Fähigkeit zur Bewältigung von (beruflichen) Entwicklungsaufgaben bezeichnet. Andreas Hirschi hat mit seinem Karriere-Ressourcen-Modell (2012) ein integratives Modell entwickelt, das Faktoren für subjektiven und objektiven Karriereerfolg aufnimmt und damit individuelle Ressourcen und Entwicklungsfelder zu erfolgreichem Karrieremanagement aufzeigen kann. Dieser Ansatz gilt heute auch als Grundlage des Projekts „Viamia" des SBFI.

Das Karriere-Ressourcen-Modell umfasst vier zentrale Ressourcen (Hirschi 2015), aufgrund derer handlungsleitende Interventionen erschlossen werden können:

- *Humankapital-Ressourcen:* Diese beinhalten die Kenntnis und das Bewusstsein der eigenen Fertigkeiten und Fähigkeiten sowie Kenntnisse über den Arbeitsmarkt. Handlungsleitend: Klarheit über die eigenen Fach-, Sozial-, Selbst- und Methodenkompetenzen erhalten; vertiefte Auseinandersetzung mit dem Arbeitsmarkt, Berufsfeldern und Ausbildungsmöglichkeiten.
- *Soziale Ressourcen:* Damit sind das berufliche Netzwerk, mögliche Mentoren, aber auch das private Umfeld und persönliche Kontakte gemeint. Diese Faktoren verdeutlichen, dass auch positive Umwelteinflüsse eine tragende Rolle in der Laufbahngestaltung einnehmen können. Handlungsleitend: Identifikation eines beruflichen Netzwerks oder Mentoren; gezielter Austausch mit Personen, die emotional, organisatorisch, arbeitsmarkttechnisch oder auch finanziell unterstützen können.
- *Psychologische Ressourcen:* Diese beziehen sich auf Persönlichkeitseigenschaften wie Extraversion und Gewissenhaftigkeit, aber auch auf persönliche Einstellungen wie Hoffnung (Erwarte ich eher positive Auswirkungen/Zufälle?) oder Selbstwirksamkeitserwartung (Traue ich mir zu, Herausforderungen zu überwinden?). Handlungsleitend: Reflexion der persönlichen Haltung; Bewusstwerden, ob eigene Überzeugungen hilfreich für einen Entwicklungsprozess sind (Nehme ich Dinge aktiv an die Hand? Traue ich mich, auf andere zuzugehen und mich auszutauschen? Sehe ich bei neuen Schritten eher die Chancen oder die Schwierigkeiten?).
- *Identitätsressourcen:* Diese bezeichnen die Klarheit über sich selbst und damit einhergehend die bewusste Wahrnehmung der eigenen Interessen, Fähigkeiten und Werte. Dabei steht auch die Reflexion der individuellen beruflichen Rolle und Bedeutung von Arbeit im Vordergrund. Handlungsleitend: Vertiefte Reflexion zur beruflichen Identität – wer bin ich, was will ich? Analyse der aktuellen Ausgangslage: Welche Bedeutung hat die Arbeit jetzt – oder für die weitere Zukunft?

Verschiedene Studien zeigen, dass diese vier Karriere-Ressourcen nicht ganz unabhängig voneinander sind (Hirschi 2012) und sich in einem dynamischen Prozess verändern können. Durch aktives Laufbahn-Management kann es gelingen, die Ressourcen auf verschiedenen Ebenen zu begünstigen und sich besser für den subjektiven wie objektiven Berufserfolg zu rüsten.

Das Karriere-Ressourcen-Modell bietet dank seines integrativen und lerntheoretischen Ansatzes Implikationen zur Förderung der individuellen Laufbahnadaptabilität. Daraus können sowohl für die Angebotspalette der BSLB, für konkrete Beratungsinterventionen als auch für die persönliche Reflexion wertvolle Ideen abgeleitet werden. Ein Ansatz, der zudem die vielschichtigen Herausforderungen der Arbeitswelt 4.0 aufnimmt und veränderbare Ressourcen aufzeigt, um darin erfolgreich zu bestehen. Was der Ansatz ebenfalls verdeutlicht, ist die Tatsache, dass Laufbahngestaltung ein aktiver Prozess bleibt und die (berufliche) Entwicklung mit dem Bewusstsein für sich selbst einhergeht. Kenntnis und Reflexion der eigenen Identität helfen uns, in diesem schnellen Wandel bei sich zu bleiben und mit den anstehenden Herausforderungen bewusster umgehen zu können.

8.6 BSLB – quo vadis?

Die Veränderungen in der Arbeitswelt betreffen Menschen über die gesamte Lebensspanne: beim Einstieg in den Beruf, bei der Weiterentwicklung, Neuorientierung, aber auch in der nachberuflichen Phase. Der vielschichtige Wandel fordert uns als Gesellschaft und als Individuen heraus.

Die Laufbahnberatung bietet an der Schnittstelle Arbeitswelt und Individuum Unterstützung und Orientierung in einer dynamischen Arbeitswelt und nimmt damit eine systemrelevante Aufgabe wahr (Hirschi 2018). Mit neuen Ansätzen, Methoden und Angeboten sollen Menschen weiterhin gezielt dabei unterstützt werden, ihre eigene Laufbahn zu gestalten, wobei der Fokus der BSLB auf Beratungen über die gesamte Lebensspanne ausgeweitet wird. Der Unterstützungs- und Orientierungsbedarf wird in den kommenden Jahren zunehmen – was die vergangenen beiden Jahre bereits gezeigt haben. Es müssen neue Ressourcen geschaffen werden, sowohl personell als auch in Form von digitalen Möglichkeiten. Beratungsangebote in unterschiedlichen (digitalen) Formaten werden stärker Fuß fassen, um die Bedürfnisse der unterschiedlichen Zielgruppen abzudecken. Mit professionellen digitalen Arbeitsmitteln könnte die persönliche Beratung noch gezielter unterstützt und die Klient:innen noch proaktiver im Prozess eingebunden werden. Auf der am IAP geschaffenen Plattform Laufbahndiagnostik (▶ www.laufbahndiagnostik.ch) sind wir deshalb laufend daran, Arbeitsmittel und Fragebogen aus der Beratung digital umzusetzen und für die Beratung gewinnbringend aufzubereiten.

Um die Arbeitsmarktfähigkeit über die ganze Gesellschaft zu fördern, wird eine Herausforderung darin bestehen, bildungsferne Schichten besser zu erreichen. Das Projekt Viamia galt im Grundgedanken der Zielgruppe von älteren Arbeitnehmenden in niedrig qualifizierten Berufen. Allerdings erreichte das Angebot bisher vorwiegend höher qualifizierte Arbeitnehmende, welche allein aufgrund ihrer Qualifizierung eine höhere Laufbahnadaptabilität aufweisen. Niedrig qualifizierte Berufe sind im Rahmen der Technologisierung und Globalisierung besonders gefährdet, zu verschwinden oder ins Ausland ausgelagert zu werden. Es wird eine gesellschaftliche Herausforderung sein, Menschen in solchen Berufen eine neue Aufgabe in der Arbeitswelt zu ermöglichen, um sozialen Missständen vorzubeugen – die BSLB nimmt darin eine wichtige Rolle ein und ist gefordert, die Angebote entsprechend auszuarbeiten.

Eine weitere Herausforderung könnte darin bestehen, die Angebote oder Kompetenzen der BSLB vermehrt bei Unternehmen bekannt zu machen und diese im Rahmen einer nachhaltigen Personalentwicklung zu unterstützen. Unternehmen sind zukünftig vermehrt gefordert, den eigenen Nachwuchs durch gezielte Laufbahnentwicklung zu sichern oder qualifizierten Mitarbeitenden mehr eigenen Gestaltungsspielraum zu ermöglichen, um diese längerfristig an das Unternehmen zu binden.

Das Berufsfeld BSLB wird mit all diesen Themen in den kommenden Jahren auf verschiedenen Ebenen gefordert. Am IAP nehmen wir diese Herausforderungen proaktiv auf, passen unsere Beratungsangebote entsprechend an und gehen als Kompetenzzentrum für BSLB mit neuen Ansätzen wie beispielsweise narrativen Verfahren voran. Dabei wird es für uns auch zukünftig ein wichtiges Anliegen sein, unsere Erfahrungen und Erkenntnisse zu teilen und so die BSLB-Landschaft mitzuprägen – und damit die 100-jährige Tradition des IAP weiterzutragen.

▶ **Beispiel**

Zufälle in der Laufbahngestaltung nutzen
Wie in der Theorie von Krumboltz (2009) beschrieben, ist die planvolle Offenheit hilfreich für die eigene Laufbahngestaltung. Dies beinhaltet zwei Aspekte: einerseits planvoll zu sein und damit verbunden ein Bewusstsein über die eigene (berufliche) Identität zu haben, andererseits aber auch gezielt Zufälle zu nutzen. Dies erfordert oftmals etwas Mut – aber in erster Linie auch Ideen, wie das gemacht werden könnte.

Als Beispiel sei da eine junge Lehrerin angefügt, die einen neuen beruflichen Weg einschlagen wollte. Im Rahmen der Beratung kristallisierte sich heraus, dass sie sich sehr für betriebswirtschaftliche Themen wie Organisation oder Marketing interessierte. Die Auseinandersetzung mit den eigenen Interessen, aber auch Gespräche mit Personen aus diesen Tätigkeitsfeldern haben ihr bestätigt, dass sie weitere Schritte in diese Richtung gehen wollte. Als nächsten Schritt erwog sie deshalb ein Praktikum in einem der beiden Bereiche. Hierfür nutzte sie ihr persönliches Netzwerk. Dieses schrieb sie sehr breit mit einer E-Mail an, in welcher sie den Wunsch formulierte, Ideen für einen Praxiseinblick im Marketing zu erhalten. Aufgrund dieses E-Mail-Versandes erhielt sie einerseits Angaben zu weiteren Kontakten, die sie angehen durfte, aber auch eine konkrete Möglichkeit für einen Schnuppertag sowie zwei Gesprächsangebote mit der Option auf einen Praktikumsplatz.

Aus ihrem Schritt, das persönliche Netzwerk anzugehen, resultierte ein halbjähriges Praktikum im Marketing, welches ihr neben einer fachlichen Weiterbildung im Rahmen eines CAS den Weg zu einer Festanstellung im Marketing ermöglichte.

Dieses Beispiel veranschaulicht, dass es sich lohnt, über die eigenen Ideen zu sprechen und das Netzwerk dafür zu nutzen. Dabei geht es nicht in erster Linie darum, Blindbewerbungen zu versenden, sondern den Austausch zu suchen und von Erfahrungen und Kenntnissen anderer zu profitieren. Selbstredend kann ein solches Vorgehen erfolglos bleiben und andere Schritte erfordern – aber es wäre schade, wenn wir solche Zufälle nicht gezielt aufgleisen würden. ◄

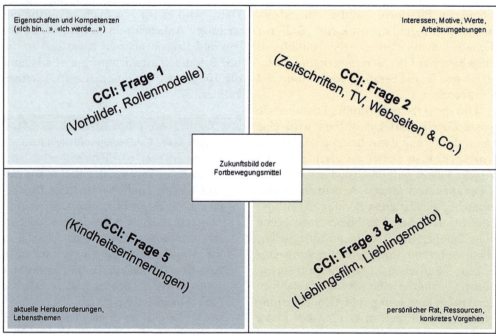

Abb. 8.1 Identitätskarte

Exkurs:

Arbeit mit Geschichten zur Identifikation der eigenen Identität – das Career Construction Interview

Die Herausforderung, die eigene Laufbahn zu gestalten und Entscheidungen darin zu treffen, führt viele Menschen in die Beratung. „Ich weiß nicht, was ich will", „Ich möchte wissen, was zu mir passt" sind Fragen, die oftmals in der Laufbahnberatung bearbeitet werden sollen. Der Wunsch nach einer einzigen konkreten Antwort auf diese Frage steht oftmals im Raum, ist allerdings selten das Ergebnis einer Beratung. Dies allein schon deshalb, weil es viele sehr ähnliche Wege gibt, die wir kognitiv oder emotional nicht voneinander abgrenzen können. Führen wir uns die Tatsache vor Augen, dass Laufbahnwege auch vom Zufall gesteuert werden, dürfen wir uns aber die Frage stellen, ob die Suche nach dem einen richtigen Weg überhaupt sinnvoll ist.

Krumboltz (2009) nimmt diesen Umstand in seiner Happenstance Learning Theory mit auf und postuliert gar, dass wir in unserer Laufbahn Zufälle gezielt nutzen sollen und können, wenn wir dafür eine planvolle Offenheit mitbringen. Diese „planvolle Offenheit" bedeutet so viel wie: Ich kenne meine Werte, Interessen und Stärken, was mir als innerer Kompass hilft, nächste Schritte in eine neue Richtung einzuschlagen. Somit können wir bewusst Gelegenheiten suchen, die uns dabei unterstützen, weitere Schritte in eine für uns stimmige Richtung zu gehen. Immer mit dem Bewusstsein, dass es in verschiedenen Richtungen passende Optionen geben wird. **(Beispiel „Zufälle nutzen" siehe unten)**

Ein erster Schritt, um planvoll offen zu werden, bedingt ein Interesse an sich selbst. Das Bewusstsein und die Reflexion über die individuelle (berufliche) Identität gibt Sicherheit und Klarheit, um in der schnelllebigen Arbeitswelt 4.0 zu navigieren und sich selbst nicht zu verlieren.

Was genau macht die eigene Identität aus? Am IAP wurde dazu eine Identitätskarte entwickelt, die hilft, wichtigen Themen zu erkennen und für sich festzuhalten (◘ Abb. 8.1).

Dabei wird der Fokus auf vier verschiedene Themenbereiche gelegt:
- Persönlichkeit – Eigenschaften, Stärken, aber auch Erwartungen an sich selbst
- Interessen, aber auch Arbeitsumgebungen (wo fühle ich mich wohl) und Wertvorstellungen
- Lebensthemen – Haltungen, Motive, aber auch unverarbeitete Ereignisse
- Ressourcen – hilfreiche Ratschläge für die weiteren Schritte, Unterstützung dabei

In der Laufbahnberatung werden vielseitige Methoden eingesetzt, um diesen Themen auf die Spur zu kommen. Insbesondere narrative Beratungsmethoden, welche im Paradigma des Life Designs eine zentrale Rolle spielen, sind hilfreich, das eigene Selbst zu interpretieren und die Laufbahn aktiv weiter zu gestalten (Schreiber 2020).

Eine Methode, welche sich in der Laufbahnberatung in den letzten Jahren etabliert hat und auch als Selbstreflexion durchgeführt werden kann, ist das Career Construction Interview. Diese Methode basiert auf der Career Story Theory von Savickas (2013) und dient als Ansatz, die eigene Lebensgeschichte zu konstruieren, zentrale Themen in der Dekonstruktion zu identifizieren und daraus weitere mögliche Versionen der Geschichten in der Zukunft zu entwickeln (kokonstruieren).

Das Career Construction Interview (CCI) wurde vom Zentrum für Berufs-, Studien- und Laufbahnberatung des IAP in einer digitalisierten Version erarbeitet (▶ www.laufbahndiagnostik.ch).

Das CCI basiert auf fünf Fragen (Savickas 2015b), wobei im Rahmen der Beratung

> **Exkurs:** *(Fortsetzung)*
>
> die Frage „Wie kann ich Sie dabei unterstützen, Ihre Laufbahn weiterzuentwickeln?" das Interview als Einleitung ergänzt:
> 1. Wen haben Sie als Kind im Alter zwischen drei und sechs Jahren bewundert? Erzählen Sie von der Person oder virtuellen Figur. Was macht diese aus?
> 2. Was für Zeitschriften lesen Sie regelmäßig? Was für Fernsehsendungen oder Homepages schauen Sie gerne? Was mögen Sie an den Zeitschriften, Sendungen oder Homepages?
> 3. Welches ist Ihr aktueller Lieblingsfilm oder Ihr aktuelles Lieblingsbuch? Erzählen Sie die Geschichte.
> 4. Welches ist Ihr Lieblingsmotto oder -sprichwort?
> 5. Welches sind Ihre frühesten Kindheitserinnerungen? Bitte schildern Sie drei Kindheitserinnerungen aus dem Alter zwischen drei und sechs Jahren. Aus den Geschichten zu diesen Fragen können wertvolle Erkenntnisse zur eigenen beruflichen Identität gewonnen werden (siehe Identitätskarte, ◘ Abb. 8.1).
>
> Um die individuellen Geschichten zu dekonstruieren, bietet Savickas folgende Hilfestellungen an:
> 1. Vorbilder: Diese erste Frage zielt auf Persönlichkeits- und Charaktereigenschaften ab, die man entweder selbst mitbringt oder für wichtig hält. Auch Wertvorstellungen können sich hier abzeichnen.
>   Reflexion: Überlegen Sie bei Ihren Antworten, welche dieser Eigenschaften Sie ausmachen oder ob es solche gibt, die Sie als erstrebenswert erachten.
>   Beispiel: Eine Klientin erwähnte bei den Vorbildern Pippi Langstrumpf. Stärke, Selbstständigkeit und Eigensinn waren dabei wichtige Eigenschaften, die dieses Vorbild für sie ausmachten. Eigenschaften, die sie auch mit sich selbst verband und als Ressourcen erlebte. In den Erzählungen schilderte sie aber zudem, dass es ihr manchmal schwerfällt, Unterstützung von anderen anzunehmen oder um Hilfe zu bitten. In ihrer aktuellen Situation wäre genau dies aber hilfreich gewesen. Diese Erkenntnis und die Auseinandersetzung damit zeigten sich mit Blick auf ihre weiteren beruflichen Schritte als überaus hilfreich.
> 2. Zeitschriften und Webseiten: Die zweite Frage versucht, manifeste Interessen (oder auch Werte) zu deklarieren, kann aber auch Hinweise für bevorzugte Arbeitsumfelder geben.
>   Reflexion: Welche Themen zeichnen sich bei Ihren bevorzugten Zeitschriften oder Webseiten ab? Gehen Sie den Inhalten etwas auf den Grund: Welche Artikel einer Zeitschrift lesen Sie besonders gerne? Was macht es genau aus, dass Sie eine Sendung schauen?
>   Beispiel: Eine Klientin hatte eine Vorliebe für die Zeitschrift „Gala" und konnte Stunden in sozialen Medien wie Instagram verbringen. Dabei zeigte sich, dass sie eine große Faszination für neue Modetrends und Fashion mitbrachte, sich aber auch überaus für Beziehungs- und Lebensgeschichten interessierte. Beim Transfer in berufliche Themen war es für sie von großer Bedeutung, mit Menschen zusammenzuarbeiten und am liebsten in verschiedene Lebensgeschichten einen Einblick zu erhalten. Darüber hinaus war es ihr wichtig, in einem Umfeld zu arbeiten, in welchem sie elegant zur Arbeit gehen konnte. (Allein aus diesen Erkenntnissen ist selbstredend noch kein konkreter Be-

Exkurs: (Fortsetzung)

ruf abzuleiten. In der Beratung geht es jeweils darum, verschiedene „Puzzlesteine" zu entziffern und zu einem großen Ganzen zu ergänzen. Als weiterer Schritt setzte sie sich mit vielerlei sozialen Berufen auseinander.)

3. Lieblingsbuch: In der dritten Frage können Parallelen zum eigenen Leben stecken – es kann ein Skript für die aktuelle Vorgehensweise beinhalten, aber auch Ideen für nächste Schritte aufzeigen.
Reflexion: Es lohnt sich, die Geschichte mit den aktuellen Herausforderungen zu vergleichen und die Charaktere zu betrachten. Vielleicht können hilfreiche Ressourcen entdeckt werden, die auch für die eigene Lebensgeschichte wertvoll sind.
Beispiel: Eine Klientin erzählte die Geschichte „Life of pi". Dabei faszinierte sie insbesondere, wie der Junge mit dem Tiger im Boot umzugehen lernt. Bei der Frage, ob sie Parallelen zum eigenen Leben sieht oder Assoziationen dazu hat, stellte sie Folgendes fest: Sie erlebe eine innere Zerrissenheit zwischen ihren sehr hohen Erwartungen an eine berufliche Karriere und gleichzeitig ihrem Bedürfnis nach mehr Zeit für Familie und Freunde. Selbst verglich sie diese innere Zerrissenheit mit der Situation des Jungen und dem Tiger – für sie ein wertvolles Bild, um sich damit auseinanderzusetzen, wie sie den eigenen Ehrgeiz aushalten könnte, bevor sie dieser aufzufressen drohte.

4. Motto: Die vierte Frage nimmt einen Ratschlag an sich selbst auf und kann hilfreich für das weitere Vorgehen sein.
Reflexion: Es darf die Frage gestellt werden, ob dieser Rat hilfreich ist oder allenfalls ein Motiv drinsteckt, welches nicht förderlich für den weiteren Prozess ist.
Beispiel: Eine Klientin erwähnte die Redewendung „Carpe diem". Sie bezeichnete dies als Lebensweise, welche sie grundsätzlich als sehr hilfreich und genussvoll erlebte. Allerdings führe es bei ihr manchmal zu eher kurzfristigen Handlungen im Moment, in denen sie wenig weit vorausschaute. Das war in der aktuellen Situation, in der sie gerade im Begriff war, eine Kündigung zu schreiben, wenig hilfreich – insbesondere, weil noch völlig unklar war, ob ihre Unzufriedenheit tatsächlich allein auf den Beruf zurückzuführen war.

5. Kindheitserinnerungen: In den Geschichten zu der fünften Frage können Lebensthemen stecken – ungelöste Herausforderungen, die für weitere Schritte nach vorne im Weg stehen, aber auch Lösungswege und Ideen, wie Herausforderungen angegangen werden können. Die Geschichten können zudem Ressourcen aufzeigen, die zur Verfügung stehen und für nächste Schritte genutzt werden könnten.
Reflexion: Welche (Lebens-)Themen könnten in den Geschichten stecken? Könnte die letzte Geschichte eine Lösung zu den Themen der ersten beiden Geschichten darstellen?
Beispiel: Die Klientin erzählte zwei Geschichten, in denen sie vorschnell handelte – z. B. hat sie einen frei laufenden Hund auf dem Kindergartenweg gestreichelt. Dieser hat sie gebissen und musste am Schluss eingeschläfert werden, was in ihr ein sehr starkes schlechtes Gewissen auslöste. Als Thema erwähnte sie darin ihr vorschnelles, manchmal impulsives Handeln. In der letzten Geschichte

> **Exkurs:** *(Fortsetzung)*
>
> erzählte sie von einem Ausflug im Wald, während dem sie lange Zeit hinter einem Baum sitzen musste, um junge Füchse zu sehen. In dieser Geschichte steckte für sie genau das Umgekehrte, nämlich, dass Abwarten und geduldig Ausharren sich je nach Situation lohnen können.
> Mit Blick auf ihre aktuelle Situation (Entscheid für eine größere Weiterbildung) regte es sie an, nochmals über den Schritt nachzudenken und nicht die erstmögliche Gelegenheit gleich anzumelden. Sie nahm sich im Anschluss bewusst mehr Zeit, um einen passenden Ausbildungsort zu identifizieren.
>
> Wie die Beispiele zeigen, stecken Erkenntnisse zur persönlichen Identität in diesen kurzen Geschichten. In der Reflexion werden Stärken, Interessen, Wertvorstellungen und/oder Lebensthemen identifiziert, die zu einem Leben-Porträt zusammengefügt und für die zukünftige Lebensgeschichte weiterentwickelt werden können. Diese Erkenntnisse bilden eine wertvolle Grundlage für die individuelle Laufbahngestaltung und geben Orientierung in einer sich schnell wandelnden Arbeitswelt.

8.7 Berufs-, Studien- und Laufbahnberatung am IAP

Die Berufsberatung oder berufliche Abklärung war bereits zu Beginn ein zentrales Angebot des „Psychotechnischen Instituts Zürich" als Vorläufer des IAP (Kälin 2011). Dieses Angebot etablierte sich neben den öffentlichen Beratungsangeboten als wichtiger Anbieter auf dem Markt und stellt heute noch ein gefragtes Angebot dar – wenngleich es heute weniger eine Abklärung als vielmehr eine Begleitung zur Unterstützung des Berufswahlprozesses von Jugendlichen darstellt. Dabei wird mit den Jugendlichen anhand von unterschiedlichen Methoden (Fragebogen, Life-Design-Ansätzen, narrativen Verfahren und vertieften Gesprächen) eine Ausgeordnung über die individuellen Interessen und Stärken erarbeitet. Darauf aufbauend werden prozesshaft weitere Schritte hin zu einer Entscheidung für Beruf oder Ausbildung geplant und/oder durchgeführt.

Im Fokus der Laufbahnberatungen am IAP stehen aber nicht allein die Jugendlichen. Auch für Personen, die bereits im Berufsleben stehen, bietet das IAP individuell angepasste Beratungen – je nach Fragestellung und Ausgangslage wird der Beratungsprozess unterschiedlich gestaltet. Um eine qualitativ hochstehende Dienstleistung anzubieten, wurde am Zentrum für Berufs-, Studien- und Laufbahnberatung des IAP ein gemeinsames Beratungskonzept erarbeitet, welches als Richtlinie für die Beratungstätigkeit dient (◘ Abb. 8.2).

Neben den Beratungsdienstleistungen stellt das Nachdiplomstudium in Berufs-, Studien- und Laufbahnberatung (MAS BSLB) einen wichtigen Grundpfeiler des Zentrums für BSLB am IAP dar. Im Rahmen der Professionalisierung der BSLB wurde die Ausbildung für Laufbahnberatende reglementiert und ein Qualifikationsprofil erarbeitet. Dieses stellt die Grundlage für die Aus- und Weiterbildungsangebote in der BSLB dar und wird laufend den veränderten Gegebenheiten angepasst. Dementsprechend sind die Anbieter der MAS-Studiengänge gefordert, die Angebote didaktisch wie auch inhaltlich laufend anzupassen. Im Studiengang des IAP stellt die Verbindung zwischen Theorie und Praxis einen Schwerpunkt dar – einerseits sollen die Dozierenden alle in der Praxis tätig sein, andererseits sollen die Schwerpunkte im synchronen Unterricht auf der Anwendung der Theorie

Literatur

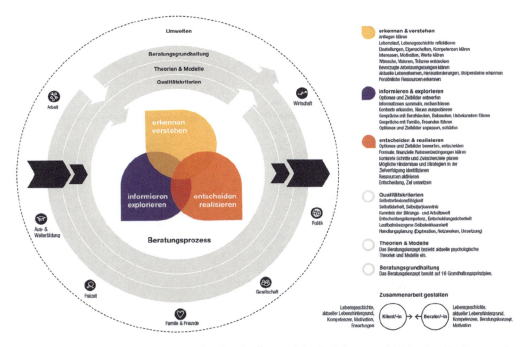

◘ **Abb. 8.2** Beratungskonzept Zentrum Berufs-, Studien- und Laufbahnberatung IAP Institut für Angewandte Psychologie Zürich. (Grafik: Vollkorn Illustration & Grafik, 2019)

in der Praxis liegen. Die Studierenden sind entsprechend dem Blended-learning-Ansatz gefordert, die Inhalte selbstständig zu lesen und interaktiv zu diskutieren und im Unterricht dann den Transfer und die Anwendung in der Praxis zu reflektieren und zu erproben.

Als Kompetenzzentrum für Laufbahnberatung hat sich das IAP in den letzten 100 Jahren sowohl als Beratungs- als auch als Weiterbildungsanbieter einen Namen gemacht und sich als wertvoller Sparringspartner in der BSLB-Landschaft etabliert. (Hierzu eine Stimme aus der Praxis: ◘ Abb. 8.2).

◘ **Abb. 8.3** Video 8.3 Isabelle Zuppiger, profunda-suisse (https://doi.org/10.1007/000-892)

Literatur

Bergmo-Prvulovic, I. (2014). Is career guidance for the individual or for the market? Implications of EU policy for career guidance. *International Journal of Lifelong Education, 33*(3), 376–392. https://doi.org/10.1080/02601370.2014.891886.

Genner, S. et al. (2017). *IAP Studie: Der Mensch in der Arbeitsweilt 4.0*. Zürich: ZHAW Zürcher Hochschule für Angewandte Wissenschaften.

Heiniger, F. (2003). *Vom Lehrlingspatronat zum Kompetenzzentrum für Berufsberatung. 100 Jahre SVB*. Zürich: Schweizerischer Verband für Berufsberatung SVB.

Hirschi, A. (2012). The career resources model: an integrative framework for career counsellors. *British Journal of Guidance & Counselling, 40*(4), 369–383. https://doi.org/10.1080/03069885.2012.700506.

Hirschi – Konzepte zur Förderung von Laufbahnentwicklung 1 Dieses Kapitel erscheint in: Zihlmann. R. (Hrsg). (2015). Berufswahl in Theorie und Praxis.

4. Auflage. Bern: SDBB. Konzepte zur Förderung von Laufbahnentwicklung im 21. Jahrhundert

Hirschi, A. (2018). *Bericht im Auftrag des Staatssekretariats für Bildung, Forschung und Innovation SBFI im Rahmen des Projekts «Berufsbildung 2030 – Vision und Strategische Leitlinien»*. Bern: SBFI.

Kälin, K. (2011). *Hans Biäsch (1901 – 1975). Ein Pionier der angewandten Psychologie*. Zürich: Chronos.

Krumboltz, J. D. (2009). The happenstance learning theory. *Journal of Career Assessment, 17*(2), 135–154. https://doi.org/10.1177/1069072708328861.

Savickas, M. L. (2013). Career Construction theory and practice. In S. D. Brown & R. W. Lent (Hrsg.), *Career development and counseling. Putting theory and research to work* (2. Aufl. S. 147–183). Hoboken: John Wiley.

Savickas, M. L. (2015a). *Career counseling paradigms: guiding, developing, and designing*. In P. Hartung, M. Savickas & W. Walsh (Eds.), The APA handbook of career intervention (Vol. 1, pp. 129–143). Washington DC: APA Books.

Savickas, M.L. (2015b). *Life-design counseling manual*. Retrieved from www.vocopher.com

Schreiber, M. (2020). *Wegweiser im Lebenslauf: Berufs-, Studien- und Laufbahnberatung in der Praxis*. Stuttgart: Kohlhammer.

SBFI (2017). *Leitbild Berufsbildung 2030 - Vision und strategische Leitlinien*. Bern: SBFI.

Schreiber, M. (2020). *Wegweiser im Lebenslauf: Berufs-, Studien- und Laufbahnberatung in der Praxis*. Stuttgart: Kohlhammer.

Schreiber, M. (2022). *Narrative Ansätze in Beratung und Coaching. Das Modell der Persönlichkeits- und Identitätskonstruktion (MPI) in der Praxis*. Wiesbaden: Springer.

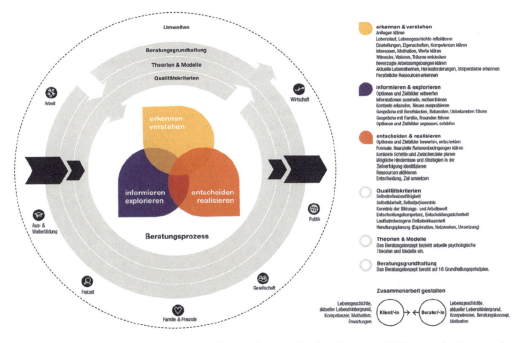

Abb. 8.2 Beratungskonzept Zentrum Berufs-, Studien- und Laufbahnberatung IAP Institut für Angewandte Psychologie Zürich. (Grafik: Vollkorn Illustration & Grafik, 2019)

in der Praxis liegen. Die Studierenden sind entsprechend dem Blended-learning-Ansatz gefordert, die Inhalte selbstständig zu lesen und interaktiv zu diskutieren und im Unterricht dann den Transfer und die Anwendung in der Praxis zu reflektieren und zu erproben.

Als Kompetenzzentrum für Laufbahnberatung hat sich das IAP in den letzten 100 Jahren sowohl als Beratungs- als auch als Weiterbildungsanbieter einen Namen gemacht und sich als wertvoller Sparringspartner in der BSLB-Landschaft etabliert. (Hierzu eine Stimme aus der Praxis: ■ Abb. 8.2).

Abb. 8.3 Video 8.3 Isabelle Zuppiger, profunda-suisse (https://doi.org/10.1007/000-892)

Literatur

Bergmo-Prvulovic, I. (2014). Is career guidance for the individual or for the market? Implications of EU policy for career guidance. *International Journal of Lifelong Education*, 33(3), 376–392. https://doi.org/10.1080/02601370.2014.891886.

Genner, S. et al. (2017). *IAP Studie: Der Mensch in der Arbeitswelt 4.0*. Zürich: ZHAW Zürcher Hochschule für Angewandte Wissenschaften.

Heiniger, F. (2003). *Vom Lehrlingspatronat zum Kompetenzzentrum für Berufsberatung. 100 Jahre SVB*. Zürich: Schweizerischer Verband für Berufsberatung SVB.

Hirschi, A. (2012). The career resources model: an integrative framework for career counsellors. *British Journal of Guidance & Counselling*, 40(4), 369–383. https://doi.org/10.1080/03069885.2012.700506.

Hirschi – Konzepte zur Förderung von Laufbahnentwicklung 1 Dieses Kapitel erscheint in: Zihlmann. R. (Hrsg). (2015). Berufswahl in Theorie und Praxis.

4. Auflage. Bern: SDBB. Konzepte zur Förderung von Laufbahnentwicklung im 21. Jahrhundert

Hirschi, A. (2018). *Bericht im Auftrag des Staatssekretariats für Bildung, Forschung und Innovation SBFI im Rahmen des Projekts «Berufsbildung 2030 – Vision und Strategische Leitlinien»*. Bern: SBFI.

Kälin, K. (2011). *Hans Biäsch (1901 – 1975). Ein Pionier der angewandten Psychologie*. Zürich: Chronos.

Krumboltz, J. D. (2009). The happenstance learning theory. *Journal of Career Assessment*, *17*(2), 135–154. https://doi.org/10.1177/1069072708328861.

Savickas, M. L. (2013). Career Construction theory and practice. In S. D. Brown & R. W. Lent (Hrsg.), *Career development and counseling. Putting theory and research to work* (2. Aufl. S. 147–183). Hoboken: John Wiley.

Savickas, M. L. (2015a). *Career counseling paradigms: guiding, developing, and designing*. In P. Hartung, M. Savickas & W. Walsh (Eds.), The APA handbook of career intervention (Vol. 1, pp. 129–143). Washington DC: APA Books.

Savickas, M.L. (2015b). *Life-design counseling manual*. Retrieved from www.vocopher.com

Schreiber, M. (2020). *Wegweiser im Lebenslauf: Berufs-, Studien- und Laufbahnberatung in der Praxis*. Stuttgart: Kohlhammer.

SBFI (2017). *Leitbild Berufsbildung 2030 - Vision und strategische Leitlinien*. Bern: SBFI.

Schreiber, M. (2020). *Wegweiser im Lebenslauf: Berufs-, Studien- und Laufbahnberatung in der Praxis*. Stuttgart: Kohlhammer.

Schreiber, M. (2022). *Narrative Ansätze in Beratung und Coaching. Das Modell der Persönlichkeits- und Identitätskonstruktion (MPI) in der Praxis*. Wiesbaden: Springer.

Organisationsberatung – Erklärungsmodelle der Organisationsberatung am IAP – gestern und heute

Claudia Beutter

Ergänzende Information
Die elektronische Version dieses Kapitels enthält Zusatzmaterial, auf das über folgenden Link zugegriffen werden kann https://doi.org/10.1007/978-3-662-66420-9_9. Die Videos lassen sich durch Anklicken des DOI Links in der Legende einer entsprechenden Abbildung abspielen, oder indem Sie diesen Link mit der SN More Media App scannen.

© Der/die Herausgeber bzw. der/die Autor(en), exklusiv lizenziert
durch Springer-Verlag GmbH, DE, ein Teil von Springer Nature 2023
C. Negri, M. Goedertier (Hrsg.), *Was bewirkt Psychologie in Arbeit und Gesellschaft?*,
https://doi.org/10.1007/978-3-662-66420-9_9

9.1 Von der Psychotechnik zum Veränderungsmanagement – eine geschichtliche Einordnung der Anfänge von Beratungen von Unternehmen

> Die Hintergründe der Beratung von Unternehmen durch das IAP liegen über 140 Jahre zurück. Ausgangspunkt waren ein Schweizer Industrieller, die US-amerikanische Schuhindustrie, der Vater des Taylorismus und ein Mitbegründer der angewandten Psychologie.

Eduard Bally, Miteigentümer des bereits im 19. Jahrhundert international tätigen Familienunternehmens, sah sein Unternehmen in der industriellen Entwicklung der amerikanischen Schuhindustrie bedroht. 1876 reiste er an die Weltausstellung in Philadelphia und besichtigte auch seine potenziellen Wettbewerber, noch vor deren Markteintritt in Europa. Die Reaktion des damaligen Patrons nach der Rückkehr im solothurnischen Schönenwerd:

> » „Wir können nur eines tun, wenn wir nicht unsere ganze Industrie preisgeben wollen, und das ist, den Amerikaner zum Vorbild nehmen" (Wild 2019, S. 108).

Daraus begann bei Bally während mehrerer Jahrzehnte ein tiefgreifender Rezeptions-, Transfer- und Implementierungsprozess. Angepasst wurde alles: Werte, Maschinen, Produktion, Unternehmensstruktur, Führungs- und Arbeitskonzepte. Zudem: Das Top-Kader und wer diese Position anstrebte, musste in die USA reisen und die Vorbilder besuchen.

Nach dem empfindlichen Rückschlag im Geschäftsjahr 1910/11 fuhr eine vierköpfige Delegation 1913 in die USA, darunter der Sohn und Nachfolger von Eduard Bally, Iwan. Das Unternehmen wollte „das Taylorsystem" einführen (Rüegsegger 1978, S. 25). Bei ihrem Besuch ließ sich die Bally-Delegation von Frederick W. Taylor und Hugo Münsterberg persönlich die Prinzipien des „Scientific Management" erläutern. Die Einschätzung von Iwan Bally nach seiner Rückkehr: Das Unternehmen habe von den „Yankees" auf dem Gebiet der Organisation & Leitung viel zu lernen (Wild 2019, S. 125).

Iwan Bally nahm mit der Universität Zürich Kontakt auf und bat um Unterstützung bei arbeitspsychologischen Untersuchungen. Diese Aufgabe übernahm der eben als Volontärassistent angestellte Dr. phil. Julius Suter, Sohn eines St. Galler Seifen- und Kochfettfabrikanten. Er führte bei Bally bis 1917 die ersten arbeitswissenschaftlichen Studien in der Schweiz durch. Themen waren Monotonie und Pausen im Nähereisaal sowie die Einarbeitung und Auswahl neuer Mitarbeiterinnen. Leider publizierte Julius Suter dazu erst 1956, nachdem der am Projekt nicht beteiligte Alfred Carrard bereits 1923 zu Aspekten der Untersuchungen geschrieben hatte (Rüegsegger 1978, S. 25 ff.).

Am 2. Januar 1923 gründete Julius Suter das privatwirtschaftliche Psychotechnische Institut Zürich, das 1935 zum Institut für Angewandte Psychologie (IAP) umbenannt und schließlich 2007 Teil der ZHAW wurde.

In den ersten Jahrzehnten wuchs das Angebot des IAP für die Entwicklung von Führungskräften stetig. 1947 folgte die Gründung des Vorgesetztenseminars, heute Master of Advance Studies in Leadership und Management.

Die wachsende Bedeutung der Angewandten Psychologie in der Nachkriegszeit spiegelte sich in den Aktivitäten der Stiftung für Angewandte Psychologie (SSAP, 1929–1996). Diese Stiftung fasste sieben regionale Institute für Angewandte Psychologie in der deutsch- und französischsprachigen Schweiz zusammen und förderte deren wissenschaftliche Forschung und Lehrtätigkeit.

Im Auftrag von SSAP beteiligte sich Hans Biäsch 1953 am Aufbau der heute noch tätigen schweizerischen Kurse für Unternehmensführung (SKU). Hans Biäsch war damals je in einem Teilpensum Direktor des IAP Zürich und a. o. Professor an der ETH. Angestoßen hatten diese praktische Management-Weiterbildung Prof. Dr. Eberhard Schmidt, Leiter des Betriebswirtschaftlichen Instituts der ETH, und Prof. Dr. Hans Ulrich von der Hochschule St. Gallen. Der erste Kurs startete 1954. Das Angebot war eine Gemeinschaftsveranstaltung der drei Institutionen ETH, HSG und IAP. Mit dieser breiten Trägerschaft sollte „die technisch-betriebswirtschaftliche, die kaufmännisch-betriebswirtschaftliche und die praktisch-psychologische Seite der Unternehmensführung" zum Ausdruck kommen (Ulrich 1955). Hans Biäsch blieb der SKU als Referent für das „Personalwesen" bis 1970 treu.

Die Institute für Angewandte Psychologie beschäftigen sich Ende der 1950er- und zu Beginn der 1960er-Jahre im Rahmen der SSAP auch intensiv mit Fragen aus dem betrieblichen Alltag. Die Themen der SSAP Jahrestagungen waren beispielsweise „Kaderschulung im Betrieb" (1959), „Teamarbeit" (1960) sowie „Teamarbeit und Einzelarbeit" (1962).

Mit der Pensionierung von Hans Biäsch an der Universität und an der Eidg. Technischen Hochschule Zürich ging 1971 auch eine Ära der Beratungen von Unternehmen, Verwaltungen und Organisation durch Angewandte Psychologie zu Ende. Gleichzeitig brachten die Veränderungen in Wirtschaft und Gesellschaft ihr neue Themen. In der Festschrift zum 70. Geburtstag von Hans Biäsch folgert Hardy Fischer unter dem Titel „Widerstand gegen Veränderungen in der Unternehmung als Führungsproblem":

> „Man kann die Widerstände gegen Veränderungen von zwei Seiten her bekämpfen: von der Beeinflussung des Individuums her durch geeignete Massnahmen und vom organisationspsychologischen, also kollektiven Aspekt her. Erst beide zusammen so will mir scheinen, führen wohl zum Erfolg" (Fischer 1971, S. 25).

9.2 Bedeutung der Sichtweise auf Organisationen für Beratung und Führung

Ausgang jeder Beratung von Organisationen ist das Verständnis über Organisation. Betrachten wir diese als eine Maschine, dann sehen und gewichten wir andere Aspekte, andere Elemente und ziehen andere Schlüsse für eine Entwicklung der Organisation, als wir dies heute in der Angewandten Psychologie und insbesondere auch am IAP in der Organisationsberatung tun. Praktisch-wirtschaftliche Fragestellungen der Unternehmen prägen das IAP seit seiner Gründung. Auf dem Hintergrund der heutigen Hochschul-Zugehörigkeit wird eine theoretische Einordnung der Organisationsberatung am IAP skizziert.

9.2.1 Das Erklärungsmodell steuert die Sicht auf Organisationen

Zu Taylors Zeiten haben vor allem Eigenschaftsmodelle (der Mensch ist einfach so) und das Maschinenmodell (der Mensch lässt sich über einen Reiz von außen steuern) das Verständnis geprägt. Später wurde das sogenannte Handlungsmodell zentral: Der Mensch handelt aufgrund seiner Gedanken, seines Selbstbildes und des Bildes, das er sich von seinem sozialen System macht. Menschen nehmen dasselbe unterschiedlich wahr (Gestaltpsychologie, Boring 1930) und machen sich (unterschiedliche) Bilder über die Welt und Umwelt. Wirklichkeiten sind nicht objektiv, sondern individuell konstruiert (Konstruktivismus, Maturana und Varela 1987). Damit wird für menschliches Handeln die Bedeutung wichtig, die wir einer Sache, Situation oder Person zumessen. In den 1940er-Jahren beschäftigt sich Organisationstheorie mit „Problemen organisierter Kompliziertheit". Wechselwirkungen innerhalb der Organisation erfordern ein Verständnis von Organisationen, das über ein lineares Ursache-Wirkungs-Prinzip von Beziehungen hinausgeht. Unvorhersehbarkeiten – dies zeigen gerade auch die Krisen der letzten Jahre deutlich – fordern Organisationen stetig, sich zu entwickeln und sich anzupassen. In der Organisationsberatung werden heute mehrheitlich Konzepte mit systemtheoretischen Grundsätzen oder Sichtweisen als Grundlage deklariert.

> ▶ Beispiel
>
> **Konkretisierung von Phänomenen, die ein dynamisch-vernetztes Erklärungsmodell erfordern**
> Ob dies nun Lieferengpässe sind, die die Produktion von Gütern beeinflussen, Viren, die neue Formen der Zusammenarbeit fordern, oder ökologische Ansprüche der Kundinnen, die sich auf die Einkaufs- und Produktionsprozesse auswirken: Organisationen können nicht als unabhängig existierende Einheiten betrachtet und verstanden werden. Dazu kommt, dass auch innerhalb der Organisation eine Veränderung in einem Bereich – beispielsweise der Produktion – unmittelbar Auswirkungen in anderen Bereichen – wie Verkauf, Einkauf, IT, HR, Logistik oder Qualitätsmanagement – mit sich bringt. Die daraufhin ausgelöste Eigendynamik z. B. des Qualitätsmanagements kann dann wiederum Auswirkungen auf die Produktion haben, sei dies in Form von geänderten Prozessvorgaben oder von Schulungen des Personals. ◀

9.2.2 Organisation als soziales System, das überdauern kann

Organisation wird als Übergriff von Gebilden verwendet, denen organisierte Prozesse eigen sind, die einen beziehungsweise mehrere Zwecke verfolgen. Damit ist die Erwartung an die Organisation verbunden, dass für die Zweckerfüllung entsprechende Strukturen vorhanden sind. Dazu gehört auch, dass abgestimmte und miteinander in Beziehung stehende Subsysteme miteinander funktionieren. Es fällt auf, wenn etwas „nicht funktioniert" oder „desorganisiert" ist. Die Systemtheorie findet als Modell für „lebende Systeme" in der Angewandten Psychologie heute breite Anwendung (vgl. ▶ Kap. 2 in diesem Buch). Die „Eigenart" einer systemtheoretischen Betrachtung macht das Verstehen von Organisationen vielschichtig, lebendig und für die eigenen Selbstverständnisse immer wieder herausfordernd.

Organisationen reduzieren Komplexität durch Selektion Mit jeder Entscheidung, die an einem Ort in der Organisation getroffen wird, werden potenziell an vielen anderen Stellen Folge-Anpassungen angestoßen. Die Stabilität wird dabei durch innere Strukturen erhalten, mit denen sich Organisationen gegenüber dem „Außen" abgrenzen. Hier zeigt sich eine Zwickmühle, in der Organisationen immer stecken: Mit jeder Entscheidung – zum Beispiel, Strukturen zur Identitätsstiftung auszubilden, werden gleichzeitig die Verbindungen mit möglichen Umwelten eingeschränkt. Stabilisiert sich ein Unternehmen über traditionelle, konservative Werte, ist es „nur" für bestimmte potenzielle Mitarbeitende attraktiv.

Organisationen sind und erhalten sich durch Prozesse Organisationen werden nicht als „Verbunde von Menschen" betrachtet. Organisation entsteht aus Prozessen, die immer wieder aufs Neue durchgeführt werden (Luhmann 1987, S. 49). Die Rollen in Organisationen sind Erwartungsstrukturen. Diese leiten die Handlungen der Menschen, die eine Rolle einnehmen, und stimmen Handlungen aufeinander ab. Menschen koppeln sich an Organisationen, indem sie sozusagen zustimmen, die Kommunikationsprozesse einer Rolle durchzuführen, für eine begrenzte Zeit.

9.2 · Bedeutung der Sichtweise auf Organisationen für Beratung und Führung

Damit können Organisationen die Menschen überdauern. Das benötigte Personal ist austauschbar, ohne dass dies die Prozesse beendet. Das ist ein zentraler Unterschied zum Verständnis von Bateson, bei dem soziale Systeme aus den Menschen und ihren Beziehungen bestehen (König & Volmer 2000, S. 37). Soziale Systeme überdauern demnach die Menschen nicht. Der Wechsel von Personen in einem sozialen System, beispielsweise der Therapeutin in einem Therapeutin-Klient-System oder das Verschwinden der Mutter in einem bestimmten Familiensystem, bedeutet das Ende dieses sozialen Systems.

> **Definitionen**
>
> **Nach Luhmann (1987) sind soziale Systeme Prozesse.** Systeme grenzen sich mit inneren Strukturen gegen die Umwelt ab. Die Prozesse sind autopoietisch (Maturana und Varela 1987), sie stellen ihre Strukturen selbst und damit ihre Grenzen immer wieder her. Prozesse des Organisierens werden durch aufeinanderfolgende Kommunikationsprozesse aufrechterhalten (Watzlawick 2011).
>
> **Kommunikationsprozesse bedeuten Selektion durch Sinnzuschreibung.** Wird eine Sinnzuschreibung durch stabile Erwartungen aufrechterhalten, dann sind Organisationen unabhängig von „gleichbleibenden Menschen", die diese Sinnzuschreibungen immer von Neuem durchführen. Diese Erwartungsstrukturen werden über die Rollen der Organisation gebildet.

Wimmer (1992) bemängelte bereits vor 30 Jahren, dass sich „jeder" auf systemische Ansätze berufen kann. Ulrich (als Gründer der „St. Galler Schule") verwendet den Systemansatz, der für das Erkennen von Zusammenhängen und „vielgliedrigen Ursache-Wirkungs-Beziehungen" geeignet sei. Es geht ihm um die Analyse von Rückkoppelungsprozessen, die von außen beobachtet werden können (Ulrich 1970). Die Angewandte Psychologie hat sich mit den zwischenmenschlichen und menschlichen Systemen beschäftigt und damit die nicht von außen beobachtbaren Wechselwirkungen untersucht. Malik hat 1989 das theoretische Modell eines technischen Verständnisses mit der Evolutionstheorie erweitert. In den empfohlenen Vorgehensweisen und Verfahren für die Organisation bleibt der technische Systembegriff „sichtbar" (König & Vollmer 2000). Am Institut für Angewandte Psychologie wird der Blick auf Organisationen zuerst über die Rolle der Führung und über die Beratung von Menschen in Rollen einer Organisation gerichtet (Eck 1990). Diese individuellen Zugänge werden an anderer Stelle in diesem Buch vertieft.

> **Organisationsberatung braucht ein Erklärungsmodell.**
> Wenn wir erklärbare, nachvollziehbare Organisationsberatung anbieten wollen – und das wollen wir –, dann geht das nicht ohne ein Erklärungsmodell, ohne eine Theorie.

9.2.3 Merkmale für einen systemisch-denkerischen Zugang zu Organisation

Der aktuelle Kontext von Organisationen ist hoch dynamisch. Die Schnelligkeit der Informationsübermittlung und die Vernetzung führen zu einer rasanten Dynamik von Wechselwirkungen, die (offensichtlich) nicht mehr vorhersehbar sind. Damit ist auch jede Zukunft unvorhersehbar und unsicher. Jede Entscheidung, die sich auf die Zukunft ausrichtet, kann darum nicht mit richtig und falsch bewertet werden. Eher kann sie sich als passend oder unpassend herausstellen, für einen Zeitraum, der betrachtet wird (das Jahr 2021), eine Sache (die Produktstrategie) und für davon betroffene Rollen (das Marketing).

Eidenschink und Merkes (2021) haben sechs Merkmale eines systemisch-denkerischen Zugangs skizziert. Darauf lässt sich unseres Erachtens ein professionelles und angemessen komplexes Beratungsverständnis für eine komplexe Welt entwickeln.

Organisationen sind kein Ding, sie sind Prozess (Weick 1989) Organisationen sind Prozess (des Organisierens). Damit wird die Frage der Dynamik zentral, die den organisierenden Prozessen eigen ist. Organisierende Prozesse sind immer Prozesse, die aus einer Unmenge an Möglichkeiten Auswahlen treffen. Und damit auch Nicht-Auswahlen. Etwas zu organisieren bedeutet nicht, eine simple Selektion zu tätigen. Für das Organisieren sind Entscheidungsprozesse notwendig. Entscheidungen werden nur benötigt, wenn gleichwertige Alternativen vorliegen. Sie reduzieren damit die Komplexität für die Mitglieder und grenzen sich gegenüber der Um-Welt ab. Allerdings schaffen sie damit auch innere Komplexität, in Form von Widersprüchlichkeiten und Paradoxien. Um diesen gewachsen zu sein, kann man nicht mit Mitteln arbeiten, die auf der klassischen rationalen, zweiwertigen Logik aufbauen. Es braucht „das Dritte", die Perspektive, aus der etwas beobachtet wird (u. a. Simon 2018, S. 52). Für die Beeinflussung der Prozesse stellt sich also weniger die Frage nach Verbesserung oder Veränderungen, sondern die Frage: „Welche Funktionalitäten und Dysfunktionalitäten werden durch den aktuellen Prozess stabil gehalten?" Unterlässt man es, diese Frage zu klären, könnte die implementierte Verbesserung zum Erhalt der Dysfunktionalität beitragen bzw. eine unerkannte Funktionalität zerstören.

> **Verbesserungen bringen immer auch Verschlechterungen**
> → Aus dieser Perspektive sind sich Organisationen kontinuierlich am selbst erhalten. Das bedeutet, dass nicht primär darauf geschaut wird, was verändert werden soll. Es geht darum, sichtbar zu machen, welche Prozesse wodurch erhalten werden. Änderungen führen niemals nur zu Verbesserungen. Sie bringen Verbesserungen für die einen und Verschlechterungen für die anderen.

Organisationen kultivieren Konflikte Sie müssen sich in Unvereinbarkeiten bewegen. Sie können Wert-Polaritäten nicht gleichzeitig an derselben Stelle realisieren, das zeigt sich an der Polarität Vertrauen versus Kontrolle gut. Sie brauchen immer beide Pole, um Stabilität und Anpassungsfähigkeit – und damit ihr Überleben zu sichern. Dadurch schaffen sie auch Widersprüchlichkeiten und Dynamiken.

> **Konsens und Konflikt**
> → Konsens ist nicht ein allgemeines Ziel. Es geht nicht darum, alle Konflikte aufzulösen.

Organisationen sind Viel-Zweck-Instrumente Organisationen erfüllen viele Zwecke für unterschiedliche Anspruchsgruppen (Kunden, Inhaberinnen, Mitglieder, Staat, …). Für ihr Überleben müssen sie die für sie relevanten Umwelten bedienen können. Damit sind sie in einem Geflecht aus unterschiedlichsten Funktionssystemen der Gesellschaft (Recht, Politik, Wissenschaft, Erziehung u. a.) eingebunden.

> **Stabilität**
> → Mit deren wechselseitigen Abhängigkeiten entsteht eine Stabilität im Geflecht, die Veränderungen in Organisationen erschwert.

Organisationen sind Kommunikation (über Entscheidungen) Als soziale Systeme (Luhmann 2000) bilden Organisationen kommunikative Muster aus. Menschen sind dabei nicht Teil der Organisation, sie werden von Organisationen aber gebraucht, um die Kommunikation durchzuführen. Nur so können Entscheide getroffen, weitergegeben und stabilisiert werden.

Entscheidungen als soziales Phänomen

→ Entscheidungen können nicht durch ein Mitglied allein getroffen werden – es braucht eine Mitteilung, ein Verstehen und ein Aufnehmen dieser. Entscheiden ist ein kommunikativer Akt (Luhmann 1987) – ein soziales Phänomen.

Organisationen erzeugen stabile Muster zur Orientierung Um sich in und mit den Umwelten orientieren zu können, brauchen Organisationen Stabilität. Das heißt, sie müssen die gleichzeitig vorhandene Vielfalt an Möglichkeiten (was könnten wir alles herstellen), Dynamiken (mit möglichst allen innerhalb und außerhalb in Austausch sein) und damit Komplexität (im Sinne von Ungewissheiten) reduzieren.

▶ **Beispiel**

IAP: Wir kümmern uns im Zentrum Leadership, Coaching & Change Management mit 25 Personen auch in kommenden drei Jahren um Weiterbildungen und Beratungsdienstleistungen für Führungspersonen, Teams und Organisationen. Das gilt natürlich für alle Zentren des IAP mit ihren Fokusthemen in gleicher Weise. ◀

Selektion versus Entscheidung

→ Selektion entlastet das System. Es muss sich nicht andauernd immer wieder mit allem Möglichen beschäftigen. Was produzieren wir (und was nicht), welche Rollen braucht es, wann werden welche Regeln, Prozesse durchgeführt, auf welche Zukünfte stellen wir uns ein und auf welche nicht. Selektion heißt auswählen. Bei gleichwertigen Wahlmöglichkeiten braucht es eine Entscheidung zwischen dem einen und dem anderen Pol. Beide Pole gehören jedoch zusammen, denn ohne den einen gäbe es den anderen nicht.

Entscheidungen in Sache, Zeit und Sozialbezügen

→ Der Abbau von Unsicherheit wird über Entscheidungen (in drei Dimensionen) getroffen: Für einen gewissen Zeitraum wird für bestimmte Mitglieder der Organisation zu einer bestimmten Sachfrage „Sicherheit" geschaffen.

Organisationen sind zeitlich und damit paradox Als soziale Systeme „verstricken" sich Organisationen mit ihren Entscheiden in Paradoxien – da diese den Entscheiden eigen sind (Maturana & Varela 1987). Keine Entscheidung ist für alle richtig oder frei von Nebenwirkungen, geschweige denn widerspruchsfrei abgestimmt mit der gesamten (restlichen) Organisation. Es braucht also „das Managen von nicht geplanten, nicht erwarteten und von in Kauf genommenen Nebenfolgen". **Reflexion der Zeitdimension ist eine Bedingung für das Verständnis der Organisationsdynamik. Zukunft wird als gestaltbar (nicht vorbestimmt) angesehen.** Gleichzeitig ist sie unvorhersehbar, nicht kontrollierbar. Die Paradoxie „ich entscheide heute für morgen, obschon ich das Morgen nicht kenne" kann nur über die Zeit bearbeitet werden.

Nicht einfach richtig oder falsch

→ Organisationen lassen sich unter diesen Prämissen nicht denken und lenken über die Unterscheidung von „richtig und falsch". Es geht vielmehr um vernetzte Fragen – als Beispiel fragen Eidenschink und Merkes (2021, S. 17):

> „Welche Entscheidung über ein Problem ist …
> für wen?
> zu einem bestimmten Zeitpunkt im Hinblick auf welchen Kontext?
> für welchen Zeitraum?
> mit welchen Nebenfolgen und mit welchen Zielsetzungen?
> auf welche Weise kommuniziert?
> passend oder unpassend?"

Gefordert sind angemessen differenzierte Betrachtungen, wenn Organisationen überdacht und beraten werden. Checklisten und Tools können die Dynamiken in Organisationen nicht abbilden und damit auch nicht nutzbar machen. Organisationen (wie andere soziale Systeme) können von außen nur das aufnehmen, was in ihrer inneren Struktur (Strukturdeterminiertheit) vorgesehen ist. Entsprechend diesen können sie Signale von aussen verarbeiten und (gemäss innerem Zustand) darauf reagieren (vgl. auch Simon 2018, S. 23 ff.).

> Wenn wir Organisation als Prozess verstehen, sind Entscheidungsprozesse Basis der Organisations-Dynamiken. Steuerung eines Systems nutzt demnach die Dynamiken einer Organisation.

9.3 Professionelle Organisationsberatung heute und morgen

Je dynamischer, unvorhersehbarer und möglichkeitsreicher die Welt durch Vernetzung von Informationen wird, desto weniger können Organisationen einen detaillierten Plan für die Zukunft aufstellen und umsetzen. Als Berater*innen können wir nicht zielgerichtet von außen intervenieren. Wir sind für Organisationen hilfreich, wenn wir Organisationen im Benennen, Untersuchen und Beschreiben von Dynamiken und Mustern in Entscheidungsprozessen begleiten. Es geht um Beobachtungskompetenz auf unterschiedlichen Wahrnehmungskanälen und darum, gemachte Beobachtungen in bewertungsfreie Metaphern, Analogien, Bilder zu übertragen. Dazu gehören neben differenzierter und integrativer Wahrnehmung eine erklärbare Theorie über Organisationen und ein Verständnis der Psychologie, im Speziellen auch der eigenen „Psycho-Logiken" und Selbstverständlichkeiten.

Beraterinnen und Berater sind auch Systeme – psychische Systeme Was für Systeme gilt, gilt auch für uns Menschen. Wir sind neben den biologischen (körperlichen) sogenannte psychische Systeme, die sich (durch Gedanken und Gefühle) ebenfalls selbst erhalten (über Bewusstseinsprozesse). Gedanken und Gefühle schließen sich an Gedanken und Gefühle an und sorgen für die Eigenlogik, Stabilität und Veränderung psychischer Strukturen. Jede*r Mensch hat nur selbst Zugang zum eigenen Bewusstsein – über Selbstbeobachtung und Erleben.

> „Es hört doch jeder nur, was er versteht"
> (von Goethe 1836)

Unsere Beobachtungen und Wahrnehmungen erfolgen ganz subjektiv. Wir nehmen nichts direkt von außen auf. Es sind unsere inneren Signale (Strukturen), die bestimmen, was aus einem äußeren Reiz wird. Der Ansatz der Konstruktivisten (u. a. Heinz von Foerster 1999) führt diese Sichtweise noch weit radikaler aus. Es gibt keine Wahrheit oder Objektivität in der Betrachtung.

Es ist Sache der Organisation, unsere „Berater*innen-Sicht" zu erwägen, Aspekte davon aufzunehmen oder nicht. Diesem Bewusstsein systemischer Beraterinnen und Berater entspricht auch eine entsprechende Haltung.

Systeme können nur interne Signale verarbeiten – Strukturdeterminiertheit
→ Kein Mensch kann seine Gedanken oder Gefühle in seiner Umwelt finden. Was er oder sie nicht fühlen, beabsichtigen oder denken kann, ist Umwelt. Es ist unmöglich, etwas von außen in das System einzuführen, denn es werden nur eigene Signale verarbeitet.

Beispiel: Eine Farbe gelangt nicht über den Sehnerv ins Gehirn. Das Auge-Gehirn-System erzeugt die Farbe, wie Willke (1996, S. 63) ausführt.

Erwartungen steuern unsere Wahrnehmung

→ Wir erzeugen unsere Wirklichkeit immer wieder selbst, abhängig von unseren Erwartungen an das, was wir gerade beobachten. Das ist für die Beratungsarbeit zentral. Unsere eigenen Erwartungen (Werte, Sichtweisen, psychischen Prozesse, Ängste und Vorlieben) steuern, was wir „anschauen" und damit wahrnehmen können oder eben nicht.

Beobachtungen benötigen Wahrnehmungskompetenz

Wir müssen unsere „innere Welt" demnach gut kennen. Nur so können wir unterscheiden zwischen den Beobachtungen der Organisation (Prozesse, Kultur etc.) und unseren persönlichen inneren Reaktionen beziehungsweise den daraus folgenden Wertungen (gut, schön, schlimm, wichtig, …). Die Unterscheidung ermöglicht uns, die Reaktionen zu beobachten und sie in einer wertfreien Rückmeldung der Organisation zur Verfügung zu stellen.

Haltung: Umgang mit Wissen und Unvoreingenommenheit Wenn wir als Beraterinnen mit Unternehmen und anderen Organisationen arbeiten, ist die Haltung zentral für unser Vorgehen. Edgar Schein (2010) betont die Bedeutung von Demut. Beratende sind keine Lösungs-Macher für Organisationen. Wir können in ein organisationales System nie zielgerichtet „intervenieren". Dazu kommt, dass wir in Anbetracht der ausgesprochen dynamisch vernetzten Welt unmöglich wissen können, was „das Beste" ist. Dafür müssten alle „relevanten" Informationen aus der Umwelt verfügbar sein und verarbeitet werden. Dies ist weder für Beratende noch für Unternehmens-Verantwortliche zu schaffen.

Wissen und Kompetenz sind in der Beratung durchaus notwendig. Dieses Wissen ist aber nicht sachlich-inhaltlicher Natur (Lösung). Es geht um Verständnis von Organisation und Organisationsdynamik. Unternehmen entscheiden sich für eine externe Begleitung aus unterschiedlichen Gründen: Sie suchen Hilfe bei der Lösungsentwicklung zu einem Problem, sie wollen Unterstützung für eine bevorstehende Transformation oder sie suchen bewusst die Außensicht, weil sie sich der „Selbstreferenz des Systems" (die interne Sicht auf die Dinge) bewusst sind. Das heißt, dass sie ihre eigenen Selbstverständlichkeiten aufdecken und hinterfragen wollen. Wenn Systeme Änderungen oder Entwicklungen einführen wollen, dann führt dies nicht über gezieltes „Einpflanzen" des Neuen.

> Dasselbe System, das sich die Änderung wünscht, produziert den aktuellen Zustand – die Frage ist: Wie? Der Weg führt darum in der systemischen Organisationsberatung (oder Organisationsentwicklung) immer über die Reflexion des Bestehenden. Das IST, das die Organisation laufend selbst erstellt.

▶ **Beispiel**

Beratung: Ein kleines erfolgreich gewachsenes Handelsunternehmen sucht Beratung für die „Einführung von Feedback". Das Anliegen, Feedback-Kultur zu etablieren, zeigt sich in der Auftragsklärung auch oder vor allem im Wunsch, das aktuelle Instrument der jährlichen Mitarbeitenden-Beurteilung abzuschaffen. Eine erste Besprechung dieser Absicht befasst sich mit der erlebten Nicht-Passung der Mitarbeitenden-Beurteilung und den damit verbundenen Annahmen, Wünschen und Schwierigkeiten. Die Reflexion von drei Verantwortlichen des Unternehmens bringt zwei Themen ins Bewusstsein: (1) Führung wird im Unternehmen sehr unterschiedlich verstanden und gelebt, (2) die ursprüngliche, eingeschworene Pionier-Gemeinschaft wurde durch den Unternehmenserfolg durch viel neues Personal ergänzt. Neue Personen bringen eine andere „DNA" in die Zusammenarbeit ein. Die Entwicklung eines neuen, gemeinsamen Verständnisses über das Unternehmen, über die Führung und über weitere organisationale Themen geht als primäres Anliegen der Verantwortlichen für die Beratung hervor. ◄

Umgang mit Komplexität Die notwendige Expertise der Organisations-Berater*innen betrifft den Umgang und die Arbeit mit der angetroffenen Komplexität von Organisationen. Damit sind die Dynamiken der Prozesse in Organisationen gemeint, die sich auf allen Ebenen zeigen. Auf psychischer Ebene (Personen), auf Teamebene (Team- und Gruppendynamik) und auf organisationaler Ebene (Prozesse, Strukturen).

Aufgabe einer professionellen systemischen Organisationsberatung ist es, Prozesse zu gestalten, die es ermöglichen, dass Unternehmen ihre Probleme oder Fragestellungen bearbeiten und zu Entscheidungen kommen können. Wollen Beratende also Unternehmer*innen in deren Problembearbeitung unterstützen, dann müssen für das Zustandekommen eines Beratungsraumes alle drei Dimensionen beachtet werden.

Präsenz mit „denkender Wahrnehmung"

→ Auf der sachlichen Dimension brauchen Beraterinnen Wissen über Organisationen, über psychische Systeme und deren Dynamiken. Auf der sozialen Dimension brauchen sie Präsenz und die volle Aufmerksamkeit, um auf allen Wahrnehmungskanälen „zuhören zu können". Auf der zeitlichen Dimension ist es wichtig, den Beratungs(zeit)raum für den anstehenden Prozessschritt gestalten zu können. Dabei geht es auch um die Beachtung der Nutzung dieser Zeiträume durch die Organisation (Was wird wie in welchen Phasen durch wen thematisiert?).

Wissen, Kompetenz und Persönlichkeit

→ Wir müssen als Beraterinnen die Gleichzeitigkeit und Vielfalt von Prozessen verorten und nutzen können – für die Ermöglichung der Reflexion der Organisationsdynamiken durch die Kundinnen und Kunden. Das sind organisationale, soziale und psychologische Kompetenzen, die in der professionellen Organisationsberatung einen Unterschied machen.

► **Beispiel**

Organisationsberatungs-Weiterbildung IAP: In Weiterbildungen für Coaches und Organisationsberaterinnen ist es zentral, Lernräume so zu gestalten, dass auf den Ebenen Sache, Beziehungs- und Prozessgestaltung Lernen stattfinden kann. Das heißt in der Konsequenz, dass sich Beratende mit der Theorie, den Modellen und Methoden vertieft auseinandersetzen. Erst mit der Ausbildung eines Referenzrahmens wird das eigene Denken und Handeln von außen beobachtbar und reflektierbar. Ohne ein Verstehen von Organisationsdynamiken wird Beratung beliebig, weder verortbar noch erklärbar. Die eigenen Selbstverständlichkeiten (wie die Dinge sind, sein sollen, schön und gut wären) werden nicht reflektiert. Der Organisation wird die persönliche Meinung, die eigene Bewertung (unbewusst) übergestülpt. Nur mit (Selbst-)Reflexion der eigenen Psychodynamiken und Wertesysteme (zum Beispiel in der Beziehungsgestaltung zu sich selbst, zu Kolleginnen in der Weiterbildung, zu Kundinnen etc.) werden Selbstverständlichkeiten der Beratenden bewusst und damit „steuerbar". Mit kontinuierlicher Reflexion können wir Offenheit und Präsenz im Kontakt aufrechterhalten um, theoriebasiertes Wissen und die „Intelligenz" der Gefühle nutzbar zu machen. Beides ist für ein systemisch fundiertes Organisations-Beratungsverständnis gefordert. ◄

„Augenhöhe" in der Beratungsbeziehung
Wenn „Augenhöhe" die Bedeutung „Gleichheit" erhält, sind die Kosten für Beratung infrage gestellt. Beratende stellen mit ihren Kundinnen und Kunden ein Beratungs-System auf Augenhöhe her, wenn sich beide mit ihrer jeweiligen Kompetenz Kontingenz erhalten („es könnte auch anders sein").

Augenhöhe kann sich für eine professionelle Organisationsberatung auf die Rahmenbedingungen beziehen. Berater*in und Kund*in sind unabhängig von möglichen Folgeaufträgen. Beide bringen in die Beratungssituation Kompetenz und Offenheit ein und sind in der Lage, mit Unvorhersehbarem umzugehen.

Beratungs-System
→ Für Berater*innen gilt es auf allen Kanälen denkend wahrzunehmen, was eingebracht wird: Das WAS, WAS-NICHT, das WIE, WO und für die ZEITRÄUME, auf die Bezug genommen wird. Wer an Referenzpunkte aus anderen Beratungssituationen denkt, gedanklich nach anwendbaren Methoden sucht oder innerlich „typähnliche" frühere Beratungsfälle (Schemata) abruft, ist nicht präsent.

→ Für Beratungs-Kundinnen gilt es, bisher „Normales" oder „Selbstverständliches" durch erhaltene Rückspiegelungen kontingent zu stellen, die Möglichkeit, dass es auch anders sein könnte, zu erhalten. Was in einer Organisation gerade passiert, hat immer eine Eigenlogik und eine Funktion – so dysfunktional dies aus Sicht von Kund*innen selbst erscheinen mag.

Umgang mit Paradoxien Dynamiken bestehen zwischen Polen – beispielsweise zwischen schnell und gründlich oder zwischen Qualität und Quantität, zwischen Bewahrung und Änderung, Vertrauen und Kontrolle. Damit ist auch gesagt, dass in einer Dynamik immer beide Potenziale enthalten sind. Es käme wohl niemand auf die Idee, einen schlechten Entscheid zu treffen – im Ergebnis allerdings machen gerade auch aktuelle Beispiele in Organisationen deutlich, dass es den „nur guten" Entscheid nicht gibt. Eidenschink beschreibt als Anforderung an eine Organisations-Theorie (Eidenschink & Merkes 2021, S. 100): „Nur wenn in der Theorie die Spannungen in den Entscheidungsnotwendigkeiten abgebildet sind, kommt es nicht zu Kurzfrist- oder (Schein-)Lösungen, an denen das Management in der Praxis immer wieder scheitert." Die Begründung für Veränderungs-Entscheidungen sind auf die Zukunft bezogen (damit etwas besser wird), obschon die Zukunft gerade unvorhersehbar ist.

> ▶ **Beispiel**
>
> Mit dem Entscheid, die Prozesse ganz auf die Kundinnen auszurichten, wird die Effizienz in der Erstellung der Dienstleistung oder Produkte beeinträchtigt. Hoffentlich gehen aus Entscheidungen auch Verbesserungen hervor. Denn immer sind auch Verschlechterungen dabei, meist an einer anderen Stelle der Organisation. Werden vor Veränderungen auch „Funktionalitäten" der aktuellen Dysfunktionalitäten herausgearbeitet, kann der Entscheid über Veränderungen und deren Nebenwirkungen bewusster getroffen werden. Wird ausschließlich versucht, die wahrgenommene „Störung" zu beseitigen, ist die Chance groß, „Funktionierendes" zu beeinträchtigen. ◀

Es geht bei Veränderungen also erst einmal darum bewusst zu machen, wie zentrale Entscheidungsprozesse aktuell im Unternehmen laufen, oder anders gesagt, welche Muster in den Organisationsdynamiken wirksam sind.

Beobachtungskompetenz Diese Muster sind für die Organisation selbst so selbstverständlich (normal), dass es nicht einfach ist, sie zu erkennen. Reflexion bedingt Distanz bzw. eine Beobachtung von Handlungen, die im Alltag nicht bewusst durchgeführt werden. So können Selbstverständlichkeiten als solche bewusst werden.

> **Beispiel**

Ein international tätiges Unternehmen will durch ausgesuchte Akquisitionen Wertschöpfung und Wachstum erlangen. Die ursprünglich familiär-patronal gelebte Führung hat den Anspruch, dass sich zugekaufte Einheiten das Vertrauen des Schweizer Managements erarbeiten müssen, bevor sie als vollwertige Konzernteile „aufgenommen" und an Entscheidungsprozessen beteiligt werden. Um den Aufnahmeentscheid treffen zu können, braucht es Kontrolle über die Vertrauenswürdigkeit. Das hat Nebenwirkungen: Die neuen Einheiten müssen „überwacht" werden, damit verschiebt sich ein Teil der Verantwortung an diese Überwachung, das Management wird sich an den Aufnahmekriterien ausrichten, um aufgenommen zu werden, oder weggehen, weil die Frustration über die Beschneidung der Kompetenz zu schwer wiegt. Das kann in der Folge dazu führen, dass der Wert, den das Unternehmen beim Kauf dargestellt hat, nicht erhalten bleibt. Eine Reflexion von Organisationsdynamiken an beiden Polen von Entscheidungen – und damit die Betrachtung von Nebenwirkungen – hat zur Beendigung der Beratung geführt. Wir wissen als Beraterinnen nicht, was eine Organisation oder die entsprechenden Entscheiderinnen aufnehmen oder nicht. Manchmal erkennen wir erst im Nachhinein, dass es nicht erwünscht war, das bestehende Selbstverständnis zu irritieren oder zu konfrontieren. Eine Organisation hat „Eigensinn", der uns nie ganz zugänglich sein wird. ◄

Mut und Bescheidenheit
→ Als Beraterin oder Berater gehört darum auch die Reflexion der eigenen Dynamik, das immer wieder Entdecken von blinden Flecken und Selbstverständlichkeiten zur Ausstattung für professionelles Handeln. Um uns selbst weiterzubringen, müssen wir Paradoxien nicht nur aushalten, sondern als Dynamik produzierende Elemente nutzen lernen.

Kompetenz und Unsicherheit
→ Es gehört zur Professionalität von Beratenden, sich gleichzeitig kompetent und unsicher zu erhalten – um Beratungssysteme zu etablieren, unsere Rückspiegelungen von Wahrnehmungen und Hypothesen zu erarbeiten und im Kontakt mit Kundenorganisationen und uns selbst offen, fragend und neugierig wahrzunehmen.

Mut, Normales zu „entnormalisieren"
→ Aktuelle Selbstverständlichkeiten in der Organisation zu „erschüttern", sogenanntes „Normales" zu „ent-normalisieren", braucht auch Mut. Mut, eine allfällige Irritation auszulösen, die einen Berater „das Mandat kosten kann". Die Alternative – den Kundinnen zu gefallen – kann aus einem Harmoniebedürfnis heraus zwar verstanden werden, ist in einer Beratung jedoch nicht professionelle Hilfe zur Selbsthilfe.

9.4 Fazits für Berater*innen und Organisationen

Organisationsberater*innen sind zunehmend gefordert, mit der Komplexität, den Dynamiken in und um Organisationen umzugehen. Organisationen haben inzwischen die Erfahrung gemacht, dass sich rein inhaltlich-fachliche Expertise von außen als kurzlebig oder als im System „nicht anschlussfähig" erwiesen hat.

Steuerungsmöglichkeit durch Beobachtung der Dynamiken
Widersprüchlichkeiten und Unvereinbarkeiten sind Teil der Organisationsdynamik, die mithilfe von Entscheidungsprozessen erzeugt und aufrechterhalten werden. Die technische, gesellschaftliche, ökonomische und politische Vernetztheit führt zu mehrfach dynamischen Wech-

9.4 · Fazits für Berater*innen und Organisationen

selwirkungen zwischen den Netzwerken. Die gegenseitige Beeinflussung der genannten, vernetzten Prozesse kombiniert sich mit der Eigendynamik eines einzelnen Prozesses zu einer weiteren, nicht planbaren Dynamik. Das heißt, dass die Konsequenzen für Führungskräfte unvorhersehbar sind. In Unternehmen erstellte, gerade noch realistische Szenarien „kippen" ins Gegenteil. Doppler und Lauterburg (2014) führen neben dieser mehrfach gesteigerten Komplexität die Verknappung der Ressourcen Zeit und Geld an, die den größeren Veränderungsbedarf von Organisationen auslösen. Um Komplexität nutzbar zu machen, brauchen Organisationen „andere Beobachtungen". Es geht nicht um die Frage, was richtig ist, sondern wie Entscheidungen zustande kommen. Die Beschreibungen der Konsequenzen von getroffenen und von nicht explizit getroffenen Entscheidungsprozessen sind die Basis, aufgrund welcher die Organisation ihre Muster in den Entscheidungsprozessen als funktional oder dysfunktional erkunden kann. Nur so kann eine Veränderung der Selbstbeobachtung gelingen. Aus systemtheoretischer Betrachtung ist dies die einzige Möglichkeit für Steuerung. Hier kann Organisationsberatung einen wichtigen Beitrag für die Beschreibung der Konsequenzen von Entscheidungsprozessen leisten. Denn es sind gerade die latenten, nicht explizit getroffenen Entscheidungen und deren Konsequenzen, die in der Selbstbetrachtung übersehen werden und durch Organisationsberatung sichtbar gemacht werden können. Aus dieser Perspektive kann auch Agilität nicht in eine Organisation eingeführt oder mit einem „Mindset" trainiert werden. Über Bewusstwerden der Dynamik kann eine Organisation die Prozesse reflektieren, die anscheinend aktuell zu wenig Agilität zulassen.

Wahrnehmungs- und Organisationskompetenz

Die Bedeutung einer professionellen, systemischen Organisationberatung wird zunehmen, da sie Nicht-Wissen und Unvorhersehbarkeiten einbezieht, anstatt sie mit Vereinfachungen und Rezepten zu „behandeln". Metatheoretische Beratung baut auf einer Organisationstheorie auf, die Polaritäten, Ambiguitäten und Widersprüchlichkeiten als Basis für Entscheidungsbedarf sieht und damit als Grundlage der Dynamik von Organisationen. Wenn wir Organisation im Sinne von „Prozessen des Organisierens" betrachten, also von Entscheidungsprozessen, so hat dies auch Konsequenzen für Beraterinnen und Berater. Deswegen brauchen wir in der Beratung eine erweiterte Beobachtungskompetenz, die uns befähigt, Dynamiken zu beschreiben und Muster in einer Art und Weise mit Organisations-Kund*innen zu teilen, die anregt, über dysfunktionale und funktionale Muster nachzudenken, Auswirkungen zu besprechen und uns dabei als „Rätselfreunde" (Eidenschink 2022) für Organisationen zu verstehen. Für die Besonderheiten interner Organisationsberatung sei an dieser Stelle auf die „Überlebensregeln für interne OE-Beraterinnen" von Wolfgang Looss 1999 (in Gairing 2017) verwiesen.

Ein Profil für einen angemessenen Umgang mit „Dynamischer Komplexität" schlagen Eidenschink und Merkes (2021) vor. Es stellt unseres Erachtens ein konkretisiertes, systemtheoretisch verortetes und aktuelles Kompetenz-Profil dar. Danach bespielt die Berater*innen-Persönlichkeit insbesondere die folgenden Kompetenzfelder:

- **Unsicherheitstoleranz** für eine schrittweise lernende Beratung, die Nicht-Wissen toleriert, weil zu Beginn offen ist, was ein guter Zustand ist.
- **Symbiose-Immunität**, um das Infragestellen von Selbstverständlichkeiten im System (unbequem sein) zu ermöglichen.

- **Selbstwert-Stabilität**, um mit den Vorwürfen derer gut umgehen zu können, deren Erwartungen durch die Organisations-Veränderungen unerfüllt bleiben. Und um sich als Beraterin eine innere Unabhängigkeit und Distanz zum System zu erhalten.
- **Lotsenkompetenz** mit dem Verzicht auf Zielerreichungsversprechen und Organisations-Heilungs-Ansinnen.
- **Überraschungsaffinität** im Sinne von Wahrnehmungskompetenz, die Freude an Hindernissen erhält und die Neugier auf nicht Wissbares.
- **Ambiguitätskraft**, die befähigt, „mehrfältige" – nicht „ein-fältige" – Beratung anzubieten für Organisationen, die täglich mit Widersprüchen umgehen müssen.
- **Emotionale Resonanzstärke**, die es Beraterinnen ermöglicht, Latentes und Subtiles aufzunehmen und so zu Beobachtungen zu kommen, die veränderungswirksam sind. Unsere mächtigsten Resonanzinstrumente sind Emotionen – die eigenen und die der Beratungs-Kundinnen.
- **Reflexions- und Irritationsbereitschaft**, die sich in der Fähigkeit zur Selbstbeobachtung zeigt: Sich immer wieder selbst zu verdächtigen, teilblind, falschwissend, resonanzgehemmt, unachtsam und unverbunden mit Beratungs-Kund*innen zu sein, ist Teil der Demut und Bescheidenheit.
- **Erzählfreude**, um Musterbeschreibungen analog machen zu können, die Mehrdeutigkeiten und Auslegespielräume eröffnen und Projektionen ermöglichen.
- **Paradoxie- statt Maschinen-Verständnis von Organisationen**. Das bedingt eine Beratungstheorie, die Paradoxien, Konflikte und Widersprüche nutzbar aufgreift und sich nicht an Optimierungszielen klammert.

Abb. 9.1 Video 9.1 Bernadette Birchler, Swisscom AG (https://doi.org/10.1007/000-893)

Die Weiterbildungsangebote für Organisationsberatende am IAP – nomen est omen – zeichnen sich durch eine hohe Beachtung der Persönlichkeitsentwicklung, der psychischen Dynamiken von Einzelnen und des Lernprozesses in der Gruppe aus. Damit fordern unsere Weiterbildungen die Teilnehmer*innen explizit und implizit bezüglich der hier vorgeschlagenen Kompetenzfelder heraus. Wir sind aber immer auch selbst gefordert, beispielsweise unseren Weiterbildungs-Kund*innen nicht einfach „zu gefallen". Kontinuierliche Reflexion der eigenen, inneren Dynamiken ist Bedingung dafür, dass wir Symbiose-Immunität und Irritationsbereitschaft erhalten. So gelingt es auch uns selbst, Lots*innen in Weiterbildungs- und Veränderungsanliegen von Systemen zu sein. Wir stärken in unserem Team gerade selbst Erzählfreude bei der Musterbeschreibung von Dynamiken unserer Organisation, um deren Zukunftsszenarien zu beleuchten und Entscheidungen für die Weiterentwicklung zu treffen. (Hierzu eine Stimme aus der Praxis: ◘ Abb. 9.1).

Literatur

Boring, E. G. (1930). A new ambigous figure. *American Journal of Psychology*, *1930*, 444.

Doppler, K., & Lauterburg, Ch (2014). *Change-Management*. Wiesbaden: Campus.

Eck, C. D. (1990). Elemente einer Rahmentheorie der Beratung und Supervision. In G. Fatzer & C. D. Eck (Hrsg.), *Supervision und Beratung* (S. 17–53).

Eidenschink, K., & Merkes, U. (2021). Entscheidungen ohne Grund. In Busse, et al. (Hrsg.), *Beraten in der Arbeitswelt*. Göttingen: Vandenhoeck & Ruprecht.

Eidenschink, K. (2022). *Organisationen beraten*. Seminarunterlagen

Literatur

Fischer, H. (1971). Widerstand gegen Veränderungen in den Unternehmen als Führungsproblem. In *Festschrift zum 70. Geburtstag von Hans Biäsch*. Bern: Huber.

Gairing, F. (2017). *Organisationsentwicklung. Geschichte – Konzepte – Praxis*

König, E., & Volmer, G. (2000). *Systemische Organisationsberatung*. Weinheim: Deutscher Studien Verlag.

Luhmann, N. (1987). *Soziale Systeme*. Frankfurt am Main: Suhrkamp.

Luhmann, N. (2000). *Organisation und Entscheidung*. Westdeutscher Verlag.

Maturana, H. R., & Varela, F. J. (1987). *Autopoiesis and cognition. The realization of the living*. Dordrecht: Springer.

Rüegsegger, R. (1978). *Die Geschichte der angewandten Psychologie in Zürich, 1900–1940*. Universität Zürich. Lizentiatsarbeit

Schein, E. H. (2010). *Prozessberatung für die Organisation der Zukunft*. Bergisch Gladbach: EHP-Verlag Andreas Kohlhage.

Simon, F. B. (2018). *Einführung in die systemische Organisationstheorie*. Carl-Auer.

Ulrich, H. (1955). Die schweizerischen Kurse für Unternehmungsführung. *Die Unternehmung, 9*(6), 181–192.

Ulrich, H. (1970). *Die Unternehmung als produktives soziales System*

von Foerster, H. (1999). *Sicht und Einsicht. Versuche zu einer operativen Erkenntnistheorie*, Heidelberg: Carl Auer.

von Goethe, J. W. (1836). *Poetische und prosaische Werke*. Bd. 1,Teil 1 (S. 457). Quelle: J.G. Cotta.

Watzlawick, P., et al. (2011). *Menschliche Kommunikation. Formen, Störungen, Paradoxien*. Bern: Huber.

Weick, K. (1989). *Der Prozess des Organisierens*. Frankfurt am Main: Suhrkamp.

Wild, R. (2019). *Auf Schritt und Tritt, Der schweizerische Schuhmarkt 1918–1948*. NZZ Libro, Schwabe.

Willke, H. (1996). *Systemtheorie I: Grundlagen* (5. Aufl.). Stuttgart: Lucius & Lucius.

Wimmer, R. (Hrsg.). (1992). *Organisationsberatung*. Wiesbaden. Gabler Management Perspektive

Die Gestaltung von Transformation durch die Angewandte Psychologie

Christoph Negri, Maja Goedertier

Ergänzende Information
Die elektronische Version dieses Kapitels enthält Zusatzmaterial, auf das über folgenden Link zugegriffen werden kann https://doi.org/10.1007/978-3-662-66420-9_10. Die Videos lassen sich durch Anklicken des DOI Links in der Legende einer entsprechenden Abbildung abspielen, oder indem Sie diesen Link mit der SN More Media App scannen.

© Der/die Herausgeber bzw. der/die Autor(en), exklusiv lizenziert
durch Springer-Verlag GmbH, DE, ein Teil von Springer Nature 2023
C. Negri, M. Goedertier (Hrsg.), *Was bewirkt Psychologie in Arbeit und Gesellschaft?*,
https://doi.org/10.1007/978-3-662-66420-9_10

10.1 Einleitung

Veränderung, Entwicklung und Fortschritt finden laufend statt und gehören zu unserem Alltag. Megatrends sind dabei ein großer Treiber, bilden die Grundlage für die Entwicklung ganzer Wirtschaftsbereiche und sind häufig eine wichtige Quelle für Unternehmensstrategien (Zukunftsinstitut 2022a).

Die Angewandte Psychologie und insbesondere das IAP Institut für Angewandte Psychologie haben sich von Beginn an zum Ziel gesetzt, die Arbeitswelt und auch die verschiedenen Lernwelten bei den vielen und häufig auch komplexen Entwicklungs-, Veränderungs- und Lernprozessen zu unterstützen und zu begleiten sowie aktuelle Herausforderungen der Arbeits- und Lebenswelten aufzunehmen und Lösungsideen anzubieten. Die Angewandte Psychologie spielt dabei in vielen Bereichen unseres Alltags eine wesentliche Rolle und stellt immer den Menschen in den Mittelpunkt. Gerade die Digitalisierung prägt und verändert unsere Arbeitswelt seit einigen Jahren massiv. Wir erleben in unseren verschiedenen Rollen die Auswirkungen der digitalen Transformation tagtäglich. Am IAP befragen wir dazu regelmäßig Fach- und Führungspersonen in der Schweiz, um zu erfahren, wie es ihnen dabei geht. Was sie bewegt, motiviert und was sie belastend empfinden. Die Angewandte Psychologie kann damit die aktuellen Entwicklungen und Bedürfnisse erfassen und die Menschen sowie die Organisationen bei der Entwicklung passender Lösungsansätze für die vielen komplexen Herausforderungen unterstützen.

Die bedeutenden Megatrends bilden in diesem Kapitel die Grundlage für damit verbundene Spannungsfelder und die Einordnung der Beiträge der Angewandten Psychologie an eine menschenwürdige Gesellschaft.

10.2 Der Wandel der Zeit

Die Menschen hatten schon immer das Bedürfnis, die Zukunft vorauszusehen. Dazu können wir uns unter anderem auch an der Vergangenheit orientieren, indem wir uns mit geschichtlichen Ereignissen auseinandersetzen. In den folgenden Abschnitten orientieren wir uns jedoch vor allem an der Zukunftsforschung. Diese beobachtet, beschreibt und bewertet neue Entwicklungen in der Gesellschaft und Wirtschaft. Auf diese Weise werden Megatrends skizziert. Diese werden also nicht erfunden, sondern sind das Ergebnis des erwähnten systematischen Prozesses (Zukunftsinstitut 2022a).

Damit sind jedoch nicht kurzlebige Trends gemeint, die uns im Alltag überall begegnen, wie beispielsweise in der Mode. Horx (2010, S. 1) versteht unter Trendforschung die Analyse von Trends als Instrument zur Beschreibung von Veränderungen und Strömungen in allen Bereichen der Gesellschaft. Trends haben immer einen direkten Bezug zur Zukunft. Pfadenhauer (2004 S. 3 f.) erwähnt zum einen, dass immer die Möglichkeit verschiedener Zukünfte besteht und zum anderen Zukunft nie vollständig bestimmbar ist.

> **Was sind Megatrends?**
> Das Zukunftsinstitut (2022a) erwähnt die folgenden vier zentralen Merkmale, die Megatrends ausmachen:
> - **Dauer:** Megatrends haben eine Dauer von mindestens mehreren Jahrzehnten.
> - **Ubiquität:** Megatrends zeigen Auswirkungen in allen zentralen Bereichen der Gesellschaft.
> - **Globalität:** Megatrends sind globale Phänomene.
> - **Komplexität:** Megatrends sind vielschichtige und mehrdimensionale Trends.

Megatrends haben einen sehr großen Einfluss auf die Veränderungen in unserer Gesellschaft. Dabei ist weniger die Dauer von Bedeutung als ihre Auswirkungen. Megatrends verändern ganze Gesellschaften und

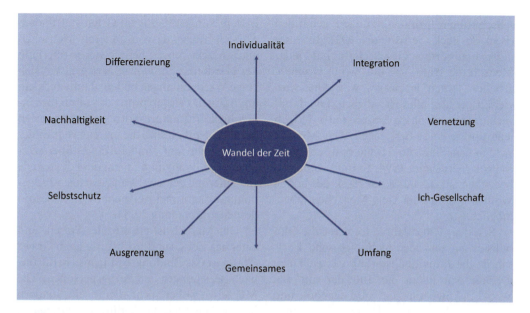

Abb. 10.1 Spannungsfelder im Wandel der Zeit

nicht nur einzelne Bereiche des sozialen Lebens oder der Gesellschaft.

Megatrends bilden sich vielfach parallel aus mehreren ähnlich verlaufenden Phänomenen heraus, die sich gegenseitig beeinflussen und verstärken. Der Ursprung dieser Veränderungen kommt überhaupt nicht immer aus der westlichen industrialisierten Welt. So ist der Ursprung der bargeldlosen Bezahlung per Mobiltelefon z. B. schon vor einigen Jahren in Kenia zu finden oder die Trends im Bereich der Urbanisierung kommen aus den asiatischen Megacities (Zukunftsinstitut 2022a).

Megatrends sind bedeutende Treiber des Wandels. Wir können die Megatrend-Systematik für wichtige gesellschaftliche Entwicklungen, Strategieentwicklungen in Unternehmen und auch für die Entwicklung der einzelnen Professionen, so wie hier für die Entwicklung der Angewandten Psychologie, nutzen.

In dem Sinn konzentrieren wir uns auf die folgenden fünf bedeutenden Megatrends und damit verbundene Spannungsfelder, die entstehen können:

- **Individualisierung** mit dem Spannungsfeld: Individualität vs. Gemeinsames
- **Silver Society** mit dem Spannungsfeld: Integration vs. Ausgrenzung
- **Konnektivität** mit dem Spannungsfeld: Vernetzung vs. Selbstschutz
- **Neo-Ökologie** mit dem Spannungsfeld: Ich-Gesellschaft vs. Nachhaltigkeit
- **Wissenskultur** mit dem Spannungsfeld: Umfang vs. Differenzierung

Diese Spannungsfelder sind Herausforderungen, die sich aus den Megatrends ergeben, und nach Bewältigungs-Kompetenz verlangen, die entwickelt werden muss (◘ Abb. 10.1).

10.2.1 Megatrend der Individualisierung

Individualisierung ist eine Entwicklung der späten Moderne. Bis Ende der 1960er-Jahre stand im Vordergrund, nicht durch Individualität aufzufallen, sondern seine Rolle in der Gesellschaft zu finden und auszufüllen. Mit der 68er-Bewegung und der Psychologie der Selbstverwirklichung hat sich das jedoch sehr stark verändert (Jung 2021). Doch auch der Prozess der Individualisierung ist an gesellschaftliche Voraussetzungen gebunden (Beck & Beck-Gernsheim 1993). In einer individualisierten Gesellschaft hat jeder Mensch die Wahl, wie und wo er wohnen, arbeiten, lernen, leben usw. will. Alles wird vielfältiger und alles ist möglich. Die damit verbundenen Konsequenzen muss jedoch jede und jeder selber tragen. Der Mensch wird in dem Sinn zum Homo optionis (Beck & Beck-Gernsheim 1994, S. 16 f.). wobei zu bedenken ist, dass dies nur dank des hohen Wohlstands, in dem viele Menschen leben, möglich ist.

Seit den 1990er-Jahren forcieren die Globalisierung und der technologische Fortschritt die Individualisierung weiter. Dazu gehören vor allem das Internet mit den Web-2.0-Anwendungen wie Facebook und Twitter, welche zu wichtigen Plattformen wurden, oder auch politische Entwicklungen („arabischer Frühling" und „orange Revolution in der Ukraine"). Zudem verändert das Internet das Konsumverhalten maßgeblich. Online und damit individuelleres Shopping werden möglich. Die Digitalisierung erfasst jedoch nicht nur die Industrie, Medien und den Konsum, sondern auch uns selbst. Das Internet der Dinge ermöglicht, dass unser Alltag erleichtert wird. Maschinen und Computer kommunizieren miteinander und Kühlschränke kaufen z. B. eigenständig Milch und Joghurt ein (Ewingeret al. 2016). Die Angewandte Psychologie nimmt sich seit dieser Zeit auch der Folgen dieser Entwicklungen an und interessiert sich insbesondere für die Wechselwirkungen zwischen Mensch und Maschine/Computer. Das IAP Institut für Angewandte Psychologie beschäftigt sich z. B. seit 2017 explizit mit dem Befinden des Menschen in der Arbeitswelt 4.0 und führt dazu jährlich eine große Studie durch (▶ www.zhaw.ch/iap/studie).

Besonders ausgeprägt wird die Individualisierung oder wohl eher die Inszenierung des eigenen Ichs in den sozialen Medien betrieben. Dabei geht es primär um die individuelle Selbstdarstellung (Jung 2021). Besonders interessant ist jedoch, dass diese Inszenierungen häufig an Orten stattfinden, wo sich Tausende von anderen Menschen auch inszenieren, so beispielsweise oberhalb des Hardangerfjords in Norwegen, wo sich lange Warteschlangen bilden, damit auf dem imposanten Felsvorsprung das ultimative individuelle Instagram-Foto gemacht werden kann. Eigentlich sind die inszenierten Bilder dabei immer sehr ähnlich. Etwas überspitzt formuliert, kann man sagen, dass die soziale Inszenierung der jeweils einzigartigen Individualität damit mehr Gleichheit statt Besonderheit ergibt (Jung 2021).

Der Mensch ist ein soziales Wesen, und eines der vier Grundbedürfnisse nach Grawe (2004) ist das Bindungsbedürfnis (Bedürfnis nach Beziehungen und Bezugspersonen). Die Menschen wollen nicht alleine sein, sondern haben eben auch das Bedürfnis, anderen zu zeigen, wie einzigartig und individuell sie sind.

Eigentlich müsste im Zeitalter der Individualisierung die Welt so bunt und so vielfältig sein wie noch nie. Doch eher das Gegenteil ist der Fall (Jung 2021). Vielfalt nimmt ab und die Welt sieht immer mehr überall gleich aus. Viele Hotelzimmer und die Architektur der Städte gleichen sich auf der ganzen Welt. Beispielsweise der Stadtteil Zürich West könnte genauso gut in einer mittelgroßen amerikanischen oder deutschen Stadt vorkommen. Die Mode wird von einem Einheitslook von Jeans, Sneakers und Shirts dominiert. Läden mit besonderen und individuellen Angeboten werden immer seltener. In dem Sinn macht die Globalisierung die Welt und deren Menschen immer „gleicher".

Die Individualisierung ist auch in der Arbeitswelt angekommen. In unserer individualisierten Gesellschaft mit einem starken Wunsch nach Selbstverwirklichung müssen qualifizierte und motivierte Nachwuchskräfte anders angesprochen werden. Hierarchische Führungsmodelle werden den jetzigen Anforderungen der Mitarbeitenden nicht mehr gerecht. Transparenz, Mitwirkung und Einbindung werden erwartet. Ein weiterer Hinweis auf vermehrte Individua-

Tab. 10.1 Generationenunterschiede. (In Anlehnung an S. Schnetzer, 2022)

	Generation Z (geboren 1995–2010)	Generation Y (geboren 1980–1994)
Normalität in der Jugend	WhatsApp, Smartphone, Spotify, Yoga, YouTube	E-Mail, Handy, MP3, Yogakurs, TV-Programm
Erziehungsstil der Eltern	Antiautoritär, partnerschaftlich, zeitlich überfordert	Weniger autoritär und streng. Grenzen sind verhandelbar
Kommunikation	Smartphone, immer und überall	Kennt auch noch eine Welt ohne Smartphone, SMS und Brief
Vertrauen	Durch Likes und Online-Bewertungen	Durch persönlichen Bezug und Empfehlungen
Flirten	Dating-App und Social Media	Persönlich ansprechen und nach Tel.-Nummer fragen
Bindung	Entscheidungen sind ein Zwischenstand, bis etwas Besseres kommt	Entscheidungen sind ernst zu nehmen

lisierung ist zudem in den Berufsbiografien zu finden. Die über viele Jahre geltenden klassischen Biografien, bestehend aus Ausbildung, Arbeit und Rente, verschwinden immer mehr. Brüche und „atypische" Veränderungen in der Berufsbiografie werden immer normaler. Dasselbe gilt auch für unterschiedliche Arbeitsmodelle wie Teilzeitarbeit, geteilte Familienarbeit und Kinderbetreuung usw. Auch lebenslanges Lernen bleibt immer weniger nur ein Schlagwort. Die Hochschulen wie auch die Berufsverbände entwickeln Modelle für Quereinsteiger:innen, Verknüpfung von Grundstudium und Weiterbildung und die Weiterbildungsangebote werden flexibler, modularer und individueller. Gleichzeitig bleibt das Bedürfnis nach Gemeinsamkeit und Gemeinschaften bestehen. Es werden dazu neben den klassischen Formen wie beispielsweise Lernangebote in einem Klassenverbund virtuelle Community-Modelle entwickelt, Co-Working-Räume entstehen überall, und viele weitere Möglichkeiten, um zusammenkommen zu können, werden angeboten. Der Mensch hat ein starkes Bedürfnis, auch informell und im direkten Kontakt sich treffen zu können.

Im Hinblick auf die Zukunft lohnt es sich, kurz den Fokus auf die Generationen Y und Z zu legen. Sie prägen die zukünftige Arbeitswelt. **Es gibt wichtige Unterschiede** (Tab. 10.1).

Und auch ein paar Gemeinsamkeiten: Beide Generationen tun sich eher schwer mit Entscheidungen. Sie haben häufig viele Möglichkeiten, sind im Wohlstand aufgewachsen und haben die große Herausforderung, bei der großen Vielfalt den Überblick nicht zu verlieren. Sie versuchen, das Beste für sich herauszufiltern, sich möglichst viele Optionen offen zu lassen und gleichzeitig in Beruf und Karriere möglichst weit zu kommen (Ewinger et al. 2016). In den Lebensläufen sind die bisher klassischen Pfade weniger zu sehen. Veränderungen, Neuanfänge und Wechsel sind gewollt oder auch ungewollt ein Teil des Lebens.

Im Berufsalltag wollen sie sich beteiligen, mitbestimmen und Freiräume haben. Weiterbildungsmöglichkeiten, Gestaltungsfreiräume, Flexibilität, ein gutes Arbeitsklima und Vereinbarkeit von Beruf und Familie sind ihnen mindestens so wichtig wie ein gutes Einkommen.

- **Beitrag der Angewandten Psychologie im Umgang mit dem Megatrend Individualisierung**

In vielen Anwendungsfeldern der Angewandten Psychologie, wie z. B. im Coaching, in der psychologischen Beratung, in der Laufbahnberatung, im HRM sowie in Weiterbildungsangeboten sind Fragestellungen aus den vorher genannten Themenfeldern häufig anzutreffen. Es braucht zudem aktuelle Methoden in einem Mix zwischen Online-Angeboten und physischem Kontakt. In dieser Hinsicht haben Begriffe wie hybride Arbeit, hybrides Angebot, Blended Learning usw. an Aktualität gewonnen und werden sehr vielfältig und auch nicht immer präzise verwendet.

Da gibt es in der Praxis der Angewandten Psychologie noch einigen Entwicklungsbedarf und vor allem auch Klärungsbedarf.

Bildung und lebenslanges Lernen werden zudem weiter an Bedeutung gewinnen und da vor allem auch die Entwicklung von überfachlichen Kompetenzen, wie Selbstmanagement, Kreativität, Motivation, Verhandlungsfähigkeit, Kommunikationsfähigkeit, Ambiguitätstoleranz, Umgang mit Unsicherheiten und Veränderungen usw. (siehe dazu auch die IAP-Studien zum Menschen in der Arbeitswelt 4.0 (2017–2022)).

Gerade bei der Entwicklung dieser erwähnten Kompetenzen, bei der Gestaltung der Laufbahnen, beim Umgang mit den vielen komplexen Situationen im privaten wie auch beruflichen Alltag, bei Online-Angeboten in der Beratung und Weiterbildung usw. wird die Angewandte Psychologie in Zukunft eine tragende Rolle spielen und dies immer mit dem Fokus auf die gesunde Entwicklung des Menschen.

Es gibt in dem Sinn im jetzigen Zeitalter und durch die Anforderungen, die die Generationen Y und Z an die Arbeitswelt und an die Gesellschaft stellen, viele Bereiche, wo die Angewandte Psychologie wichtige und zukunftsrelevante Beiträge leisten kann.

10.2.2 Megatrend Silver Society

Der demografische Wandel zählt zu den wichtigsten und schon am längsten diskutierten Megatrends. Weltweit werden die Menschen älter, vitaler und bleiben zudem länger fit. In der Schweiz erwartet das Bundesamt für Statistik bis 2030 rund 30 % mehr Personen, die über 65 sind. Bis zum Jahre 2050 sind es 70 % mehr ältere Menschen als heute (Bundesamt für Statistik 2022). Das wird deutliche Folgen haben. Es kommt dadurch zu einer Machtverschiebung hin zu den älteren Menschen in der Gesellschaft. Das zeigt sich zum Beispiel bei politischen Prozessen und Entscheiden. Da werden die älteren Menschen an Gewicht gewinnen und es könnte schwieriger werden, Reformen durchzubringen, da ältere Menschen Neuerungen gegenüber der jetzigen Zeit in der Regel zurückhaltender sind als junge Menschen (SRF 2022).

Aktuelle Entwicklungen, wie z. B. die Corona-Krise, zeigen die Wertschätzung, die älteren Menschen gegenüber gezeigt wird. Diese sogenannte Risikogruppe wurde als wichtiger Teil unserer Gesellschaft betrachtet und entsprechend umfassend von allen geschützt (Zukunftsinstitut 2022b). Die Frage, welche Rolle die älteren Menschen in unserer Gesellschaft und in dem Sinn auch in der Arbeitswelt spielen werden, wird immer wichtiger.

Das Zukunftsinstitut (2022b) hat folgende vier Thesen zum Megatrend Silver Society formuliert:

- Die Alten gibt es nicht mehr. Die älteren Menschen denken immer mehr „jugendlicher" und wir können die „Alten" nicht als eine geschlossene Kohorte betrachten. Es sind eher Lebensstile, die durch Werte, Haltungen und Konsummuster definiert sind, die unser Verhalten bestimmen.
- Lebensqualität wird zum höchsten Ziel. Die älteren Generationen sind in dem Sinn ein ganz wesentlicher Treiber von Entschleunigung.
- Diversität erfordert altersgemischte Teams. Es gilt in Zukunft, nicht nur

junge Talente zu rekrutieren und zu halten, sondern auch als Arbeitgeber attraktiv zu sein für ältere Mitarbeitende. Dies wird mit zunehmendem Fachkräftemangel weiter an Bedeutung gewinnen. Die Unternehmen und Führungskräfte werden altersgemischte Teams entwickeln müssen, neue und auch innovative Beschäftigungsmodelle anbieten und für lebenslanges Lernen sorgen müssen.
- Pro-Aging und Postwachstum gehen Hand in Hand. Die Entwicklung eines neuen Mindsets zu einem positiven Bild des Alters wird auch den Wirtschaftswandel in Richtung einer Postwachstumsökonomie im Sinne von „weniger ist mehr" unterstützen.

Wir Menschen sind stark von Bildern beeinflusst. Das sehen wir u. a. sehr gut beim Bild von der Lebenstreppe, welches im 19 Jahrhundert dominant war. Mit 40 Jahren blickte der Mann stolz auf das Geleistete zurück und mit 50 Jahren war dann der Zenit des Lebens erreicht und es ging nur noch abwärts (Ewinger et al. 2016). Obwohl sich in den letzten Jahren in dieser Hinsicht viel geändert hat, sind wir Menschen immer noch von solchen Bildern und Stereotypen geprägt. So wird zum Beispiel älteren Menschen häufig unterstellt, dass sie weniger produktiv, weniger lernfähig oder lernwillig, weniger belastbar, weniger kreativ und weniger flexibel seien.

Aktuelle wissenschaftliche Untersuchungen zeigen jedoch, dass es keinen Zusammenhang zwischen dem Alter und der Arbeitsleistung gibt, und es konnte nur ein minimaler negativer Zusammenhang zwischen Alter und Weiterbildungsfähigkeit erkannt werden (Ewinger et al. 2016).

In dem Sinn ist es von großer Bedeutung, dass wir uns aktiv mit den verschiedenen Stereotypen auseinandersetzen und die alten bestehenden Bilder zurücklassen und neu definieren. Gerade in dieser Hinsicht kann die Angewandte Psychologie eine besonders bedeutende Rolle einnehmen, indem sie dafür sorgt, dass wir unsere Wahrnehmung dazu überprüfen, kritisch hinterfragen und gemeinsam neue und aktuelle Bilder entwickeln, an denen wir uns in allen Facetten des Lebens orientieren können. Vor allem in der Arbeitswelt ist besonders wichtig, dass sich die Unternehmen, die Führungskräfte und auch die HR-Abteilungen aktiv damit beschäftigen und die Unternehmenskulturen in Richtung altersgemischte Teams entwickeln. Tun wir das nicht, beeinflussen solche Altersstereotype weiterhin wichtige Personalentscheide und dies mit weitreichenden Konsequenzen.

- **Beitrag der Angewandten Psychologie im Umgang mit dem Megatrend Silver Society**

Verschiedene und gezielte Maßnahmen begleitet durch die Angewandte Psychologie können die Entwicklung einer Kultur von altersgemischten Arbeitsgruppen unterstützen und die Integration fördern.

Lebenslanges Lernen Über die Bedeutung von lebenslangem Lernen wird schon seit vielen Jahren diskutiert. Jedoch erst in den letzten zwei bis drei Jahren haben zum Beispiel die Hochschulen damit begonnen, Strategien und Konzepte zu entwickeln. Durchlässigkeit, Individualisierung, Flexibilisierung und ein guter Mix zwischen synchronem und asynchronem Lernen werden dabei eine wesentliche Rolle spielen. Es gilt zudem, die Bedürfnisse aller Generationen zu berücksichtigen. Es ist bekannt, dass Kompetenzen und Interessen sich über die Arbeitslaufbahn verändern. Ältere wie übrigens auch alle anderen Lernenden haben Besonderheiten, die bei der Entwicklung von Bildungsangeboten berücksichtigt werden müssen (Baltes im Interview mit Karberg 2004, S. 21). Baltes erwähnt, dass mit zunehmendem Alter die Fitness eine entscheidende Rolle spielt. Je fitter der Körper, desto mehr verfügbare kognitive Ressourcen stehen zur Verfügung. Zudem ist bekannt, dass ältere Menschen Defizite, wie z. B. Reaktionsfähigkeit, durch Lernstrategien und selektive Konzentration ausgleichen (Baltes im Interview mit Karberg 2004, S. 20). Ein schönes Beispiel dazu aus dem Sport: Im Tennisspiel sehen wir immer wieder, dass ältere Spieler:innen dank gutem Stellungsspiels und der Fähigkeit, das Spiel gut lesen zu können, auch gegen jüngere Spielr:innen gewinnen können.

Lebenslanges Lernen heißt nicht nur, Weiterbildungen zu besuchen, sondern auch Lernen am Arbeitsplatz, wie z. B. Job Rotation usw. Wir wissen schon seit vielen Jahren, dass 70 bis 80 % des Lernens informell geschieht.

Berufsbiografien Erst wenn Neuorientierungen nicht mehr als Karriereknicks wahrgenommen werden und wir die Offenheit entwickeln können, dass Berufslaufbahnen ganz individuell und vielfältig verlaufen können, ermöglichen wir auch älteren Menschen neue Möglichkeiten und Chancen. So können ältere Mitarbeitende z. B. in anderen Funktionen, Teilzeit und/oder nach einer Auszeit im Berufsleben bleiben und außerberufliche, gemeinnützige Tätigkeiten ausüben.

Rolle der Vorgesetzten Die direkten Vorgesetzten haben mit ihrem Führungsverhalten einen bedeutenden Einfluss auf die Arbeitskultur und zwar sowohl in Bezug auf die Leistung als auch auf die Zufriedenheit. Führungspersonen können durchmischte, diverse Teams fördern und definieren die Kriterien, was leistungsfähige Mitarbeitende sind. In dem Sinn sorgen sie auch dafür, dass ältere Mitarbeitende von Jüngeren lernen können so wie umgekehrt natürlich auch und dass Ältere ihre Ressourcen und Potenziale gewinnbringend einbringen können.

Intergenerationelle Zusammenarbeit Intensive Zusammenarbeit im Berufsleben und Kommunikation auch auf persönlicher Ebene zwischen verschiedenen Altersgruppen sind sehr wichtig, um Vorurteile abzubauen. Wie schon erwähnt, muss die intergenerationelle Zusammenarbeit vor allem von Vorgesetzten und dem HRM initiiert und gefördert werden. Gemäß Schenk (2007) ergänzt sich die Leistungsfähigkeit jüngerer Mitarbeitenden mit der Gelassenheit, Zuverlässigkeit und Erfahrungswissen Älterer sehr gut und sie sorgen gemeinsam für ein gutes Arbeitsklima. Staudinger et al. 2008 (zitiert in Kessler et al. 2010, S. 275) konnten in einer Studie nachweisen, dass altersgemischte Teams vor allem bei Arbeitsprozessen vorteilhaft sind, die sowohl Geschwindigkeit als auch Merkfähigkeit, das Lösen unerwarteter Probleme und intensive Kooperation erfordern. Dasselbe gilt übrigens auch bei Aufgaben, welche Kreativität erfordern.

Wissensmanagement: Lernen voneinander Es ist unbestritten, dass in altersgemischten Teams sowohl Ältere als auch Jüngere gegenseitig voneinander lernen und profitieren können. In vielen Unternehmen haben sich in dieser Hinsicht Mentor-Mentee-Konzepte etabliert. Da sind es häufig ältere Mitarbeitende, die Jüngere unterstützen, begleiten und vor allem ihr Erfahrungswissen teilen. Gerade im Zeitalter der Digitalisierung gibt es immer öfter auch Situationen, in denen Jüngere den Älteren etwas beibringen können.

Lernen zwischen den Generationen erfordert eine positive, offene Lernkultur, welche Lernmöglichkeiten schafft und sogar aktiv einfordert. Es sollte selbstverständlich sein, dass alle voneinander lernen, und es sollte nicht als Unfähigkeit oder Gesichtsverlust erlebt werden, wenn Ältere jüngere Mitarbeitende fragen. Die Angewandte Psychologie kann dabei unterstützend wirken und speziell in Führungsausbildungen und bei Kulturentwicklungen in Organisationen entsprechend Hilfe anbieten und mögliche Lernfelder explizit machen.

10.2.3 Megatrend Konnektivität

Konnektivität beschreibt das Prinzip der Vernetzung auf der Basis digitaler Infrastrukturen. Damit verbunden entstehen neue Lebensstile, Handlungsmuster und Geschäftsmodelle. Erfolgreich sind diejenigen Unternehmen, die sich über ihr offenes Ökosystem definieren. Unternehmen können sich nicht mehr nur als isolierte Einheiten verstehen, sondern nur noch als Knotenpunkte innerhalb größerer Netzwerke als veränderbare Teile von größeren Business-Ecosystemen (Zukunftsinstitut 2022a). Es braucht interdisziplinäre Teams, in denen auch Psychologinnen und Psychologen mit ihrem guten Verständnis für die Gestaltung von individuellen Prozessen sowie Gruppenprozessen eine wichtige Rolle einnehmen.

Seit der Corona-Pandemie leben wir immer mehr in einer real-digitalen Welt, in der eine strikte Trennung zwischen „analog" und „virtuell" nicht mehr denkbar ist. In dem Sinn können wir eigentlich kaum mehr von einem Megatrend „Konnektivität" sprechen, sondern primär eine Trend-Gegentrend-Sichtweise rückt in den Vordergrund (Zukunftsinstitut 2022a). Die Digitalisierung wurde veralltäglicht und die Entwicklungen werden reflektierter betrachtet. Themen wie z. B. on-off gewinnen noch mehr an Bedeutung und in diesem Sinn gerade auch die Verhaltensweise des Menschen in der digitalisierten Lebens- und Arbeitswelt. Die 6. IAP-Studie 2022 bestätigt einige Ergebnisse der 1. IAP-Studie von 2017 und beschreibt gleichzeitig einige Themen, die stark beschleunigt wurden, vermutlich auch aufgrund der Corona-Pandemie (vgl. Der Mensch in der Arbeitswelt 4.0, (2017–2022). Studienreihe. ▶ www.zhaw.ch/iap/studie.) Besonders interessant sind jedoch die in der ◘ Tab. 10.2 angeführten Sonnen- und Schattenseiten der Digitalisierung, die in der Studie gut zum Ausdruck kommen und die damit verbundenen Spannungsfelder aufzeigen.

Diese Zusammenstellung zeigt gut, dass Psychologinnen und Psychologen aktuell und auch in Zukunft stark gefordert sein werden und wichtige sowie hilfreiche Unterstützung für eine menschenwürdige Lebens- und Arbeitswelt leisten können. Es ist sehr wichtig, dass sich die Angewandte Psychologie in der Forschung, Beratung und Bildung intensiv damit auseinandersetzt und sowohl

◘ Tab. 10.2 Digitalisierung bringt ...

☺	☹
Mehr Vielfalt und Autonomie bei der Arbeitsgestaltung	Hohes Arbeitstempo und Arbeitsbelastung
Mehr Selbstführung/-organisation	Erschwert Grenzziehung
Rolle von Führung verändert sich	Mehr Führungsarbeit und mehr Leistungsdruck
Braucht vielfältige neue Kompetenzen	Von Organisationen nur teilweise konsequent und strategiebasiert entwickelt
Homeoffice tut uns gut	Erschwert soziale Interaktion

das Individuum als auch Organisationen jeder Art in dieser Hinsicht begleitet. Die Digitalisierung fordert die Menschen nicht nur auf der technischen Seite, sondern wie wir da gut feststellen können, auch auf der psychologischen Ebene. Folgende Themen müssen aktiv verfolgt werden:

- Überfachliche Kompetenzen und insbesondere die Selbstmanagement-Kompetenzen
- Zusammenarbeitsthemen in Teams, Projekten usw.
- Aktive Gestaltung bestehender und neuer Führungsmodelle und der Führungsrolle
- Regelmäßige Klärung der Erwartungen auf individueller und organisationaler Ebene
- Entwicklung einer wertschätzenden und unterstützenden Lernkultur
- Umgang mit den vielen Spannungsfeldern
- Individuelle und organisationale Resilienz
- Und viele weitere Themen

■ **Künstliche Intelligenz als zentraler Treiber**

Die Künstliche Intelligenz (KI) ist zurzeit der zentrale Treiber des digitalen Wandels. Es ist gut vorstellbar, dass in Zukunft KI in der

Personalrekrutierung, im Coaching, in der Psychotherapie, in der Teamzusammenarbeit usw. regelmäßig zum Einsatz kommen wird. Das löst u. a. Ängste aus, führt zu vielen ethischen Fragen und dazu, dass intelligente Maschinen in Zukunft immer intensiver mit unseren verschiedenen Lebensbereichen mitkommunizieren können. Das Thema der Interaktionen zwischen den Menschen und Maschinen wird noch viel mehr an Bedeutung gewinnen, und es ist wichtig, dass die Angewandte Psychologie sich intensiv zu den Chancen, Risiken und Herausforderungen, die damit verbunden sind, beschäftigt. In Zukunft werden die Menschen und Maschinen noch enger zusammenwachsen und wir werden mehr Technik im und direkt am Körper tragen, so Karin Frick und Bettina Höchli vom GDI (2014). Sicher ist dieses Szenario noch heute teilweise fremd und trotzdem ist es schon Realität. In der Zwischenzeit gibt es schon viele Produkte, wie z. B. 3-D-Brillen, Schrittmesser usw., die von vielen Menschen genutzt werden und in unserem Alltag integriert sind.

Die Diskussion über den „vermessenen und vernetzten Menschen", Datenschutz, Einsatz von KI in unterschiedlichen Anwendungsbereichen usw. wird weiterhin kontrovers geführt und beschäftigt uns fortlaufend. Das IAP Institut für Angewandte Psychologie hat im Juni 2022 dazu einen zweitägigen Kongress mit dem Titel „Diagnostik – zwischen neuen Möglichkeiten und Verantwortung" durchgeführt und dabei folgende Fragen diskutiert:

- Wie können wir mit den neuen technologischen Möglichkeiten verantwortungsbewusst umgehen und welche Aufgaben ergeben sich dabei für die Psychologie?
- Wie können die neuen Möglichkeiten so angewendet werden, dass neben der Sicherstellung von Qualität und der Steigerung von Effizienz sowohl ethische als auch menschliche Grundsätze gewahrt werden?
- Und welche bewährten Methoden und Grundlagen der Diagnostik sollen beibehalten werden?

Solche interdisziplinären Auseinandersetzungen und Diskussionen zwischen den Forscher:innen und der Praxis sind enorm wichtig und unterstützen einen verantwortungsvollen Umgang mit den rasanten technologischen Entwicklungen.

Wir benötigen in Zukunft weiterhin einen reflektierten Umgang mit der zunehmenden Konnektivität und Komplexität sowie gute Adaptionsfähigkeiten, individuelle und organisationale Resilienz (Zukunftsinstitut 2022a) und vor allem Kompetenzen zur Informations- und Komplexitätsreduktion.

- **Beitrag der Angewandten Psychologie im Umgang mit dem Megatrend Konnektivität**

Unternehmen brauchen zu einer erfolgreichen digitalen Transformation vor allem eine Führungskultur, die Veränderungen, Offenheit, Transparenz, Wertschätzung und kontinuierliches Lernen erlaubt und gestaltet und Mut sowie Experimentierfreude unterstützt. Unternehmen müssen bewusst an ihrer Kulturentwicklung arbeiten, ihre Mitarbeitenden integrieren und mitnehmen und sich nicht nur auf die technologischen Entwicklungen fokussieren. Alle Bereiche müssen am selben Strang ziehen und Silos sollten überwunden werden.

Das IAP kann solche Change-Prozesse und die Entwicklung von Führungskulturen sowie in folgenden Faktoren unterstützen: Umgang mit Selbstschutz, Entwicklung der dazu gehörenden überfachlichen Kompetenzen, die Gestaltung der „Verschmelzung" von Mensch und Maschine, Weiterentwicklung von Qualitätsstandards usw.

10.2.4 Megatrend Neo-Ökologie

Dieser Megatrend beschäftigt sich mit Themen wie Umwelt, Nachhaltigkeit und Ressourcen. Nagels (2017) ordnet dem Megatrend Neo-Ökologie die folgende Sub-Trends zu:

Social Business, Achtsamkeit, Urban Farming, Bio-Boom, Sinn-Ökonomie, Cirular Economy, Shared Economy, E-Mobility, Minimalismus, Green Tech, Zero Waste, Gutbürger, Slow Culture, Direct Trade, Flexitarier und Postwachstumsökonomie.

Damit zeigt sich die Neo-Ökologie in allen Bereichen unseres Alltags, sei dies bei Kaufentscheidungen, gesellschaftlicher Handlungsmoral oder Unternehmensstrategien. Nachhaltigkeit verändert die Verhaltens- und Sichtweisen der globalen Gesellschaft, der Kultur und der Politik und richtet unternehmerisches Handeln sowie das gesamte Wirtschaftssystem neu aus (Zukunftsinstitut 2022a).

Ein großer Treiber im Bereich der Nachhaltigkeit ist die wachsende Nachfrage nach Bio-Produkten und einem Leben mit bewussterem Umgang mit den Ressourcen unserer Lebensräume.

Neo-Ökologie bezieht sich jedoch, wie schon erwähnt, nicht nur auf die privaten Bereiche der Gesellschaft, sondern auch Unternehmen beschäftigen sich immer intensiver mit der Thematik (Schaidreiter 2019). Nachhaltigkeit, Fairtrade, Ethik, Mitarbeitenden-Zufriedenheit usw. haben in Unternehmen stark an Bedeutung gewonnen und werden in ihr wirtschaftliches Handeln integriert (Nagels 2017).

Das Motto „besser statt mehr" wird immer mehr zu einer individuellen und kollektiven Strategie, wie zum Beispiel mehr Grünflächen in der Stadt anstelle von unbepflanzten Plätzen oder Einkaufszentren oder besseres Fleisch auf dem Teller, dafür weniger davon. Die Erkenntnis, dass wir mit „weniger" sogar zufriedener sein können und mehr Lebensqualität erleben, wird sich vermutlich in Zukunft noch stärker durchsetzen (Zukunftsinstitut 2022a).

- **Achtsamkeit als großer Gegentrend zur konstanten Reizüberflutung**

Achtsamkeit ist in vielen Bereichen zu einem Trendthema geworden. So gibt es seit einigen Jahren einen großen Boom an Yoga-Angeboten, Achtsamkeitstrainings, Meditationskursen usw. und auch in vielen Unternehmen ist die „achtsame Führung" zu einem viel beachteten Thema geworden. Transparente, menschenorientierte, wertschätzende und offene Unternehmenskulturen werden in Zukunft noch mehr zu einem Wettbewerbsvorteil. Mitarbeitende werden noch stärker nicht primär auf Karrieremöglichkeiten achten, sondern verstärkt in Unternehmen arbeiten wollen, in denen eine achtsame Führungs- und Zusammenarbeitskultur gepflegt wird. Die Angewandte Psychologie kann mit ihrem Verständnis für eine menschenwürdige Gesellschaft und ihren Kompetenzen diese Entwicklung sehr gut unterstützen, indem Achtsamkeit in Führungsausbildungen einen wichtigen Platz erhält, in Coachings darauf eingegangen wird, HR- und L&D-Abteilungen bei der Entwicklung und Umsetzung entsprechender Konzepte unterstützt werden, psychologische Beratungsangebote niederschwellig allen Mitarbeitenden zugänglich gemacht werden und Unternehmenskulturen umsichtig und eben achtsam entwickelt werden.

- **Der Beitrag der Umweltpsychologie zum Megatrend Neo-Ökologie**

Die Umweltpsychologie ist ein Teilgebiet von Nachhaltigkeit und kann auf verschiedenen Ebenen wesentliche Beiträge leisten. In Europa ist die wissenschaftliche Grundlage noch eher gering. Es ist wichtig, dass nun die wissenschaftliche Basis dazu geschaffen wird und relevante Themen antizipiert werden. Fragen, wie z. B. „wie der Mensch zum Gestalter werden kann" oder die Gesellschaftsperspektive stärker verankert werden kann usw., sollten unbedingt bearbeitet werden.

Neue Werte sind eigentlich altbekannte Werte, aber mit einem anderen Fokus:
- **Verantwortung** für eine zukunftsfähige Gesellschaft. Dafür müssen entsprechende Fähigkeiten und Fertigkeiten entwickelt werden.
- **Glaubhaftigkeit**, d. h., Handlungen und Verhalten von Organisation müssen langfristig überzeugen.
- **Transparenz** bezüglich ökologischer Prozesse und der Information darüber

- **Fehlerkultur** offen leben und realistische Selbsteinschätzungen sind gefordert:
  - Organisationen können damit Imagepflege attraktiver machen.
  - Klimawandel soll heruntergebrochen werden und Themen dazu für ein entsprechendes Risikomanagement definiert werden, woraus neue Aufgaben entstehen (nicht nur reagieren, sondern gestalten) und neue Geschäftsmodelle entwickelt werden können.

Umweltbewusstsein kann auch in Weiterbildung und Trainings gesteigert werden. Ein erstes kurzfristiges Ziel ist, bei den Menschen die Aufmerksamkeit und das Bewusstsein zu erhöhen und Transformationsschritte aufzuzeigen. Langfristige Ziele sind, die Thematik in den Unternehmensstrategien zu verankern und in einem nachhaltigen HR-Management zu integrieren, wie dies z. B. bei VAUDE und ABS der Fall ist.

Eine strukturelle Einflussnahme durch die Politik ist zu einem gewissen Grad fragwürdig. Es dürfte zwar grundsätzlich wirkungsvoll sein, da diese durch Gesetze definiert ist. Dennoch führt eine solche Massnahme nicht unbedingt zum notwendigen Umdenken, da dieses eher erzwungen wird als freiwillig ist.

Aktuell steht die ökologische Nachhaltigkeit im Zentrum der Diskussionen und definierten Maßnahmen. In Zukunft muss der sozialen Nachhaltigkeit (Bildung für alle/Gleichstellung/Armut/Gesundheit) mehr Gewicht gegeben werden. Das Bewusstsein dafür kann u. a. durch Risiko-Dialog über Mobilität, Ernährung, Abfall, Gleichstellung, Chancengleichheit und Konsum gefördert werden. Zudem soll durch aktive Prävention der Wert von Nachhaltigkeit in Zukunft noch viel stärker etabliert werden.

Gerade für die Angewandte Psychologie gibt es im Bereich der Nachhaltigkeit noch viel zu tun und auch viele Entwicklungsfelder. Es ist wichtig, dass sich die Psychologie zusammen mit anderen Wissenschaften intensiv darum kümmert und ihre Kompetenzen einbringt.

Im Zusammenleben in der Arbeitswelt und der Gesellschaft sind Menschen gefordert, zugunsten der Nachhaltigkeit eine Balance zwischen dem individuellen Werteempfinden und dem Überleben als Gemeinschaft zu finden.

10.2.5 Megatrend Wissenskultur

Wir befinden uns in einer Zeit, in der Wissen zu einem der wichtigsten Güter zählt. Wissen wird häufig als ökonomische und soziale Währung angesehen, sowohl für Unternehmen als auch für uns Menschen als Arbeitnehmende (Werding 2013). Wir haben uns von einer Industriegesellschaft zu einer Wissens- und Dienstleistungsgesellschaft entwickelt.

Der Fachkräftemangel und War for Talents sind aktueller denn je und beschäftigen alle Branchen und die gesamte Volkswirtschaft in der Schweiz wie auch in Deutschland. In der Schweiz gibt es z. B. einen dramatischen Mangel an Lehrpersonen, einen enormen Mangel an ICT-Lehrstellen, Restaurants müssen zusätzliche Tage schließen, da sie kein Personal finden usw. Jeden Tag können wir in den Medien entsprechende Nachrichten lesen und hören. Es sind daher dringend und schnell neue Konzepte und neue Modelle gefordert, damit die Möglichkeiten für Quereinsteiger:innen verbessert werden. Lebenslanges Lernen nimmt nochmals an Bedeutung zu und muss niederschwellig und unkompliziert auch für eher lernungewohnte Menschen gefördert werden.

Der aktuelle globale Bildungsstand ist hoch wie nie und wächst praktisch überall weiter. Bildung wird digitaler, überfachliche und technologische Kompetenzen werden noch wichtiger, kooperative und dezentrale Strukturen zur Wissensgenerierung etablieren sich und auch unser Wissen über die Entstehung und Verbreitung von Wissen nimmt zu (Zukunftsinstitut 2022a).

Wissen für alle wurde vor allem auch aufgrund der rasanten Digitalisierung und des Megatrends Konnektivität beschleunigt.

Dies zeigt sich an vielen bestehenden und neuen Online-Angeboten im Bereich des digitalen Lernens. Massive Open Online Courses (MOOC) wie EDx, Coursera oder Udemy, digitale Angebote von Fernfachhochschulen, LinkedIn-Learning usw., aber auch Sprachlern-Apps wie Babbel oder Duolingo (Zukunftsinstitut 2022a) nehmen zu und sind immer beliebter. Auch am IAP Institut für Angewandte Psychologie beschäftigen wir uns intensiv mit neuen Lernformaten, Lernplattformen und Geschäftsmodellen für die Weiterbildung der Zukunft, die sich u. a. stark an den Megatrends Individualisierung, Konnektivität, New Work und Globalisierung orientiert.

Offene Bildungsformate auch über Kanäle wie Facebook, YouTube oder Twitter werden immer mehr zu einem Teil, wie wir aktuell und in Zukunft lernen. Lernpsychologisch schon lange bekannt ist, dass wir dann am besten und auch wirkungsvollsten lernen, wenn wir einen akuten Bedarf haben, wie z. B. wenn wir wissen wollen, wie wir Rosen züchten können oder wie wir eine geschäftliche Fragestellung jetzt gerade sofort lösen können. Dafür sind die erwähnten offenen Formate sehr geeignet und werden immer mehr zum Normalfall. Diese neue Normalität wird in Zukunft immer stärker im Bildungsalltag in Schulen, Universitäten und Fachhochschulen, Weiterbildungsangeboten und in Unternehmen Fuß fassen. Neben der notwendigen technischen Infrastruktur braucht es dazu jedoch einen großen Kulturwandel weg von einer hierarchischen Vorstellung hin zu einer netzwerkartigen von Co-Working geprägten Arbeits- und Lernkultur. Anders gesagt: Weg vom Motto „Macht ist Wissen" hin zu „Wissen ist Macht". Dazu müssen die Strukturen so entwickelt werden, dass Wissen dezentral und effizient dort verarbeitet wird, wo die Herausforderungen anstehen, und nicht zuerst in den Silos geprüft und gefiltert wird (Zukunftsinstitut 2022a). Es müssen Unternehmens- und Lernkulturen entwickelt werden, die Lernen möglich machen, Fehler zulassen und eine konstruktive Feedbackkultur etablieren. Das bedingt auch ein verändertes Führungsverständnis aufbauend auf Vertrauen, Wertschätzung und Augenhöhe. Psychologinnen und Psychologen mit einem starken Wirtschaftsbezug können mit ihren ausgeprägten Kompetenzen für Organisationsstrukturen, Organisations- und Lernkulturen und Prozess-Steuerung diese Entwicklung fördern und unterstützen. Es gilt, gemeinsam mit den Unternehmen einen Rahmen zu schaffen, in dem dieser neue Umgang mit Wissen erlernt, geprobt und gepflegt werden kann. Am IAP Institut für Angewandte Psychologie fördern und entwickeln wir seit drei bis vier Jahren neue Führungsmodelle, neue Lernformate, neue Zusammenarbeitsformen und integrieren alle Mitarbeitende laufend in die aktuellen Entwicklungen und Innovation. Dazu wurde vor drei Jahren ein Inno-Lab gegründet, welches den Prozess selbstorganisiert und nach agilen Prinzipien fördert und unterstützt. Gleichzeitig soll eine Lernkultur etabliert werden, die Experimente möglich macht und auch Fehler zulässt trotz eines hohen Qualitätsanspruchs im Tagesgeschäft. Dadurch wird Wissen in der gesamten Organisation verbreitet und geteilt und Hierarchien lösen sich immer mehr auf. Mitarbeitende können voneinander lernen und so neue Kompetenzen on the job erwerben. Neue hilfreiche Kollaborationstools wie Zoom, Webex, Microsoft Teams für Videokonferenzen oder auch Miro im Sinne einer virtuellen Pinnwand oder Trello und Asana zum Planen, Verteilen und Bearbeiten von Aufgaben können dabei sehr gut und effizient unterstützen.

- **Beitrag der Angewandten Psychologie zum Megatrend Wissenskultur**

Führungskräfte und Bildungsfachleute sind jetzt schon primär Ermöglicher:innen und Begleiter:innen von Entwicklungs- und Lernprozessen und werden das in Zukunft noch viel mehr sein. Diese Rollenwechsel gilt es, umsichtig und schrittweise zu gestalten und dabei vor allem folgende Aspekte zu fördern.

Kreativität Die Erkenntnis, dass Kreativität nicht planbar ist und nicht erzeugt werden kann, ist in vielen Unternehmen erkannt worden. Es geht eher darum, gute Grundlagen und einen passenden Nährboden für die Entstehung von Kreativität zu gestalten und wie schon erwähnt die notwendige wertschätzende und offene Unternehmenskultur zu entwickeln, die Vertrauen gibt, Lernen ermöglicht und Fehler zulässt. Besonders wichtig dabei ist, dass informelle und zufällige Begegnungen möglich sind. Aktuell im Zeitalter von Homeoffice und virtueller Zusammenarbeit eine besonders große Herausforderung, die unbedingt angepackt werden soll, indem entsprechende Räume und Zeiten geplant und gestaltet werden.

Kritisches Denken Wissen ist in der heutigen Zeit überall und sofort abrufbar. Dabei wird es immer anspruchsvoller einzuschätzen, ob es sich um gesichertes Wissen handelt. Der Unterschied zwischen Fake-News und Real-News wird immer schwieriger feststellbar, da technologische Möglichkeiten Fälschungen immer echter machen.

Aus diesem Grund ist es besonders wichtig, dass wir einen neuen kritischen Umgang mit Wissen und Informationen lehren und lernen. In dieser Hinsicht haben vor allem Hochschulen eine große Chance, das notwendige kritische Denken zu fördern und für die notwendige Qualität zu sorgen.

Hochschulen haben zudem in Zukunft noch viel stärker die Aufgabe, Wissen zu kuratieren, und können damit einen wichtigen Beitrag zur Qualitätssicherung von fundiertem Wissen leisten.

Gleichzeitig wird kritisches Denken für uns alle immer wichtiger und muss unbedingt in den Volksschulen, an den Universitäten und Hochschulen und in den Weiterbildungsangeboten gefördert werden.

Wissen wird immer umfassender und differenzierter sowie auch zugänglicher und verlangt danach, angemessen integriert zu werden.

10.3 Fazit

Die Psychologie hat bei den aktuellen Entwicklungen in den Arbeits- und Lebenswelten eine große Chance, sich noch stärker zu profilieren und mitzugestalten, damit wir Menschen und auch Organisationen den vielfältigen Herausforderungen gewachsen sind. Die Angewandte Psychologie beschäftigt sich bereits mit vielen Themen und Kompetenzbereichen, die aktuell eine große Bedeutung haben, wie z. B. Führungskulturen, Lern- und Wissenskulturen, Veränderungs- und Selbstmanagement-Kompetenzen, Resilienz und allen überfachlichen Kompetenzen, die wir in der heutigen Arbeitswelt laufend und dringend benötigen.

Wir sind gefordert, bestehende Lern- und Beratungskonzepte weiterzuentwickeln. Neue technologische Möglichkeiten, wie zum Beispiel Künstliche Intelligenz oder Metaverse (5G und AR-Brillen sind wesentliche technologische Grundlagen dafür) werden ergänzend und integrierend in zukünftigen Lern- und Beratungsfeldern zum Einsatz kommen. Die meisten Expert:innen sind sich einig, dass auch in Zukunft die Tätigkeiten und Aufgaben der Psycholog:innen nicht von KI und anderen technischen Entwicklungen abgelöst werden, sondern eben sinnvoll unterstützt und ergänzt werden, so wie das z. B. in der Medizin schon seit einiger Zeit der Fall ist.

Weiterbildung bleibt ein zentraler Unterstützungsfaktor Die Megatrends New Work und Konnektivität verstärken den Bedarf nach Weiterbildung und der Trend zum Lifelong Learning wirkt weiterhin (Zukunftsinstitut 2022a). Dank der digitalen Möglichkeiten kann lernen sehr gut zeitlich und örtlich unabhängig gestaltet werden, Es braucht dazu passende didaktische Konzepte, die eine gute Balance zwischen synchronem und asynchronem Lernen ermöglichen. Vernetzung und soziales Lernen werden weiterhin eine große Bedeutung haben und sollen in Zukunft auch mit geeigneten Lernplattformen

10.3 · Fazit

Tab. 10.3 Beiträge des IAP zur Resilienz-Kompetenz

	Spannungsfeld	Beträge IAP
Individualisierung	Individualität <-> Gemeinsames	Studien zur Arbeitswelt 4.0; Gestaltung neuer Zusammenarbeitsformen; Entwicklung überfachlicher Kompetenzen
Silver Society	Integration <-> Ausgrenzung	Förderung von Diversität; Auflösung von Stereotypen; Gestaltung von positiven, offenen Lernkulturen; LLL
Konnektivität	Vernetzung <-> Selbstschutz	Studien zur Arbeitswelt 4.0; Integration von KI; Gestaltung der Interaktionen von Mensch und Maschine; Begleitung von Change-Prozessen bei digitalen Transformationen
Neo-Ökologie	Ich-Gesellschaft <-> Nachhaltigkeit	Sensibilisierung; Kulturentwicklung; Werte & Haltungen entwickeln und implementieren; in der DL und WB für Nachhaltigkeit und Wirksamkeit sorgen
Wissenskultur	Umfang <-> Differenzierung	Gestaltung von Unternehmens- und Lernkulturen; Entwicklung der VG-Rollen, HRM-Rollen und Rollen von Bildungsmanager:innen in Richtung „Ermöglicher:innen-Rolle"

unterstützt werden. Gerade für Menschen, die gerne individuell und unabhängig lernen wollen, wird die Möglichkeit, sich mit passenden Lern- und Fach-Communities auszutauschen, äußerst wichtig sein.

Studien zeigen jetzt schon, dass zudem Blended Learning von 85 % der Fach- und Führungskräfte erwartet wird (siehe IAP-Studienreihe „Der Mensch in der Arbeitswelt 4.0, 2017–2022)".

Comeback der Wissenschaft in neuer Gestalt Gemäß dem Zukunftsinstitut (2022a) könnte man Wissenschaftler:innen heute als die neuen Influencer:innen bezeichnen. Wissenschaft ist wieder attraktiv geworden. Podcasts, Blogs und YouTube-Kanäle, die aktuelle Erkenntnisse praxisnah und gut verständlich vermitteln, erreichen viele Follower und tragen dazu bei, dass Wissen für viele Menschen zugänglich wird.

Mit dem IAP-Blog „Psychologie im Alltag nutzen" und IAP-Podcast „Psychologie konkret" wird das Ziel verfolgt, die Vielfalt der Psychologie einfach und praxisorientiert, ergänzt mit konkreten Tipps für den Alltag möglichst vielen Menschen nachhaltig und niederschwellig nutzbar zu machen.

■ **Konklusion Beitrag IAP zum Umgang mit den Dilemmata**

Das IAP unterstützt Menschen in der Entwicklung der persönlichen **Resilienz-Kompetenz** für deren Umgang mit den aktuellen und zukünftigen Herausforderungen in der Arbeitswelt und der Gesellschaft (■ Tab. 10.3).

Das IAP Institut für Angewandte Psychologie setzt sich aktiv mit den verschiedenen Trends auseinander und entwickelt Szenarien und Konzepte, die diese Entwicklungen aufnehmen. Am IAP haben wir uns zum Ziel gesetzt, Weiterbildung, Beratung und Diagnostik der Zukunft zu entwickeln und zu gestalten und mit der Angewandten Psychologie die Menschen in ihren verschiedenen Arbeits- und Lebenswelten zukunftsorientiert zu unterstützen.

Die beschriebenen überfachlichen, für die Zukunft äußerst wichtigen Skills gilt es, kontinuierlich zu fördern und zu entwickeln. Gerade in dieser Hinsicht können die Angewandte Psychologie und das IAP mit der langjährigen Erfahrung und den vielfältigen Kompetenzen unterstützend Einfluss nehmen. (Hierzu eine Stimme aus der Praxis: ■ Abb. 10.2).

■ Abb. 10.2 **Video 10.2** Bruno Basler, EBP Global AG, Schweiz (https://doi.org/10.1007/000-894)

Literatur

Beck, U., & Beck-Gernsheim, E. (1993). *Die Erfindung des Politischen – Zu einer Theorie reflexiver Modernisierung*. Frankfurt a.M.: Suhrkamp.

Beck, U., & Beck-Gernsheim, E. (Hrsg.). (1994). *Riskante Freiheiten. Individualisierung in modernen Gesellschaften*. Frankfurt a.M.: Suhrkamp.

Bundesamt für Statistik (2022). https://www.viz.bfs.admin.ch/assets/01/ga-01.03.01/de/index.html. Zugegriffen: 24. Mai 2022.

Ewinger, D., Koerbel, J., Ternès, A., & Towers, I. (2016). *Arbeitswelt im Zeitalter der Individualisierung*. Wiesbaden: Springer Gabler.

Frick, K., & Höchli, B. (2014). *Die Zukunft der vernetzten Gesellschaft. Neue Spielregeln, neue Spielmacher*. Rüschlikon, Zürich: GDI.

Grawe, K. (2004). *Neuropsychotherapie*. Göttingen: Hogrefe.

Horx, M. (2010). Trendforschung – eine kleine Einführung. http://www.horx.com/zukunftsforschung. Zugegriffen: 12. Mai 2022.

IAP Institut für angewandte Psychologie Der Mensch in der Arbeitswelt 4.0. (2017–2022). Studienreihe. www.zhaw.ch/iap/studie. Zugegriffen: 25. Mai 2022.

Jung, M. (2021). Eine Herde von Individuen. *Psychologie Heute.*, 1/2022, https://www.psychologie-heute.de/gesellschaft/artikel-detailansicht/41636-eine-herde-von-individuen. Zugegriffen: 20. Mai 2022.

Karberg, S. (2004). Die Kultur des Alterns: Interview mit Paul Baltes. *Mck Wissen, 8*, 18–24.

Kessler, E. M., Kruse, A., & Staudinger, U. M. (2010). Produktivität durch eine lebensspannenorientierte Konzeption von Altern in Unternehmen. In A. Kruse (Hrsg.), *Potenzial im Altern: Chancen und Aufgaben für Individuum und Gesellschaft* (S. 271–284). Heidelberg: Akademische Verlagsgesellschaft AKA.

Nagels, P. (2017). Welt: So soll sich unser Leben bis 2030 verändern. Welt kmpkt. https://www.welt.de/kmpkt/article166416327/so-soll-sich-unser-Leben-bis-2030-veraendern.html. Zugegriffen: 26. Juni 2022.

Pfadenhauer, M. (2004). Wie forschen Trendforscher? Zur Wissensproduktion in einer umstrittenen Branche. *Forum Qualitative Sozialforschung, 5*(2004) 2.

Schaidreiter, A. (2019). Analyse von Megatrends und deren Chancen und Risiken am Beispiel ausgewählter Infrastrukturunternehmen, – 2019. – IV, 62, A-LXXXII S. Mittweida: Hochschule Mittweida, Fakultät Wirtschaftsingenieurwesen, Diplomarbeit 2019.

Schenk, H. (2007). *Der Altersangst-Komplex: auf dem Weg zu einem neuen Selbstbewusstsein*. München: C.H. Beck.

Schnetzer, S. (2022). https://simon-schnetzer.com/vergleich-generation-y-und-generation-z/. Zugegriffen: 13. Mai 2022.

SRF (2022). https://www.srf.ch/kultur/gesellschaft-religion/leben-in-zukunft-zukunftsforscher-aeltere-leute-werden-kuenftig-mehr-macht-haben. Zugegriffen: 24. Mai 2022.

Werding, M. (2013). Talente werden knapp: Perspektiven auf dem Arbeitsmarkt. In M. Busold (Hrsg.), *War for Talents: Erfolgsfaktoren im Kampf um die Besten* (S. 3–16). Düsseldorf: Springer Gabler.

Zukunftsinstitut (2022a). https://www.zukunftsinstitut.de/dossier/megatrends/. Zugegriffen: 12. Mai 2022.

Zukunftsinstitut (2022b). https://www.zukunftsinstitut.de/dossier/megatrend-silver-society/. Zugegriffen: 24. Mai 2022.

Serviceteil

Sachwortverzeichnis – 138

C. Negri, M. Goedertier (Hrsg.), *Was bewirkt Psychologie in Arbeit und Gesellschaft?*,
https://doi.org/10.1007/978-3-662-66420-9

Sachwortverzeichnis

A

Abbau von Unsicherheit 111
Achtsamkeit 131
Agilisierung 53
Angewandte Psychologie 10
Antreiber 83, 86
Arbeitsgebiete des IAP 16
Arbeitsmarktfähigkeit 97
Arbeitswelt 92
Arbeitswelt 4.0 39
Arbeitswerte 25
Assessment-Center-Standards 34
Aufbau von Netzwerken 64
aufgabenorientiert 50
außen-orientiert 50

B

Bedürfnis nach Selbstverwirklichung 74
Bedürfnisse 84
Beobachtungskompetenz 112, 117
Beratung 22
Beratungsverständnis 110
Berufsbiografien 128
Berufseignungsdiagnostik 36
Berufs-, Studien- und Laufbahnberatung 92
Berufswahl- und Laufbahndiagnostik 38
beziehungsorientiert 50
Biäsch, Hans 11
Blended Learning 65, 135

C

Career Construction Interview 99
Coaching 23

D

demografischer Wandel 126
Denken 134
destruktives Führungsverhalten 51
digitales Lernen 133
digitale Transformation 29
Digitalisierung 39, 62, 124, 129
DIN 33430 34
dynamische Komplexität 117
Dysfunktionalitäten 110

E

effektiv 51
Eigenschaftsmodelle 107
Eigensinn 116
Eignungsdiagnostik 36
„Einsicht" 86
Entelechie 78
Entscheiden 111
Entscheidungsbedarf 117
Entscheidungsprozesse 110, 117
Erwartungen steuern 113
Erwartungsstrukturen 108

F

Fachführung 53
Feedback-Kultur 113
Fehlerkultur 132
Figur 80
Figur und Grund 81
Führung 46
Führungsforschung 46
Führungskultur 130
Führungsrollen 46
Führungsverhalten 128
Funktionalitäten 110

G

Generationen Y und Z 125
Geschichte der Angewandten Psychologie 10
gestaltorientiertes Coaching 84
Gestaltpsychologie 79, 107
Gestalttherapie 83
Grundbedürfnisse 24, 124
Gütekriterien 34

H

Handlungsmodell 107
Hawthorne Studien 59
Herausforderungen 11
Hochschule 15
Humanistische Psychologie 77
Human-Relations 60
Human Resources 61

I

Identität 92
– berufliche 92
Identitätsstiftung 108
Individualisierung 28, 123
Individualisierung der Gesellschaft 25
Industrialisierung 58
innere Struktur 112
Innovationen 27

Sachwortverzeichnis

Instructional Designs 66
Intergenerationelle Zusammenarbeit 128
intrinsische Motivation 27

J

Job Crafting 65

K

Karriere-Ressourcen-Modell 95
Kollaboration 64
Kollaborationstools 133
Kompetenzen 67
Komplexität 63, 114
Konnektivität 122, 128
Konstruktivisten 112
Kontext von Organisationen 109
Kontingenz erhalten 115
Kreativität 134
Kritisches 134
Künstliche Intelligenz 39, 129

L

Laufbahnadaptabilität 95
Laufbahnpsychologie 92
Learning Designs 66
Learning in the Flow of Work 65
lebenslanges Lernen 126, 127
Lernen 114
Lernen in Organisationen 58
Lernkultur 64, 68, 133
Lernprozess 27, 62, 66
Lotsenkompetenz 118

M

Megatrend 22, 63, 76, 122
Megatrend Individualisierung 74
Menschen 47
Menschenbild 68
Menschen in der Arbeitswelt 4.0 124, 129
Meta-Kompetenzen 65
Metaverse 134
Methode 13
Mitarbeitendenberatung 25
Motivation 60
Musterbeschreibung 118

N

Nebenwirkungen 111, 115
Neo-Ökologie 122, 130
Netzwerkaufbau 69
Netzwerken 117
neuen Arbeitswelt 76
New Work 28, 63

O

„offene Gestalt" 82
Online-Testing 39
organisational 130
Organisationsberatung 114, 117
Organisationsdynamik 111, 116
organismische Selbstregulation 73
Organismus/Umwelt-Feld 84

P

Paradigma der Passung 93
Paradigma des lebenslangen Lernens 93
Paradigma des Life Designs 93
Paradoxien 110
persönliche Entwicklung 24, 27
Persönlichkeit 78
Persönlichkeitsentwicklung 118
planvolle Offenheit 97, 99
Pluralisierung 54
Polaritäten 117
prägnante Figur 73
prägnante Ordnung 82
Prinzipien der Selbstregulation 80
Pro-Aging 127
Problembearbeitung 114
prognostische Gültigkeit 34
Projektleitung 53
Prozessberatung 23
Prozessführung 53
psychische Belastungen 26
psychische Systeme 112
Psychodynamiken 114
Psychologie als geregelten Beruf 15
Psycho-Logiken 112
Psychologische Diagnostik 33
psychologischer Risikodiagnostik 41
Psychotechnisches Institut Zürich 10

R

Rätselfreunde 117
Reflexion 116
Reflexion der Organisationsdynamiken 114
Reflexionsfähigkeit 64, 68
Reflexions- und Irritationsbereitschaft 118
Remote Assessments 39
Resilienz 130
Resilienz-Kompetenz 135
Risikofaktor 40

S

Schäden 41
Scientific Management 59, 106
Selbstbeobachtung 117
Selbstdarstellung 124

Selbstmanagement 129
Selbstoptimierung 28
Selbstorganisation 61, 67
selbstorientiert 51
Selbstreferenz des Systems 113
Selbstregulation 87
selbstverantwortliches Lernen 64, 68
Selbstverantwortung 84
Selbstverwirklichung 77, 79, 124
Seminar für Angewandte Psychologie 14
Sicherheit 41
sicherheitspsychologische Diagnostik 37
Silver Society 29
sinn- und identitätsstiftende Kultur 76
Sinnzuschreibung 109
soziale Nachhaltigkeit 132
soziales System 106, 108
soziotechnisches System 61
stabile Muster 111
Stiftung Suzanne und Hans Biäsch zur Förderung der Angewandten Psychologie. 14
Streben nach Selbstverwirklichung 73
Symbiose-Immunität 117
Systemtheorie 108

T

Taylorismus 106
Teamarbeit 107
Techniken 12
Transformation 113
trimodaler Ansatz 36

U

überfachliche Kompetenzen 126
Umgang mit Paradoxien 115
Umweltpsychologie 131
Unsicherheitstoleranz 117
Unternehmen 133
Unvoreingenommenheit 113

V

veränderungsorientiert 50
verkehrspsychologische Diagnostik 36
vernetzte Fragen 111
Vernetzung 112
Viel-Zweck-Instrumente 110
VUCA 63

W

Wahrnehmungskanäle 112
Wahrnehmungskompetenz 113
Wertesysteme 114
Wert-Polaritäten 110
Widerstand gegen Veränderungen 107
Wissenskultur 122, 132
Wissensmanagement 128

Z

Zusammenarbeit 114

Printed by Printforce, the Netherlands